KB131654

우종학 교수의 **블랙홀 강의**

우종학 교수의
블랙홀 강의

1판 1쇄 발행 2019. 7. 10.
1판 2쇄 발행 2020. 2. 10.
2판 1쇄 발행 2022. 5. 16.
2판 2쇄 발행 2023. 6. 20.

지은이 우종학

발행인 고세규
편집 강영특 | 디자인 조은아
발행처 김영사
등록 1979년 5월 17일 (제406-2003-036호)
주소 경기도 파주시 문발로 197(문발동) 우편번호 10881
전화 마케팅부 031)955-3100, 편집부 031)955-3200 | 팩스 031)955-3111

값은 뒤표지에 있습니다.
ISBN 978-89-349-6176-5 03440

홈페이지 www.gimmyoung.com   블로그 blog.naver.com/gybook
페이스북 facebook.com/gybooks   이메일 bestbook@gimmyoung.com

좋은 독자가 좋은 책을 만듭니다.
김영사는 독자 여러분의 의견에 항상 귀 기울이고 있습니다.

우종학 교수의

블랙홀 강의

김영사

차례

머리말 • 6

1 — 블랙홀의 무대, 우주로 떠나는 여행

우주가 끝없이 우리를 부른다 • 14
우주 공간에서 블랙홀과 마주친다면? • 32
과학자의 길, 블랙홀로 가는 여정 • 37

2 — 블랙홀의 정체를 밝혀라

중력을 탐하다 • 47
블랙홀 제조법 • 54
블랙홀, 이 땅의 빛을 보다 • 59
검은 별을 찾아라 • 73

3 — 블랙홀의 부활

블랙홀, 되살아나다 • 85
일반상대성이론, 블랙홀을 출산하다 • 93
블랙홀, 다시 외면받다 • 102

4 — 블랙홀 일문일답

블랙홀은 진공청소기? • 109
블랙홀로 빨려 들어가는 현상을 볼 수 있을까? • 115
블랙홀은 지구에 위협이 될까? • 119
블랙홀은 언제 배가 부를까? • 124
블랙홀을 통한 시간여행이 가능할까? • 132

5 — 우주에서 미지의 대상을 만나다

정체 모를 괴물, 퀘이사를 발견하다 · 139
퀘이사의 정체를 밝혀라 · 151
은하 중심의 블랙홀, 활동성 은하핵 · 166
은하 중심에 괴물이 있다 · 173
퀘이사의 엔진, 블랙홀 · 180

6 — 블랙홀의 집, 은하의 세계

아름다운 너의 이름, 은하 · 194
우리은하 중심의 거대질량 블랙홀 · 209
모든 은하가 블랙홀을 소유한다 · 222
블랙홀의 그림자를 목격하다 · 235

7 — 블랙홀의 기원

별, 그 긴 일생을 시작하다 · 256
별의 죽음, 블랙홀 탄생의 길을 열다 · 273
무거운 별의 최후 · 291
중성자별의 발견, 블랙홀 이름을 낳다 · 301
블랙홀의 다이어트 · 313
거대한 가스 구름, 중간질량 블랙홀을 만들어라 · 321

8 — 실험이 불가능한 우주를 탐구하는 법

우주동물원에서 실험은 불가능하다 · 331
빛의 도레미파솔라시도, 감마선에서 전파까지 · 339
광학망원경, 갈릴레오에서 21세기까지 · 343
천문학자들의 눈, 다파장 관측시설 · 350

에필로그 · 365
찾아보기 · 367

당신의 우주에 블랙홀을

누군가와 만나기 전까지 그에게 나는 존재하지 않는 셈입니다. 눈을 마주하고 이름을 불러주기 전까지 그의 우주에 나는 존재하지 않습니다. 블랙홀도 여러분의 우주에 아직 존재하지 않을지도 모릅니다. 별도, 은하도, 블랙홀도 없다면 여러분의 우주는 무척이나 초라합니다. 10년간 대학에서 가르치고 대중 강의를 해오면서 그런 생각을 합니다. 사람들의 우주가 풍성해졌으면 좋겠다고. 쳇바퀴 같은 일상을 벗어나 우주의 영감을 받으면 좋겠다고. 팍팍한 삶의 자리 위로 눈을 들어 우주를 바라보며 그 풍성함을 누리면 좋겠다고. 이 책을 집어 든 여러분은 곧 짜릿하게 블랙홀의 우주를 만날 예정입니다. 과학이 어렵다며 지레 겁을 먹지 않았다면 여러분은 블랙홀이 주는 풍성함을 누릴 자격이 있습니다.

하버드 대학의 어느 졸업식 날, 멋진 가운과 학사모 차림으로 캠

퍼스를 누비는 학부 졸업생들을 대상으로 어느 기관에서 인터뷰를 했습니다. 과학, 그중에서도 천문학에 관한 대학교육을 평가하려고 기획된 인터뷰였기 때문에 이런 질문을 던졌습니다. "왜 사계절이 생기나요?" 알쏭달쏭한 표정을 짓던 많은 학생들이 이렇게 답했습니다. "겨울엔 지구가 태양에서 멀어지고 반대로 여름엔 지구가 태양에 가까워지기 때문입니다." 만일 태양과 지구 사이의 거리가 변해서 사계절이 생긴다면 북반구와 남반구의 계절은 같아야 합니다. 그렇다면 산타클로스가 썰매 대신 수상스키를 타고 오는 호주의 12월 여름은 설명되지 않습니다. 인터뷰에 답한 하버드 졸업생 중 80퍼센트가 오답을 제시했습니다. 실제로 지구는 타원 궤도를 그리며 태양 주위를 공전하는데, 여름보다 겨울에 조금 더 태양에 가까워집니다. 사계절이 생기는 진짜 이유는 지구의 자전축이 기울어져 있기 때문입니다. 다수의 하버드 졸업생들이 사계절의 원인을 모른다는 보고서는 미국 과학교육의 현주소를 잘 보여주는 이야기가 되었습니다. 우리나라의 과학교육 수준은 어떨까요?

"엄마, 달에는 정말로 토끼가 살아?" "밤에 해님은 어디서 잠을 자?" "무지개는 왜 생겨?" 아이들이 묻기도 하고 우리가 어렸을 때 한 번씩 묻기도 했던 질문들이 많습니다. 어른이 된 후에도 대부분의 질문은 그대로 남아 있습니다. "그게 밥 먹여주니?"라는 반응도 있습니다. 먹고사는 데 도움이 되지 않는 그런 질문은 배부를 때나 하라는 의미일까요? 이런 단순한 경제논리가 지배한다면 아마도 과학은 발전하지 못했을 겁니다.

초등학교 때 저는 무척 내성적이었습니다. 인기도 없고 싸움도 못하는 아이였지요. 하지만 제게는 훌륭한 선생님이 계셨습니다. 잔잔하고 따듯한 미모의 여선생님을 어린 마음에 좋아하게 된 것은 당연했지요. 선생님에게 잘 보이려고 공부를 열심히 했고 선생님 때문에 과학에 눈을 뜨고 책을 사랑하게 되었습니다. 여름방학이 시작되던 날, 선생님은 저에게 권했습니다. 책을 많이 읽어야 훌륭한 사람이 된다고. 이번 방학에 20권의 책을 읽겠다는 목표를 세워보라고. 그해 여름, 책을 30권이나 읽어서 목표를 초과달성했던 기억이 생생합니다.

단지 30권을 채우기 위한 독서는 아니었습니다. 책에는 무한한 세계가 펼쳐져 있었지요. 책 읽는 재미에 빠져 보내던 여름방학, 장마 기간의 어느 날이었어요. 천둥번개가 무섭게 내려치고 장대비가 쏟아졌습니다. 안방에 배를 깔고 엎드려 위인전을 읽으며 간간이 들리는 천둥소리를 듣다가, 갑자기 번개가 어떻게 만들어지는지 무척이나 궁금해졌습니다. 번개는 전기적 현상이라고 이미 알고 있었지만 어떻게 똑같은 구름에서 양극과 음극이 각각 만들어지는지 궁금해졌던 거예요. 집에 있던 책들을 다 뒤져도 답이 나오지 않더군요. 그래서 선생님께 전화를 드렸습니다. 그때는 인터넷도 없었던 시절입니다. 사실은 선생님의 목소리가 듣고 싶었던 건지도 모릅니다.

전화를 받으신 선생님은 잠시 생각하시더니 다시 걸겠다면서 전화를 끊었습니다. 얼마 후에 전화가 왔습니다. 그동안 선생님은 이책 저 책 열심히 뒤져서 답을 찾아내셨던 거예요. 저에게 번개가 생기는 이유를 다 설명해주신 선생님은 엄마를 바꿔달라고 했습니다. 그러곤 아들이 과학에 관심이 많으니까 좋은 과학 백과사전 전집을 사주라고 권하셨답니다. 장난감은 사주시는 일이 별로 없어도 책 사달라는 말에는 결코 거절이 없으셨던 어머니께서는 그 비싼 과학 백과사전 전집을 곧바로 사주셨지요. 제가 과학자의 길을 걷게 된 출발점에는 바로 선생님과의 만남이 있습니다. 별 볼일 없는 아이를 과학자로 만든 건, 미래의 가능성을 보고 격려해주신 선생님의 사랑과 관심이었습니다.

그 소년은 이제 블랙홀 과학자가 되었습니다. 먼 우주에 있는 블랙홀을 거대한 망원경으로 살펴보며 그 주변에서 일어나는 다양한 현상을 파헤치는 신나는 일에 20년쯤 매진 중입니다. 블랙홀의 존재, 은하와의 공동 진화, 블랙홀의 기원, 중간질량 블랙홀, 블랙홀의 그림자 등, 새로운 비밀이 하나씩 밝혀지는 과정 동안, 블랙홀이 주는 흥분과 매력을 많은 과학자들과 함께 맛보아왔다는 사실이 무척이나 감사합니다.

블랙홀을 연구한다고 하면 주변 사람들의 눈빛이 달라지기도 합니다. 평소에 관심 많았던 블랙홀에 대해 듣는 순간, 도대체 블랙홀의 정체는 무엇인지, 실제로 존재하기는 하는지, 블랙홀을 통한 시간여행은 가능한지 등등, 잠재워져 있던 호기심과 궁금증이 쏟아져 나옵니다. 초대받은 어느 모임에서 이어지는 질문에 답하느라 미니 강의를 한 경우도 있습니다. 최근엔 시애틀로 가는 어느 비행기에서 옆자리에 앉은 분이 묻는 질문에 답하느라 한 시간 내내 블랙홀을 주제로 즐거운 수다를 떨었습니다.

블랙홀과 만나는 일이 그리 만만하지 않을 수도 있습니다. 복잡하고 까다로운 수학과 물리를 쓰지 않고 어떻게 쉽게 설명할 수 있을까요? 방정식과 그래프에 갇혀 있는 블랙홀 대신, 우주에서 찬란하게 빛나는 블랙홀의 매력을 전하는 방법은 무엇일까요? 미지의 블랙홀에 대해 아직 밝혀야 할 비밀이 많듯이, 블랙홀을 쉽게 소개하는 일은 제 평생 풀어야 할 숙제이기도 합니다.

과학은 소문나지 않은 음식 같습니다. 먹어보지 않아 손이 가지 않지만, 일단 맛을 보면 반해버리는 그런 음식 말입니다. 그래서 과학책을 쓰는 일은 음식 만드는 일과 비슷합니다. 과학자들이 밝혀낸 우주의 비밀은 하나하나가 훌륭한 재료입니다. 하지만 익히지 않은 재료를 그냥 먹을 수는 없습니다. 과학이라는 재료를 맛있게 조리하는 일은 또 다른 창조입니다.

입에 맞지 않는 음식엔 아무도 손대지 않습니다. 과학이 인기 없는 이유는 재료보다는 음식 탓입니다. 그 책임은 과학자들에게도 있습니다. 모든 과학자가 대중적인 음식을 만들어야 하는 건 아닙니다. 하지만 과학자는 그 누구보다 영양가 높고 신선한 재료를 많이 알고 있습니다. 과학자가 직접 조리하는 과학이 최고급 음식이 될 수 있는 이유입니다.

위대한 역사의 증인처럼 과학 연구의 긴 과정을 통해서 밝혀진 블랙홀의 비밀을 대중에게 풀어내고 싶었습니다. 흥미진진한 블랙홀의 면면을 잘 요리해서 맛나게 먹을 수 있는 음식으로 내놓고 싶었습니다. 저의 블랙홀 연구에 밑거름이 되는 따끈따끈한 내용들도 담아보고 싶었습니다. 누구나 한 번쯤 들어본 블랙홀을 누구나 이해할 수 있도록 안내하는 책을 쓰고 싶다는 동기에서 이 책이 태어났습니다.

10년 전에 《블랙홀 교향곡》이라는 책을 냈습니다. 그 책을 바탕으로 새롭게 책을 만들었습니다. 대화체 구성을 빼고 강의 형태로 담았습니다. 편안하게 대중 강연을 듣는 기분으로 한 장 한 장 읽어가면서 블랙홀의 탄생에서 시작해서 우주를 누비는 블랙홀의 역할까지, 여러분이 가진 블랙홀에 대한 궁금증을 풀어갈 수 있다면 좋겠습니다. 빠르게 변하는 블랙홀 연구 분야인 만큼, 지난 10년 동안 새롭게 밝혀진 비밀과 최근의 연구 결과들도 담았습니다. 블랙홀과의 잊을 수 없는 만남을 기대하는 여러분에게 이 책이 친절한 안내서가 되길 바랍니다.

2019년 6월 1일 관악산에서
우종학

2판을 내며

2019년 초판이 출간된 지 3년이 지났습니다. 그사이 블랙홀 분야를 포함한 천문학계에는 흥미로운 사건들과 발견들이 있었습니다. 2020년 가을에는 블랙홀 연구자 세 명이 노벨물리학상을 수상한다는 뿌듯한 소식이 들려왔고, 2021년 12월에는 오랫동안 준비했으나 몇 년간 연기되었던 제임스 웹 우주망원경이 드디어 우주로 발사되어 새로운 창문을 열어주었습니다. 2판에는 이와 관련된 몇 가지 내용을 추가했으며 에필로그를 덧붙였습니다. 앞으로 블랙홀에 관한 새로운 비밀들이 많이 밝혀진다면 그 풍성한 내용을 담아 증보판을 내는 날이 올 것으로 기대합니다.

2022년 5월
우종학

1

블랙홀의 무대,
우주로 떠나는 여행

우주가 끝없이 우리를 부른다
우주 공간에서 블랙홀과 마주친다면?
과학자의 길, 블랙홀로 가는 여정

우주가 끝없이 우리를 부른다

우주의 시공간

우주가 끝없이 우리를 부릅니다. 오색찬란한 가시광선을 넘어, 인간의 눈에 보이지도 않는 다양한 형태의 빛이, 변화무쌍한 우주의 얼굴을 덮었던 긴 세월의 베일을 넘어서 끊임없이 우리에게 손짓하고 있습니다. 장구한 우주의 세월 동안 시시각각 터져온 우주 불꽃놀이는 마치 우주가 살아 있음을 알리기라도 하듯 한껏 우리의 시선을 사로잡습니다. 짧은 우리 인생과 소소한 인류의 역사를 넘보는 듯, 우주를 무대로 삼은 다채로운 주인공들이 알 듯 말 듯 한 미소를 지으며 우리에게 속삭입니다. 지구라는 좁은 동굴을 벗어나 바깥세상으로 나와보지 않겠느냐고. 화려한 우주의 시공간에 한 번쯤 시선을 두지 않겠느냐고.

인류가 눈을 들어 밤하늘을 보기 시작한 때부터 우주는 인류에게 끝없는 영감을 던져주는 대상이었습니다. 지구라는 작은 행성에 살면서 인간의 몸이라는 시공간에 갇혀 있지만, 우리의 이성은 마음껏 우주를 사유합니다. 우주는 우리 인류가 무한히 동경하는 대상입니다. 수천 년의 역사를 통해 인류의 문화는 눈부시게 발전했고 우리의 삶의 형태도 끝없이 변화했습니다. 대양을 넘고 대륙을 오가며 지구촌을 누비는 21세기에 우리는 살고 있습니다. 하지만 우리 모두는 100년쯤의 인생 뒤에는 모두 죽어 흙으로 돌아갈 것이며, 영원할 것 같은 인류의 역사도 결국 자원의 고갈이나 참혹한 전쟁으로 인해 머지않은 미래에 마감하게 될지도 모릅니다.

우리가 매일 느끼고 경험하는 인간의 유한성과 달리, 우주는 우리를 무한한 가능성의 세계로 홀연히 데려갑니다. 거기엔 아무도 목격하지 못한 미지의 세계가 있습니다. 우리의 상상력을 자극하는 신비로운 세계가 인간의 이성에 도전하며 찬란하게 펼쳐집니다. 우주는 인간의 경험의 한계를 무한히 확장시키는 열린 시공간입니다.

시원한 바람이 솔솔 부는 어느 맑은 날 오후, 잔디에 누워 하늘을 올려다봅니다. 뭉게구름이 피어오르는 저 파란 하늘을 넘어 끝없이 계속 위로 올라간다면 무엇을 볼 수 있을까요? 물론 우리는 지구 밖 우주 공간을 목격하게 될 것입니다. 대기권 위의 공간은 공기가 희박해서 더는 파란 하늘로 보이지 않을 것이고 그 어두운 우주 공간에서 내려다보면 지구는 푸른 바다로 덮여 있는 생명력 넘치는 행성으로 보일 것입니다. 바깥쪽으로 눈을 돌리면 불멸하는 신처럼 눈부시게 빛나면서 모든 생명체에게 빛과 에너지를 선사하는 만물의 어머니 같은 태양이 훨씬 가깝게 느껴질지도 모릅니다.

이제 잠시 풍경을 감상하던 지구 밖 우주 공간을 넘어 태양까지 여행을 해볼까요? 이 우주여행은 꽤나 긴 장거리 여행이 될 것입니다. 서울에서 미국 로스앤젤레스까지 10시간가량 비행하는 여객기의 속도는 시속 900킬로미터 정도입니다. 고속도로를 달리는 자동차보다도 대략 10배나 빠른 속도지요. 그러나 그렇게 빨리 날아가는 여객기를 타고 여행한다고 해도 태양에 도착하려면 약 20년의 세월이 걸립니다. 태평양을 넘어 날아가는 비행기 속도를 유지하며 그대로 태양까지 간다고 가정하면 말입니다.

20년을 투자해서 태양 근처까지 간다면 거기서 우리는 지구를 비롯한 8개의 행성이 태양을 중심으로 질서 있게 돌고 있는 광경을 목격할 수 있을 것입니다. 실제로는 행성들이 움직이는 속도에 비해서 공전하는 궤도가 너무나 크기 때문에 우리 눈에는 태양계가 아마도 멈춰 있는 회전목마처럼 보일 것입니다. 1년에 한 바퀴를 돈다면 하루 종일 관찰해봐야 회전목마는 정지해 있는 걸로 보일 테니까요. 목성의 경우, 태양 주위를 한 바퀴 공전하는 데는 12년이나 걸립니다. 자, 그럼 이제 태양에서부터 태양계 끝까지 날아가봅시다. 태양까지 타고 왔던 같은 비행기를 타고 간다면 태양계 끝에 도착하는 데 얼마나 시간이 걸릴까요? 약 1,000년이 걸립니다. 오늘 출발한다면 서기 3000년이 훨씬 넘어서야 태양계의 경계에 도착할 수 있다는 뜻이지요. 가는 도중에 여러분 모두는 운명하실 예정입니다. 태양을 중심으로 8개의 행성과 행성의 위성들 그리고 수많은 소행성들이 하나의 가족을 이루며 회전하고 있는 태양계의 크기는 그렇게 거대합니다. 이 정도까지의 크기가 바로 우리 인류가 탐험한 공간입니다. 물론 직접 사람이 탐사선을 타고 탐험한 유인 탐사만 따진다면 인류는 겨우 달까지 발을 내디뎠을 뿐입니다. 무인탐사선을 보내서 탐험한 영역까지 포함하면 우리는 겨우 태양계 정도를 탐험했다고 말할 수 있습니다.

태양계를 탐험하기에는 비행기의 속도가 너무 느리다는 것을 우리 모두 깨달았습니다. 비행기 대신에 우주에서 가장 빠른 속도인 빛의 속도로 날아가는 광속 우주선을 이용하기로 합시다. 물론 현재 기술로는 광속 우주선을 만들어낼 가능성은 없습니다. 하지만 상상력을 동원해서 광속 우주선을 타고 우주여행을 계속하기로 하지요.

광속 우주선을 타면 지구에서 달까지는 1초 정도면 갈 수 있습니다. 태양까지는 대략 10분이면 갈 수 있고 태양계 끝에 도착하는 데도 반나절이면 충분합니다. 광속 우주선을 이용한다면 아침에 지구를 떠나서 명왕성에 도착해서 점심을 먹고 돌아올 수도 있겠군요. 태양계가 1일 생활권이 되겠습니다. 신나는 일입니다. 자, 이제는 태양계를 넘어 더 큰 세계로 가볼까요?

우리 지구인들에게는 태양계가 엄청나게 큰 공간이지만 광대한 우주 전체를 보면 태양계는 그저 한 점에 불과할 정도로 작습니다. 미 항공우주국NASA에서 우주로 쏘아올린 보이저 1호가 태양계 끝에 위치한 명왕성을 지나면서 지구의 모습을 담은 유명한 사진이 있습니다. 천문학자인 칼 세이건의 요청에 따라, 보이저 1호의 카메라를 지구 쪽으로 돌려 먼 우주에서 본 지구의 모습을 담은 사진입니다. 칼 세이건은 이 사진에 담긴 지구의 모습을 '창백한 푸른 점pale blue dot'이라고 묘사하기도 했지요. 태양계를 넘어 외계로 여행을 하면 끝없이 다가오는 더 큰 세계의 등장 앞에 우리는 점점 더 왜소함을 느끼게 될 겁니다. 보잘것없이 조그마한 지구촌과 우리 자신의 모습을 철저하게 깨닫게 되는 것이지요.

연인에게 사랑을 고백하기에 안성맞춤인 아름다운 배경인 밤하늘에는 별들이 가득 차 있습니다. 별을 관측하기 좋은 어두운 곳으로 가서 자세히 관찰해보면 셀 수 없을 만큼 많은 별들이 밤하늘을 빛내고 있습니다. 맨눈으로 한 번에 볼 수 있는 별의 숫자는 1,000~2,000개가량 됩니다. 계절별로 보이는 별자리가 다르니까 그 숫자를 다 합치면 약 6,000개의 별을 망원경 없이도 직접 볼 수 있습니다. 밤하늘에 보이는 저 별들로 여행을 떠나봅시다. 지구를 떠나 저 별들까지 여행하려면 시간이 얼마나 걸릴까요?

광속 우주선으로는 태양계를 반나절에 여행할 수 있지만 태양계를 벗어나면 무척이나 지루하고 긴 여행이 됩니다. 태양에서 가장 가까운 별을 목적지로 삼고 날아가도 4년이 넘는 긴 시간이 걸립니다. 광속 우주선을 타고 지구를 떠나 가장 가까운 별인 프록시마 센타우리까지 여행을 가봅시다. 지구를 떠난 여행 첫날에는 태양계의 여러 행성들을 구경할 수 있습니다. 화성이나 목성, 그리고 토성에 잠시 들러 구경을 하다 가도 저녁이 되기 전에 태양계의 끝에 도착하겠지요. 하지만 여행 둘째 날부터 4년 동안은 거의 아무것도 만날 수 없는 심심한 장거리 여행입니다. 광속 우주선으로 4년 걸리는 거리만큼 떨어져 있는 태양과 프록시마 센타우리, 두 별 사이에는 아무것도 없습니다. 거의 진공입니다. 4년 내내 그저 캄캄한 빈 공간을 날아가야 합니다. 밤하늘을 보듯이 저 멀리 수많은 별들이 빛나는 광경을 보며 위로를 받을 수는 있겠지요. 정확하게 말하면 밤낮이 없으니까 24시간 내내 같은 풍경을 보며 4년을 여행해야 합니다.

별과 별 사이의 공간을 영어로 '인터스텔라interstellar'라고 부릅니다. 태양계를 넘어 인터스텔라의 공간을 지루하게 날아가면 10년 안에 가까운 별들에 도착할 수 있습니다. 가장 가까운 별까지는 4년이 걸리지만 다른 별들은 훨씬 더 멀리 있습니다. 밤하늘에 보이는 수천 개의 별들은 광속 우주선으로 날아가도 수백 년, 수천 년이나 걸리는 매우 먼 거리에 있습니다. 별들까지의 거리를 생각해보면 밤하늘을 수놓는 수천 개의 별들이 차지하는 3차원 공간이 얼마나 광활한 공간인지 다시 한 번 생각하게 됩니다.

우주에서는 '킬로미터' 단위를 쓸 수가 없습니다. 워낙 우주가 넓기 때문이지요. 그 대신에 '광년'이라는 단위를 사용합니다. 광속 우주선으로 1년 동안 간 거리를 1광년이라고 부릅니다. 광년은 시간의 단위가 아니라 거리의 단위입니다. 그렇다면 광속으로 100년 안에 도착할 수 있는 별들, 즉 100광년보다 가까운 거리에 있는 별의 숫자는 몇 개나 될까요? 그리 많지 않습니다. 태양과 비슷한 종류의 별만 따져보면 약 500개 정도의 별이 100광년 내에 있습니다. 인터스텔라의 세계로 나가면 우주에서 가장 빠른 속도를 내는 광속 우주선도 별로 신통치 않습니다. 그만큼 우주가 넓습니다.

밤하늘에 보이는 별들의 세계를 넘어 보다 큰 세계로 나가볼까

그림 1-1 맨눈으로 보는 밤하늘에는 수천 개의 별들이 빛나고 있다. 이 별들까지 여행을 하려면 광속 우주선을 타고 날아가도 수백 년, 수천 년의 시간이 걸린다. 호주 칼굴리에서 촬영한 이 사진에는 대각선 방향으로 별들이 모여 있는 은하수의 모습이 담겨 있다. 원반처럼 생긴 우리은하의 평면에 태양계가 자리 잡고 있기 때문에 지구에서 은하 중심을 보면 이렇게 강이 흐르듯 별무리가 보인다. 사진 제공: 정만근.

요? 밤하늘에는 우리 조상들이 은하수라고 불렀던 별무리를 볼 수 있습니다. 별들이 옹기종기 모여 있어서 하나하나 낱개의 별로 보이지 않고 뿌연 띠처럼 보입니다. 마치 강이 흐르는 흔적처럼 보여서 은하수라는 이름이 붙었습니다. 그러나 망원경으로 보면 은하수는 수많은 별로 구성되어 있습니다. 우리은하는 피자처럼 원반형으로 생겼는데 우리가 살고 있는 태양계는 그 원반의 한쪽 구석에 위치해 있습니다. 그래서 지구에서 은하의 중심 방향을 보면 마치 띠처럼 보이게 됩니다. 우리은하에는 맨눈으로는 보이지 않는 약 2,000억 개 이상의 별들이 모여 있고 다들 태양처럼 눈부시게 빛납니다. 100억 년에 이르는 장구한 세월 동안 이 별들 하나하나는 인류가 지구에서 사용하는 모든 에너지를 다 합쳐도 비교가 되지 않을 만큼 엄청나게 많은 양의 에너지를 매 초마다 쏟아내며 어두운 우주를 찬란하게 밝히고 있습니다.

태양은 우리은하가 거느린 2,000억 개나 되는 별들 중 하나에 불과합니다. 태양이 다른 별과는 달리 엄청나게 밝게 보이는 이유는 단지 지구로부터 가까이 있기 때문입니다. 우리은하에 있는 수많은 별들은 태양처럼 행성들을 거느리고 있습니다. 별들이 거느린 행성을 '외계행성exoplanet'이라고 부릅니다. 천문학자들은 이미 3,000개 이상의 외계행성을 발견했습니다. 아마도 대다수의 별들이 태양처럼 행성들을 거느리며 가족을 이루고 있을 것으로 생각됩니다. 즉, 우리은하에는 2,000억 개의 별들과 그보다 많은 수의 행성들이 존재한다는 말이지요.

지구가 속한 태양계는 우리은하의 중심에서 광속으로 약 2만

6,000년 걸리는 변두리에 위치합니다. 맨눈으로 볼 수 있는 밤하늘의 수천 개 별들은 대부분 태양 근처에 분포하고 있습니다. 그러나 우리은하에는 맨눈으로 보이는 별의 숫자보다 약 1억 배 더 많은 별들이 모여 살고 있습니다.

이제 광속 우주선을 타고 우리은하의 경계까지 날아가봅시다. 그 시간이 수십만 년가량 걸립니다. 우리은하의 크기가 수십만 광년 정도 되니까요. 우리은하 밖으로 여행을 하려면 인류의 역사보다도 훨씬 더 긴 시간이 필요합니다. 광속도 은하를 여행하기에는 턱없이 느립니다. 마치 비행기나 자동차 없이 걸어서 지구를 여행하듯, 뚜벅이 수준에 불과합니다.

더 멀리 나가보겠습니다. 인내심이 필요하겠지만, 수십만 년 동안 장수하면서 우리은하를 벗어난다면 그곳에서는 무엇을 볼 수 있을까요? 이제는 '국부 은하군local galaxy group'이라고 불리는 우리 동네의 여러 은하들을 만나게 됩니다. 은하들이 모여 있는 그룹을 '은하군galaxy group'이라고 부릅니다. 수백만 광년의 반경 안에 우리은하를 비롯한 수십 개의 이웃 은하들이 더불어 살고 있습니다. 국부 은하군을 탐험하면서 다양하게 생긴 은하들을 하나하나 만나볼 수 있습니다.

가장 대표적인 예가 바로 우리은하보다 덩치가 큰 안드로메다은하입니다. 은하철도를 타고 은하 사이의 거대한 빈 공간을 넘어 안드로메다은하까지 달려가 보고 싶지만 안드로메다은하는 너무나

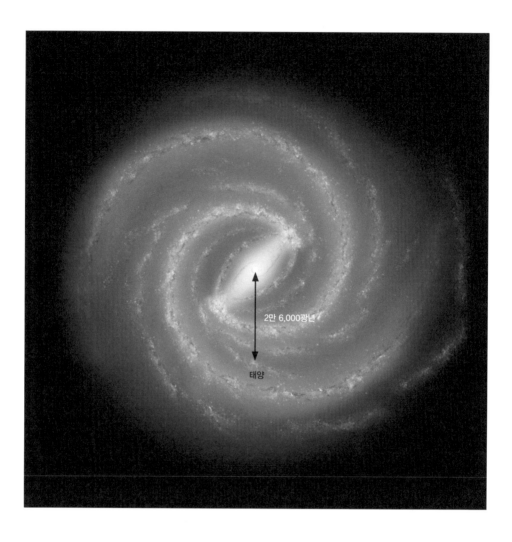

그림 1-2 우리은하의 모습. 별들의 분포를 연구한 결과에 따르면 우리은하는 나선팔을 갖는 나선은하의 모습이다. 2,000억 개의 별이 중력에 의해 서로 묶여 있는 우리은하에서 태양계는 중심에서 2만 6,000광년 떨어진 변두리에 위치해 있다.

멀리 떨어져 있습니다. 우리은하에서 안드로메다은하까지의 거리는 약 250만 광년입니다. 안드로메다은하는 우리은하와는 다른 또 하나의 작은 우주랍니다. 우리 동네 국부 은하군에는 안드로메다은하나 우리은하처럼 덩치가 큰 은하들뿐만 아니라, 남반구에 가면 볼 수 있는 대마젤란은하, 소마젤란은하와 같이 규모가 작은 왜소은하들도 함께 살고 있습니다. 관측하기가 쉬운 밝은 은하들만 세어보아도 우리 동네에는 최소한 30개 이상의 은하들이 집단을 이루고 있습니다.

자, 이제는 우리 동네 국부 은하군을 벗어나 더 큰 세계로 여행을 나가볼까요? 이웃 은하들이 모여 있는 우리 동네를 벗어나면 또다시 우주는 무한히 확장되는 듯합니다. 10억 광년, 20억 광년을 날아 점점 우주의 끝으로 가다 보면 몇십만, 몇백만 개의 은하들이 스쳐 지나갑니다. 현재 우리가 첨단 관측시설을 통해서 볼 수 있는 가장 먼 우주의 끝은 100억 광년이 넘는 거리에 있습니다. 100억 광년의 공간은 우리 머릿속에 그려보기에는 너무나 광대합니다. 이 거대한 공간 안에 우리은하나 안드로메다은하 같은 은하들이 최소한 1,000억 개 이상 흩어져 있습니다. 1,000억 개가 넘는 은하들이 1,000억 개 단위의 별들을 거느리며 다양한 모양으로 오색찬란하게 빛나며 3차원 공간에 퍼져서 마치 거미줄 같은 거대한 구조를 이루고 있습니다. 바다 위에 떠 있는 섬들처럼, 은하들은 우주라는 거대한 집을 구성하는 작은 벽돌이 되어 우주 공간을 엮어냅니다.

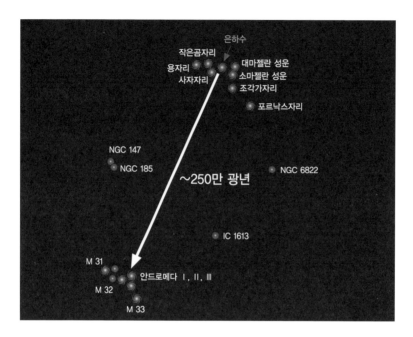

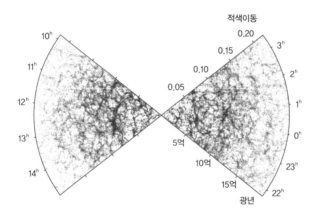

그림 1-3 '국부 은하군'이라 불리는 우리 동네의 모습. 우리은하를 중심으로 마젤란은하와 같은 작은 은하들이 모여 있고 250만 광년 떨어진 거리에는 안드로메다은하가 작은 은하들을 거느리며 모여 있다.

그림 1-4 은하들의 분포. 우주에는 1,000억 개가 넘는 은하들이 100억 광년보다 큰 거대한 공간에 분포해 있다. 은하들의 분포를 보여주는 이 영상의 파란 점 하나하나가 은하를 나타낸다. 거미줄 혹은 수세미처럼 은하들이 중력에 의해 묶여 거시구조를 이루고 있다. Credit: 2dF Galaxy Redshit Survey.

우주의 역사

변화무쌍하고 역동적인 현재의 우주와는 달리, 과거의 우주는 상대적으로 균일하고 잠잠했습니다. 천문학자들은 우주의 역사를 100억 년 이상으로 측정합니다. 조금 더 정확하게 말하면 우주의 나이는 약 138억 년입니다. 138억 년 전, 우주가 탄생하던 시점으로 돌아가면 기막힌 우주 출생의 비밀을 엿볼 수 있을지도 모릅니다. 하지만 우주 초기에 무슨 일이 있었는지는 여전히 베일에 싸여 있습니다. 특히 우주의 나이가 38만 년이 될 때까지는 빛과 물질이 혼합되어 있어서 빛은 우주 공간을 자유롭게 날아갈 수도 없었습니다. 그래서 우리는 이 38만 년의 기간 동안 어떤 일이 발생했는지 직접 볼 수가 없습니다. 하지만 입자물리학의 실험을 통해 초기 우주의 물리적 상황을 재현하면서 이 38만 년 동안 무슨 일이 있었는지 간접적으로 파악합니다. 이따금 신문기사에 등장하는 거대한 입자가속기 실험이 바로 초기 우주를 간접적으로 드러내주는 것이지요. 자, 그럼 간단하게 우주의 역사를 살펴볼까요?

약 138억 년 전, 원자 크기보다 작았던 우주의 시공간은 급속도로 팽창하기 시작했습니다. 그 시점을 흔히 '대폭발' 혹은 '빅뱅big bang'이라고 부릅니다. 아직은 명확히 원인을 알 수 없지만 우주가 팽창하기 시작하면서 에너지는 물질로 변하기 시작했고 우주에 작용하는 힘은 중력과 전자기력, 그리고 강한 핵력과 약한 핵력 등 4가지의 힘으로 나누어졌습니다. 지금은 이 4가지 힘이 다른 방식으로 작용합니다. 그러나 초기 우주에는 아마도 이 4가지 힘이 한 종류의 힘이었으리라고 생각됩니다. 빛과 물질에 함께 작용하는 통일된 힘이었겠지요. 초기 우주처럼 극도로 밀도가 높은 조건에서는 4가지 힘은 구별할 필요가 없습니다. 물론 아직 4가지의 힘을 하나의 통일된 힘으로 설명하는 이론은 완성되지 못했습니다. 중력을 제외한 3가지 힘은 통일되어서 하나로 설명할 수 있지만 여전히 중력과 다른 힘들을 종합하지는 못하고 있습니다. 중력 이론과 양자론이 아직 통일되지 않았다는 얘기를 들어보셨을 것입니다.

어쨌거나 우주는 거대한 입자물리 실험실처럼 쿼크와 같은 작은 입자들을 만들어냈습니다. 그리고 최초의 몇 분 동안 우주는 거대한 핵융합 공장처럼 수소와 헬륨의 핵을 만들어냈고, 이들은 그 이후 우주를 채워나갈 별과 은하의 재료가 됩니다. 빅뱅 이후에 38만 년이 지나면 드디어 원자시대가 시작됩니다. 수소와 헬륨의 핵이 전자를 포획해서 원자가 됩니다. 그동안 전자들은 강한 에너지를 가지고 혼자서 자유롭게 우주를 채우고 있었습니다. 그러나 우주 나이 38만 년 시점이 되면 우주는 약간 더 팽창하고 온도는 떨어지면서 자유전자들은 수소의 핵에 붙들려 수소의 핵과 함께 수소 원자를 구성하게 됩니다. 그동안 우주 공간을 자유롭게 누비던 자유전자들이 빛을 흡수해버렸기 때문에 우주에서 아직 빛을 볼 수는 없었습니다. 그러나 원자시대가 시작되면서 자유전자들이 원자에 갇혀버리게 되자 '광자photon'라고 불리는 빛 알갱이들은 전자의 방해 없이 우주를 자유롭게 날아갈 수 있게 됩니다. 다시 말하면 드디어 빛을 볼 수 있게 된다는 뜻입니다. 이때 나온 빛을 '우주

배경복사cosmic microwave background radiation'라고 합니다. 자유전자의 방해를 받지 않고 우주에 처음 등장한 빛이라고 해서 '최초의 빛first light'이라고 부르기도 합니다. '빅뱅의 흔적'이라고 불리기도 하는 우주배경복사는 우주의 모든 방향에서 균일하게 관측되기 때문에 빅뱅우주론의 중요한 증거로 꼽히기도 합니다.

　균일한 바다와 같았던 아기 우주는 138억 년의 긴 세월을 거치며 흥미진진하고 다채로운 우주로 성장했습니다. 우주배경복사가 나온 뒤 수억 년 동안 우주는 다시 암흑시대를 맞습니다. 왜냐하면 빛을 내는 별이 아직 생성되지 않았기 때문입니다. 최초의 별들은 아마도 우주 나이 1억 년쯤부터 만들어지기 시작했을 것으로 추정됩니다. 최초의 별들을 직접 발견하는 것은 미래의 과제입니다.

　우주가 팽창하는 동안 백지같이 균일했던 우주 공간은 보이지 않는 암흑물질들이 덩어리를 이루며 중력으로 서로 끌어당기기 시작하면서 거미줄처럼 얽히며 거대한 구조로 채워집니다. 우주는 점점 팽창하지만 그 공간 안에 담긴 암흑물질과 수소나 헬륨과 같은 보통 물질들은 중력의 지휘에 따라 차례차례 우주라는 집을 건설해갑니다. 암흑물질이 만들어낸 거대한 구조 안에서 1,000억 개가 넘는 거대한 은하들이 하나하나 생성되기 시작합니다. 그리고 각각의 은하는 수백, 수천 억 개의 별들을 탄생시키는 모태가 되어 화려한 자태를 드러내며 그 우주적 생명력을 뿜냅니다. 우주의 역사는 100억 년의 세월 동안 100억 광년의 우주 공간이 다채로운 은하와 별로 채워지는 역동적인 역사입니다.

블랙홀

무한한 영감의 세계인 우주에서 그 무엇보다도 더 인간의 상상력을 자극하면서 지성의 한계까지 우리를 내모는 대상은 바로 블랙홀입니다. 블랙홀은 일상에서 경험할 수 없는 무한이라는 세계를 새롭게 펼쳐주기도 합니다. 너무나 기괴한 존재라서 블랙홀은 수백 년 동안 과학자들에게 거부당하고 외면받았습니다. 20세기의 가장 뛰어난 과학자라고 알려진 상대성이론의 대가 알베르트 아인슈타인조차도 블랙홀 같은 괴물은 우주에 존재할 수 없다며 블랙홀의 개념을 반대했습니다. 그러나 21세기의 과학자들은 블랙홀의 존재를 확신합니다. 오늘도 전 세계의 수많은 연구자들이 첨단 시설을 이용해서 블랙홀을 연구합니다.

지금도 우주에서는 수많은 별들이 죽음을 맞이하며 블랙홀로 변하고 있습니다. 1,000억 개나 되는 은하들의 중심부에는 태양보다 100만 배 이상 무거운 거대질량 블랙홀supermassive black hole들이 하나씩 자리 잡고 있습니다. 블랙홀들은 엄청난 중력 때문에 주변의 가스를 모조리 흡입하며 점점 거인이 되어갔고, 블랙홀이 식사하는 동안 블랙홀로 빨려 들어가지 않은 가스는 고온의 불덩어리가 되어 1,000억 개의 별빛을 합한 것보다도 더 밝은 빛을 방출합니다. 마치 블랙홀이 토해내듯 블랙홀의 식탁에서 떨어져 밀려나오는 막대한 양의 가스, 그리고 레이저 광선처럼 은하를 뚫고 퍼져나가는 제트와 같은 현상은 과학자들을 흥분시키는 역동적인 드라마를 연출해냅니다.

거대한 우주의 구조가 만들어지는 장구한 세월 동안 수많은 별을 거느린 은하들은 마치 전쟁이라도 하듯 서로 부딪혀 깨지고 뭉쳐졌으며, 그 과정에서 블랙홀들이 서로 뭉쳐지기도 했습니다. 블랙홀은 엄청난 빛과 물질들을 뿜어내면서 별들이 피고 지는 은하의 진화 과정에 지대한 영향을 주며 우주 역사를 이끌어온 주인공입니다. 우주라는 무대를 누빈 블랙홀의 활약상과 정체를 밝혀온 과학자들의 노력을 따라 블랙홀을 한번 찬찬히 만나보는 건 어떨까요?

우주 공간에서 블랙홀과 마주친다면?

우주는 우리의 상상보다 더 신기할 뿐만 아니라, 우리가 상상할 수 있는 것보다 더 신기하다. _J. B. S. 홀데인

"삐~뽀, 삐~뽀, 삐~뽀"

우주선 전체에서 요란하게 경보가 울려댔다. 승무원들의 급박한 움직임이 적색경보에 눌려 소리 없는 무성영화처럼 보였다. 다급하게 주위를 둘러보던 그는 스크린을 바라보고 있는 선장의 당황한 표정을 확인하는 순간 짜릿하게 밀려오는 공포를 느꼈다. 평온한 밤하늘의 모습처럼 먼 별들이 배경으로 보이는 조종실 앞쪽 스크린에는 별 이상한 기미가 없는 듯했다. 그러나 스크린을 자세히 들여다보던 그는 이내 적색경보의 원인을 찾아냈다. 우주선이 향하는 쪽의 공간이 텅 비어 있는 듯, 스크린 중심 부분에는 배경

에 있어야 할 별들조차 보이지 않았다. 마치 검은 구멍처럼…. 중앙에 있던 별들이 자꾸 옆으로 밀려나면서 구멍은 점점 커져가고 주변에는 일그러진 별들이 동그랗게 원을 그리고 있었다. 바로 블랙홀 섀도shadow였다. 블랙홀이 주변의 빛을 가려서 원형으로 보이는 블랙홀의 그림자가 점점 더 커지고 있었다. '저 검은 원의 중심에 블랙홀이 있다는… 그렇다면 이것은 말로만 듣던 바로 그 방황하는 블랙홀…!'

"당장, 전속력으로 후진해야 합니다."

다급하게 외치는 그를 향해 선장은 이미 알고 있다는 듯이 고개를 끄덕거린다.

"현재 상태를 보고하라."

선장의 굵직한 목소리에 레이더를 지켜보던 항법사가 보고한다.

"1광년 거리에 매우 강한 중력소스 접근 중. 지도에 나오지 않는 중력체입니다. 아마도 다크 원더러dark wanderer로 보입니다."

"현재 속도 초속 1,000킬로미터. 지금 속도로 접근하다가는 10분 안에 사건지평선으로 빨려 들어갑니다."

스페이스 엔지니어의 다급한 목소리가 뒤따랐다. 다크 원더러… 바로, 별들 사이 공간을 떠돌아다니는 블랙홀을 일컫는 말이었다. 빛을 내지 않는 블랙홀은 발견되기가 어렵기 때문에 그 위치들이 알려져 있지 않다. 지뢰나 어뢰처럼 우주여행에 치명적인 위험이 되는 이 블랙홀들은 우주비행사들 사이에서 흔히 '다크 원더러'라고 불렸다.

"전속력으로 후진!"

선장의 명령을 받은 항법사가 명령을 복창하자 인공지능 컴퓨터에 의해 후진 엔진이 점화되었다. 갑자기 앞으로 쏠리는 힘에 모두들 급정거하는 버스의 승객들처럼 앞으로 넘어질 듯했다.

"현재 위치를 스크린으로."

다크 원더러와 우주선의 현재 위치가 스크린에 투영된 지도에 겹쳐졌다. 그러나 멀어지는 기색도 없이 우주선의 위치는 다크 원더러에 점점 가까워지고 있었다.

"100퍼센트 출력으로도 소용이 없습니다! 블랙홀의 중력장에 이미 너무 가까이 접근했습니다!"

승무원들은 모두 거의 패닉 상태였다.

"당장 비상탈출 모드로 전환하도록!"

선장이 소리쳤다. 적색경보가 처음보다 훨씬 다급하게 0.5초 간격으로 울어댔다. 비장한 기운이 온 선체를 휘감았다. 탈출적색경보가 울리면 1분 후에 탈출비행선이 자동으로 출발하게 되어 있었다. 모두들 중앙조종실을 벗어나 우주선의 상층부로 뛰기 시작했다. 얼떨떨해 하고 있는 그에게 다가온 선장이 팔을 잡아끌었다.

퍼뜩 정신을 차린 듯 그는 선장과 함께 마구 뛰기 시작했다. 그러나 얼마 못 가 발이 걸려 넘어지면서 벽에 머리를 세게 부딪혔다. 정신이 혼미해지기 시작했다. 이것이 마지막인가…. 처음 떠나는 장거리 우주여행에 과학자 탑승요원으로 선정되었을 때, 이 여행에서 살아 돌아오지 못해도 좋다며 흥분했었는데, 이렇게 죽음이 닥칠 줄은 미처 몰랐다. 정신이 점점 혼미해지는데, 귓전으로 비상

경보 소리가 점점 크게 밀려들어오고 있었다.

스마트폰 알람 소리에 잠이 깼다.

꿈에서 만난 블랙홀

우주여행이 상용화된다면 꼭 우주에 나가보고 싶습니다. 태양계를 넘어서 별과 별 사이 인터스텔라 공간을 여행할 수 있다면, 아마도 우리는 어디선가 블랙홀을 만날지도 모릅니다. 꿈에 등장한 사건처럼, 보이지도 않는 블랙홀과 맞닥뜨린다면 블랙홀에 빠져 영영 되돌아올 수 없을지도 모릅니다. 만일 우주 공간에 수많은 블랙홀들이 흩어져 있다면 블랙홀이 우주여행의 암초가 될지도 모릅니다. 우주지도에는 블랙홀의 위치가 표시되어 있지 않을지도 모릅니다. 잘 알려진 별들의 위치는 정확히 알려주겠지만, 발견되지 않은 블랙홀들은 감춰진 존재들이니까요. 보금자리 같던 은하에서 튕겨나가 우주를 방황하는 외톨이 블랙홀은 '다크 원더러'라고 부를 수도 있겠습니다. 말 그대로 우주 공간을 방황하는 보이지 않는 대상일 테니까요. 우주여행에서 맞닥뜨린 블랙홀처럼 인생에서도 종종 다양한 블랙홀들과 마주치게 됩니다. 한번 끌려가기 시작한 후 아직도 벗어나지 못한 블랙홀…. 그럼 제가 블랙홀을 만난 얘기부터 꺼내볼까요?

그림 1-5 우주여행에서 블랙홀과 마주친다면 이런 모습으로 보일 것이다. 컴퓨터 시뮬레이션으로 만든 이 영상은 은하 중심에 있는 블랙홀이 중력으로 빛을 끌어당기는 효과가 잘 드러나 있다. 원반 형태로 검게 보이는 영역이 블랙홀에서 빛이 빠져나올 수 없는 블랙홀의 크기에 해당되며, 원반 바깥쪽으로는 블랙홀의 배경이 되는 별빛이 블랙홀의 중력에 의해 휘어져서 길게 늘어진 형태로 보인다. Credit: NASA, ESA, and D. Coe, J. Anderson, and R. van der Marel(STScl).

과학자의 길, 블랙홀로 가는 여정

"인간이 과학적 사색을 통해 온갖 만족을 누릴 수 없다는 건 상당히 딱한 일이다." 양자역학의 탄생에 중요한 역할을 한 저명한 물리학자인 덴마크의 닐스 보어가 한 말입니다. 과학이 그만큼 재미있다는 뜻입니다. 보어는 '과학적 사색'이라고 표현했지만 '과학적 탐구'라고 할 수도 있습니다. 일상에서 일어나는 다양한 현상에 대해서 과학적으로 탐구하는 일이 무척이나 흥미롭습니다. 과학적 사색이 가져다주는 놀라운 만족, 그 만족을 맛보지 못하는 사람들을 보어는 딱하게 여겼던 것이지요.

미지의 세계는 언제나 매력적입니다. 새로운 사람을 만나는 일도 설레고 새로운 물건을 써보는 일도 즐거운 경험입니다. 새 책을 읽는 것도 신나고 가본 적이 없는 나라를 여행하는 일도 흥미진진합니다. 이런 흥분과 설렘은 새로운 대상이 주는 신선함 때문입니다.

종종 그 매력은 일상을 뒤흔들어버릴 정도로 파괴적이고 강렬합니다. 스토리가 뻔한 영화나 소설, 지루하게 반복되는 교장 선생님의 훈화가 재미없는 이유는 미지의 세계를 갈망하는 우리의 상상력을 자극할 새로움이 없기 때문입니다.

인류가 위대해지는 순간은 바로 인간의 한계가 드러나는 지적 지평선을 뛰어넘는 놀라운 상상력이 발휘될 때입니다. 그 상상력을 가지고 미지의 세계로 뛰어들어 끊임없이 도전하는 과정이 바로 인간의 위대함을 드러냅니다. 인간이 가진 능력 중에서 상상력만큼 뛰어난 것도 없습니다. 20세기의 위대한 과학자인 알베르트 아인슈타인도 상상력은 지식보다 훨씬 더 중요하다고 했습니다. 과학 지식은 상상력에서 태어납니다. 상상력이 씨앗이 되어 맺어낸 멋진 과학의 열매들이 과학사에 가득 담겨 있습니다.

미지의 대상을 다루는 과학은 언제나 흥미롭습니다. 알려진 사실들을 외워대는 공부가 땡볕 아래 줄 서기처럼 지겹다면, 미지의 세계에 대한 탐구는 그야말로 한 번도 가보지 않은 나라를 여행하듯 설렙니다. 짝사랑하던 소녀를 몰래 뒤따라가던 소년 시절의 기억처럼, 거기에는 실패에 대한 두려움도 있지만 짜릿한 흥분과 떨림이 공존합니다.

유한한 인간의 삶에서 우리는 종종 미지의 대상과 만납니다. 칠레 북부 사막 지역에서 선인장으로 뒤덮인 붉은 구릉의 물결 위로 휘황찬란하게 저녁노을이 퍼지는 광경을 목격했던 기억. 농촌 활동을 갔던 대학 시절, 가쁜 숨을 몰아쉬며 고통스러워하던 젖소를 도와 장정 넷이서 송아지를 분만시켰던 경험. 갈라파고스섬에서 얼음처럼 정지해 있는 이구아나 앞에서 나도 시간을 정지시켜두고 물끄러미 바라보던 경험. 이 땅의 모든 것이 잠들어버린 듯 불빛 하나 기척 하나 없는 한밤중, 안데스산맥 끝자락의 어느 천문대에서 마치 느린 춤을 추듯 하늘거리는 별무리에 홀로 푹 빠져들었던 밤. 이 경험들은 모두 우주와 자연을 맞닥뜨린 경험입니다. 기회가 된다면 꼭 지구를 벗어나 우주 공간에 나가보고 싶습니다. 무중력 상태의 우주정거장에서 푸른 지구와 찬란한 별들을 바라보는 일은 얼마나 감동적일까요.

가만 들여다보면, 자연은 일상을 초월하는 경이로움으로 가득 차 있습니다. 그리고 그 경이로움은 깊은 사색을 불러일으킵니다. 과학은 바로 거기서 시작됩니다. 집채만큼 거대한 망원경을 사용하여 아직 아무도 바라본 일이 없던 어느 먼 우주 공간을 혼자서 그윽하게 음미하다가 숨겨져 있던 은하들이 가지각색의 모양으로 스크린을 가득 메우는 광경을 목격할 때면, 도대체 이 은하들에는 어떤 세상이 펼쳐져 있을까, 수많은 은하를 품고 있는 이 우주 공간은 도대체 얼마나 광활한가 하는 질문이 솟아납니다. 이 광대한 우주는 어디서 기원했으며, 지구라는 작은 행성에 사는 나는 과연 누구인가 하는 근원적 질문 아래, 수많은 작은 질문들이 꼬리에 꼬리를 물고 끝없이 이어집니다. 이미 답을 아는 수수께끼는 절대로 흥미롭지 않습니다.

우주의 신비에 끌려 삶을 건 과학자들은 어찌 보면 무척이나 헌신적입니다. 우주의 비밀을 알려주겠다는 제안을 받는다면 영혼까지 팔지도 모릅니다. 과학자들은 종종 남들이 중요하게 여기는 가치들에 무감각하기도 합니다. 그래서일까요? 종종 과학자들이 괴팍한 인물로 그려지기도 합니다. '과학자'라면 아마도 아인슈타인처럼 산발한 흰머리에 뭔가 비범한 느낌을 주는 인상을 가진 사람들을 생각할지도 모릅니다. 과학자에 대한 대중적 이미지가 왜곡된 면도 있겠습니다.

하지만 과학자도 보통 사람입니다. 자신의 전문 분야에서 뛰어난 능력을 발휘하지만 다른 면에서는 그저 평범할 수도 있습니다. 인품이 뛰어난 사람도 있지만 인품이 떨어지는 사람도 있고, 사회성이 좋은 사람도 있지만 사회성이 떨어지는 사람도 있습니다. 유머가 넘치고 말을 잘하는 사람도 있지만 어눌하고 말주변이 별로 없는 사람도 있겠지요. 다른 직업군과 비교할 때 대단히 다르지는 않을 거라는 말입니다. 그러나 과학자들이 갖는 차별성도 분명합니다. 과학자들은 호기심이 강하고 도전정신을 갖고 있으며 상상력이 풍부한 사람들입니다. 뭐랄까, 새로움을 찾아 길을 떠나는 사람들이지요. 아니, 거꾸로, 호기심이 강하고 도전정신과 상상력으로 무장되어 우주의 비밀에 도전하는 사람들만 과학자로 남아 있게 되는 건지도 모릅니다.

미지의 세계로 가는 여행이 처음부터 끝까지 마냥 신날 수는 없습니다. 지적 지평선을 넘을 새로운 길과 기발한 방법을 강구해야 합니다. 탐험여행이 성공하기 위해서는 치밀한 계획과 세세한 준비가 필요합니다. 일단 시작되면 길고 긴 여정 속에서 때로는 피로와, 때로는 절망감과 싸워야 합니다.

과학이라는 탐험여행은 안내원의 도움을 받을 수 없습니다. 아무도 가보지 않은 새로운 길을 개척해야 하기 때문입니다. 기껏해야 비슷한 탐험을 했던 선배들의 어렴풋한 조언을 얻을 수 있을 뿐입니다. 연구자금 확보, 슈퍼컴퓨터나 대형망원경의 사용 시간을 얻기 위한 경쟁, 데이터를 다루는 지루한 씨름은 과학자들이 늘 마주하는 문제들입니다. 산 정상에 오르지도 못하고 중간에 포기해야 하는 경우도 많습니다. 좋은 결과가 나오지 않는다면 그동안 쌓아온 자료를 깡그리 버려야 할 때도 있습니다. 가장 어려운 점은 길이 막힐 때마다 창의적인 해결책을 모색해야 한다는 점입니다. 창의성은 노력에 비례해서 주어지지 않습니다. 과학사에 빛나는 위대한 업적들은 그렇게 긴 산고를 거쳤습니다.

과학을 통해 더 많은 것을 배울수록 미지의 세계는 점점 더 넓어집니다. 새로운 지식을 성취한 기쁨을 누리는 바로 그 순간, 더 큰 미지의 영역이 홀연히 눈앞에 나타나며 우리의 제한된 지식을 포위합니다. 새로운 지적 지평선이 선명히 드러납니다. '미지 세계 보존의 법칙'이라고나 할까요. 인간이 우주를 완벽하게 이해할 수 있도록 남김 없는 지식을 갖게 될 거라는 기대는 철없이 낭만적입니다. 더군다나 과학이 우주를 물리적으로 완벽하게 기술할 수 있다고 가정해도, 우주가 왜 존재하는가, 삶의 의미는 무엇인가와 같은 철학적 질문들은 여전히 우리에게 남습니다. 과학의 한계를 철저하게 인식할수록 과학은 더 과학답게 됩니다. '미지 세계 보존의 법칙'이 지켜지는 과학의 세계에서 벼는 익을수록 고개를 숙이는 법입니다. 지구와 우주를 정복하겠다는 제국주의적 과학은 이미 폐기되어 19세기의 낭만으로 남아 있을 뿐입니다. 그럼에도 불구하고 과학자들은 끊임없이 도전합니다. 이 긴 여정의 끝을 미리 설정해놓고 지금 포기할 필요는 없습니다. 지적 지평선에 도전하는 일, 그 자체가 인류의 위대함이니까요.

우리 모두가 과학자의 길을 걸을 수는 없다고 해서 실망할 필요는 없습니다. 운명처럼 과학자의 길을 기꺼이 걷는 사람들에게 과학을 맡기는 것도 나쁘지 않습니다. 보어처럼 과학 탐구를 통해 온갖 기쁨을 맛볼 수 없다고 해서 실망할 필요도 없습니다. 왜냐하면 과학자들이 얻는 흥분과 만족감은 과학자가 아니어도 충분히 맛볼 수 있기 때문입니다. 누군가의 안내를 받아 과학자들이 이미 탐험한 미지의 세계를 보고 배우면, 우리 모두는 과학의 매력을 경험할 수 있습니다. 과학자들이 밝힌 미지의 세계는 생각보다 우리 가까이에 있습니다.

블랙홀에 빠지다

> 블랙홀은 우주에 존재하는 대상 중 가장 완벽하다. _찬드라세카르

광대한 미지의 우주에서 가장 신비하고 흥미진진한 대상을 하나 선택해서 탐험할 수 있는 자유가 주어진다면 어떨까요? 엄청난 에너지를 뿜어내며 죽어가는 별의 최후인 감마선 폭발체Gamma-ray burster, 외계생명체가 살고 있을지도 모르는 외계행성, 인터스텔라의 공간에서 새로 태어나는 아기 별 등 눈길을 끄는 수많은 대상

중에서 블랙홀은 가장 인기 있는 후보입니다. 그 누구도 블랙홀이 던지는 매력은 뿌리칠 수가 없습니다. 비밀스런 커튼 뒤에 감춰진 블랙홀은 많은 탐험가들의 낙점을 받습니다.

하지만 제가 처음부터 블랙홀을 연구하겠다는 계획을 갖고 과학자의 길을 걷기 시작한 건 아닙니다. 어린 시절부터 우주를 무척 좋아했지만 블랙홀에 홀딱 반하지는 않았나 봅니다. 중고등학생 시절 막연하게 들었던 '블랙홀'이라는 단어는 스티븐 호킹의 그 유명한 책《시간의 역사》를 읽은 뒤에도 사실 내 삶에 별로 다가오지 않았습니다. 대중이 이해하기에는 꽤나 어려운 그 책을 통해서는 블랙홀의 매력을 제대로 맛볼 수 없었나 봅니다. 대학생이 되어 천문학이나 물리학 전공 과목들을 공부할 때도 블랙홀은 내 삶을 별로 끌어당기지 못했습니다. 제가 블랙홀에 빠져들기 시작한 것은 박사과정 시절이었습니다. 어느 날 블랙홀이 불쑥 내 삶의 중심부로 들어와서 내 삶을 송두리째 빨아들였습니다. 한번 가까이 갔다가 그만 블랙홀의 중력에 영원히 묶여버린 셈입니다.

우주를 연구하려면 관측시설이 중요하기 때문에 미국으로 유학을 갔습니다. 지도를 받고 싶었던 어느 교수님이 계신 학교였지요. 박사과정 1년차 때부터 그분과 일하기 시작했습니다. 그런데 2년 뒤 그 교수님이 갑자기 학교를 옮기게 되었습니다. 2년간 수업 듣는 과정이 지나고 본격적으로 학위 연구가 시작되는 시점에 지도교수를 잃게 된 것입니다. 저는 완전히 방향을 잃고 갈팡질팡하게 되었습니다. 마침 그때 물리학과에 교수 한 분이 새로 부임했습니다. 미 항공우주국의 연구소에 오래 계시던 그분은 당장 박사과정

학생이 필요했고 저는 새로운 지도교수가 필요했습니다. 그분께 상담 요청을 드렸더니 저에게 블랙홀과 은하에 관련된 연구를 해보지 않겠냐고 제안했습니다. 제가 그 프로젝트를 기다리고 있었는지, 혹은 그 프로젝트가 저를 기다리고 있었는지 모르겠지만 어쨌거나 저는 흔쾌히 거기에 뛰어들었습니다. 지도교수를 바꾸는 일은 동시에 연구주제를 바꾸는 흥미진진한 과정이 되었습니다. 지금 돌아보면 아마도 그때부터 어디서 끝날지 모르는 블랙홀로 가는 긴 여정이 시작되었던 것 같습니다. 분명한 건, 미지의 블랙홀로 가는 길에는 실패에 대한 두려움과 함께 짜릿한 흥분과 떨림이 있었다는 것입니다.

자, 그럼 제가 만난 블랙홀을 본격적으로 하나하나 소개하겠습니다. 먼저 블랙홀의 정체부터 밝혀보도록 할까요?

2

블랙홀의
정체를 밝혀라

중력을 탐하다
블랙홀 제조법
블랙홀, 이 땅의 빛을 보다
검은 별을 찾아라

블랙홀의 정체를 파악하기 위해서 가장 중요한 중력에 관해 살펴보면서 블랙홀의 주민등록증을 한번 들여다보기로 합시다. 블랙홀이 인류 역사에서 언제 처음 등장하는지, 누가 블랙홀이란 개념을 만들었는지, 블랙홀은 어떤 까칠한 성격을 갖고 있는지 하나하나 살펴봅시다. 그리고 인류의 지성사에 등장한 블랙홀이 어쩌다가 100년 이상 역사의 뒤안길로 사라져버렸는지 차근차근 풀어가기로 하지요.

중력을 탐하다

 블랙홀을 다룰 때 가장 중요한 개념은 중력입니다. 〈그래비티〉라는 영화를 보신 분들이 많을 겁니다. 과학을 다룬 영화 중 가장 볼만한 작품 중 하나입니다. 우주망원경을 수리하는 임무를 띠고 우주로 나간 우주비행사가 갑자기 닥친 사고로 인해 우주 공간을 표류하다가 지구로 귀환하는 내용이 흥미진진하게 담겼습니다.

 이 영화는 지구에 사는 우리가 평소에 별로 의식하지 않는 중력이 얼마나 우리 삶에서 중요한 요소인지 피부로 실감하게 해줍니다. 중력이 없는 우주 공간의 적막함이 주는 공포가 잘 담겨 있기도 하지요. 특히 영화의 마지막 부분에서 지구로 귀환한 주인공이 지구의 중력을 느끼면서 누웠던 몸을 일으켜 지표면을 걷는 장면은 이 영화를 한마디로 요약한 듯한 강렬한 감동을 주지요. 이 영화가 소재로 삼은 중력은 바로 블랙홀의 정체를 설명해주는 핵심 개념입니다.

블랙홀은 영화나 애니메이션에도 자주 나오고 뉴스에도 가끔 등장하기 때문에 누구나 한 번쯤은 들어보았을 것입니다. 하지만 실상 블랙홀의 정체를 아는 사람들은 많지 않을 듯해요.

블랙홀이란 한번 들어가면 절대로 빠져나올 수 없는 어떤 신기한 대상입니다. 빛조차도 탈출할 수 없다고 책에서 읽었습니다.

나름대로 훌륭한 답변입니다. 다시는 돌아올 수 없는 미지의 세계로 안내하는 괴물, 그것이 아마도 블랙홀이 갖는 일반적인 이미지가 아닐까 합니다. 과학적으로 정의해보면 어떨까요? 한마디로 블랙홀은 거의 무한밀도를 갖는 시공간의 작은 영역 혹은 질량체라고 하겠습니다. 아주 작은 공간에 엄청난 질량이 담겨 있는 상태라고나 할까요. 더 정확하게 표현한다면 한 점처럼 무한대로 작은 공간에 엄청난 질량이 뭉쳐 있기 때문에 무한대의 밀도를 갖는다고 말할 수 있습니다. 이렇게 밀도가 높으면 중력이 너무 커져버리게 됩니다. 그래서 심지어 빛조차도 중력에 잡혀서 빠져나올 수 없게 되는 결과를 낳지요.

뉴턴의 만유인력 법칙을 생각하면 중력을 쉽게 이해할 수 있습니다. '중력'은 '무거울 중重'자와 '힘 력力'자를 써서 '무거운 물체가 내는 힘'이라는 뜻을 담고 있지요. 지구가 당기는 힘, 그래서 우리가 땅 위를 걸을 수 있도록 잡아주는 힘도 중력입니다. 달이 지구 주위를 공전하도록 붙들고 있는 힘도 중력이지요. 우주는 중력에 의해 규칙적으로 운행된다고 해도 과언이 아닙니다.

중력을 '만유인력萬有引力'이라고 부르는 이유는 우주에 존재하는 질량을 가진 모든 물체들이 서로 끌어당기고 있기 때문입니다. 여기 탁상 위에 놓아둔 핸드폰과 머그잔도 서로 끌어당기고 있습니다. 그런데 이렇게 끌어당기는 힘, 즉 중력은 물체의 질량(무게)에 비례하지요. 핸드폰과 머그잔은 너무 가볍기 때문에 서로 끌어당기는 힘이 매우 약하고 그래서 그냥 제자리에 있는 것입니다. 하지만 책을 들고 있다가 손을 놓으면 책이 바닥으로 떨어집니다. 책과 지구 사이에 중력이 작용하기 때문이지요. 책보다 지구의 질량이 비교할 수 없이 크기 때문에 지구는 제자리에 있고 책이 끌려갑니다. 우주의 모든 대상들도 똑같은 성질을 가진 중력에 의해 서로서로 끌어당기고 있습니다. 태양이나 별들도 다 마찬가지입니다.

지구가 사과를 끌어당기는 힘도 중력이고 지구와 별들 사이에 작용하는 힘도 중력이라면, 둘 다 중력인데, 왜 밤하늘의 별들은 사과처럼 땅으로 떨어지지 않는 걸까요?

짐작했겠지만 그 답은 거리가 멀기 때문입니다. 별까지 거리가 너무 멀기 때문에 지구로 끌고 올 수는 없습니다. 중력은 두 물체의 질량에 비례하지요. 무거운 물체일수록 그만큼 중력이 커집니다. 하지만 거리가 멀면 중력은 약해집니다. 중력은 두 물체 사이의 거리의 제곱에 반비례합니다. '거리역제곱의 법칙'이라고도 부르는데, 물체 사이의 거리가 멀수록 당기는 힘이 제곱배로 약해진다는 뜻입니다. 거리가 2배 멀어지면 중력이 4배 약해지고, 거리가 3배 멀어지면 중력은 9배 약해진다는 뜻이에요. 별은 너무나 멀리 있기 때문에 별과 지구 사이의 중력은 거의 0입니다. 그래서 서로 끌어당기지 못하는 거죠. 어린 시절에 자석을 가지고 놀아본 적이 있지요? 자석 두 개를 서로 멀리 떨어뜨려 놓으면 아무 힘도 작용하지 않지만 조금씩 가까이 가져가다 보면 어느 순간에 자석이 짝 달라붙습니다. 그건 바로 자석이 서로의 자기력이 미칠 만큼 거리가 가까워졌기 때문이지요. 자기력도 중력과 비슷한 양상을 띕니다. 두 힘 모두 거리역제곱의 법칙을 따르고 있거든요.

별과는 다르게 상대적으로 가까이 있는 달은 왜 지구로 끌려오지 않는 걸까요? 별까지의 거리에 비하면 달과 지구 사이의 거리는 충분히 가까우니까 중력이 꽤나 크게 작용할 텐데 말입니다.

이런 질문까지 떠올랐다면 멋진 일입니다. 항상 다양한 경우를 생각해보고 예외가 되는 이유를 찾아보는 건 좋은 공부가 되니까요. 그 이유는 바로 달이 지구를 돌고 있기 때문입니다. 지구가 달을 끌어당기고 있지만 달은 지구로 끌려오는 대신 그 힘을 받아서 지구 주위를 돌고 있다고 생각하면 이해하기 쉽습니다. 만일 지구가 중력을 더 이상 내지 않는다면 달은 멀리 날아갈 겁니다. 반대로, 만일 달이 지구 주위를 공전하지 않는다면 달은 지구 쪽으로 끌려오겠지요. 그러나 지구와 달이 생성된 초기부터 달이 지구 주위를 돌기 시작했고 지구가 끌어당기는 중력과 더불어 달이 계속

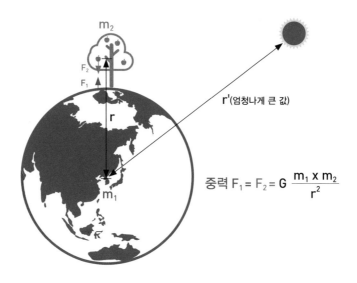

$$\text{중력 } F_1 = F_2 = G \, \frac{m_1 \times m_2}{r^2}$$

그림 2-1 중력은 두 물체 사이의 거리의 제곱에 반비례해서 작아진다. m은 질량, r은 물체 간의 거리를 나타낸다.

앞으로 나아가려는 운동이 결과적으로 달이 지구 주위를 회전하도록 만드는 거지요. 이렇게 한번 그려볼까요?(그림 2-2) 지구 쪽으로 끌려가는 달의 운동과 지구 방향과는 수직하게 앞으로 나아가려는 운동을 합해보면 결국 지구 주위를 도는 원운동이 됩니다. 어떻게 보면 달은 계속 지구 쪽으로 끌려오는 셈인데 끌려오는 만큼 또 앞으로 (지구와는 수직한 방향으로) 나아가기 때문에 결국은 원을 그리면서 공전하는 모양이 되는 거지요.

지구 주위를 도는 인공위성도 마찬가지입니다. 우주정거장의 경우도 지구 중력에 의해 지구 쪽으로 떨어지는 운동과 지구 표면에 평행하게 앞으로 나아가려는 운동이 합해져서 결국 회전운동을 합니다. 그러나 결과적으로 우주정거장은 지구 쪽으로 계속 떨어지고 있는 셈이에요. 그래서 우주정거장 안에서는 지구의 중력을 느낄 수 없는 무중력 상태가 된답니다. 영화를 보면 우주정거장에 있는 우주인들이 둥둥 떠다니는 모습이 나옵니다. 우주정거장이 지구 주위를 공전하고 있기 때문에 우주인들이 중력을 느낄 수 없는 것이지요. 우주정거장이 사과처럼 지구로 낙하하고 있다고 생각하면 이해하기 쉽습니다. 물론 실제로는 낙하하는 것이 아니라 지구 주위를 도는 공전운동을 하는 것이지요.

자, 중력 이야기로 충분히 뜸을 들였으니 이제 본격적으로 블랙홀을 다루어야겠군요. 블랙홀이 갖고 있는 힘이 바로 이 중력입니다. 블랙홀은 지구의 중력과는 비교되지 않을 정도로 강한 중력을

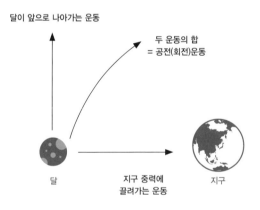

그림 2-2 지구가 중력으로 달을 끌어당기고 있지만 달이 지구로 떨어지지 않는 이유는 달이 지구 주위를 공전(회전)하고 있기 때문이다. 쉽게 이해하는 방법은? 달이 지구로 떨어지는(가까이 가는) 만큼 앞으로 나아가기 때문에 결국 이 두 운동의 합은 지구 주위를 공전하는 운동이 된다!

갖고 있답니다. 너무 세기 때문에 우주에서 가장 빨리 달리는 빛조
차도 빠져나올 수 없습니다. 블랙홀은 중력을 빼면 시체입니다. 그
럼 먼저 블랙홀 제조법을 알아볼까요?

블랙홀 제조법

　지금부터 블랙홀 제조법을 알려드립니다. 케이크 만드는 법이나 양초 제조법은 들어봤지만 블랙홀 제조법은 처음 들어본다고요? 네, 과연 블랙홀을 만들어낼 수 있을지부터 고민해봐야 할지도 모릅니다. 손바닥 위에 블랙홀을 만들어서 집어 던질 수 있다면 강도에 대처할 때 무척 좋은 무기가 되겠지요. 블랙홀에 맞은 강도는 안타깝게도 블랙홀에 빨려 들어가 우주에서 사라질 테니까요.

　야구공을 하늘 높이 던져봅시다. 머릿속으로 상상해보는 거예요. 사고실험thought experiment이라고도 하지요. 얼마 지나지 않아 야구공은 다시 땅으로 떨어집니다. 지구의 중력 때문이지요. 내가 던진 힘으로 하늘로 올라가던 야구공은 결국 지구의 중력을 이기지 못하고 땅으로 떨어지고 맙니다. 야구선수 류현진이 던지면 어떨까요? 공은 더 높이 올라가겠지만 결국 다시 땅으로 떨어집니다. 류현진 선수도 지구의 중력보다 센 힘으로 야구공을 던질 수는 없지요. 하지만 지구의 중력을 상쇄할 정도로 엄청나게 센 힘을 가진 슈퍼맨이 나타나서 야구공을 던진다면 야구공은 지구를 벗어나 우주 공간으로 날아가버릴 겁니다.

우주선이나 인공위성을 실은 로켓이 지구를 탈출해서 우주 공간으로 나가는 원리도 똑같습니다. 로켓은 지구의 중력을 상쇄할 만큼의 강력한 추진력을 뿜어냅니다. 이렇게 중력을 이겨낼 수 있는 속도를 탈출속도라고 부릅니다. 지구의 경우에는 어림잡아 초속 10킬로미터 정도가 됩니다(정확히는 초속 11.2킬로미터이지요). 얼마나 빠른 속도냐면, 대략 고속도로를 달리는 자동차 속도의 300배, 혹은 여객기 속도의 30배쯤입니다. 그 정도 빠른 속도라면 지구의 중력을 이겨내고 지구를 탈출할 수 있습니다.

그런데 뉴턴의 중력법칙이 알려주는 흥미로운 사실 한 가지는 만일 지구의 크기(반지름)가 현재보다 더 작아진다면 탈출속도가 더

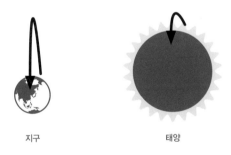

지구   태양

그림 2-3 지구의 표면과 태양의 표면에서 야구공을 던지면 어떻게 될까? 똑같은 힘으로 던지면 지구에서 훨씬 높이 던질 수 있다. 태양의 중력에 비해 지구의 중력이 훨씬 작기 때문이다.

커질 거라는 점입니다. 지구의 질량은 변하지 않고 그대로 남아 있는데 지구의 반지름이 작아진다면 우리가 서 있는 지표면이 지구의 무게중심에 더 가까워지기 때문에 중력이 커집니다. 앞에서 언급한 대로 중력은 거리역제곱법칙을 따르니까요. 정확히 말하면 탈출속도의 제곱이 지구 반지름에 비례합니다. 가령, 지구의 반지름을 네 배로 줄이면 지구를 탈출하려는 로켓은 지금보다 두 배나 빠른 속도를 내야 합니다. 그렇게 작아진 지구의 표면에서 슈퍼맨이 야구공을 던져서 지구 밖으로 탈출시키려면 야구공의 속도도 두 배 빠르게 던져야 한다는 말입니다(초속 11.2킬로미터가 아니라 초속 22.4킬로미터의 속도로 던져야 하겠지요).

자, 그렇다면 조금 더 상상력을 발휘해서 사고실험을 해볼까요? 만일 지구의 크기를 무지막지하게 작게 만들면 어떻게 될까요? 가령 지구 반지름이 1센티미터가 되도록 줄여봅시다. 이렇게 작아진 지구라면 로켓이 빛의 속도로 날아간다고 하더라도 지구를 탈출하기는 불가능합니다. 왜냐하면 반지름 1센티미터의 지구 표면에서 받는 중력은 상상을 초월하게 커져버리고 탈출속도를 계산해보면 빛의 속도보다 크게 되기 때문입니다. 결국, 지구는 빛조차 탈출할 수 없는 괴물, 블랙홀이 되고 맙니다.

지구를 반경 1센티미터 정도의 알사탕 크기로 줄일 수만 있다면 지구는 블랙홀이 되어버립니다. 알사탕 크기로 줄어든 지구에서는 빛의 속도로도 탈출할 수 없다는 얘기가 되는 것이죠. 우주에서는 빛의 속도보다 빠르게 운동할 수 없으니까, 그 무엇도 탈출할 수

지구   절반으로 작아진 지구   1센티미터로 작아진 지구

그림 2-4 호빵을 눌러서 압축하듯이 지구를 점점 작게 만들면 어떻게 될까? 질량은 그대로 두고 크기를 줄여서 1센티미터만큼 작게 만들면 지구는 블랙홀이 된다.

없습니다. 지구가 블랙홀이 되어버린다는 말입니다.

블랙홀 제조법이 폭탄 제조법보다 쉽다고 생각하는 분이 있을지도 모르겠군요. 물리적 원리는 간단합니다. 하지만 지구를 알사탕 크기만큼 줄이는 일이 과연 가능할지 따져보아야 합니다. 우주에 어떤 거대한 힘이 있어서 지구의 질량은 그대로 보존하면서 크기만 점점 작게 축소시키면 될 거라는 생각이 들지도 모르겠습니다. 그러나 그렇게 간단하지는 않습니다. 지구의 질량을 그대로 두고 크기를 반으로 줄이는 것은 매우 어려운 일이에요. 더군다나 알사탕 크기만큼 지구를 축소시키려면 엄청난 힘이 필요합니다. 사실 거의 불가능한 일이지요. 현실적으로는 지구가 블랙홀이 될 수 없습니다. 지구나 목성, 심지어 태양도 블랙홀이 될 자격을 갖추고 있지 못합니다. 자신을 작게 줄여줄 물리적 방법을 갖고 있지 못하니까요.

반면에 질량이 매우 큰 별들은 블랙홀이 될 수 있습니다. 별이 죽음을 맞이할 때 블랙홀 제조에 필요한 압축이 일어납니다. 별이 폭발하면서 중심 부분이 안으로 뭉쳐지면서 작아지기 때문입니다. 만일 탈출속도가 빛의 속도보다 더 커지는 크기만큼 별의 중심부가 작아지면 블랙홀 제조법으로 설명한 과정 그대로 별의 중심부는 블랙홀이 됩니다. 별의 죽음을 통해 블랙홀이 태어나는 이야기는 나중에 더 자세히 나누기로 하지요(7장에서 자세히 다룹니다).

결국, 매우 질량이 큰 별들은 자신의 중력이 너무나 크기 때문에 중력의 힘으로 작게 뭉쳐져서 블랙홀이 됩니다. 그리고 블랙홀이 되면 탈출속도가 커져서 빛도 탈출할 수 없게 되는 것이지요. 다시 말하면 블랙홀 제조 과정에서도 가장 중요한 것이 중력이라는 말입니다. 중력을 통해서 태어나는 블랙홀, 엄청난 중력을 발휘하는 블랙홀, 중력이 없으면 블랙홀은 시체라는 말을 다시 한 번 기억하면 좋겠네요.

블랙홀 제조법을 배웠으니, 그럼 블랙홀이 인류 역사에 처음 등장하는 일화를 다루어볼까요? 맨 처음 블랙홀을 생각해낸 사람은 누구일까요?

블랙홀, 이 땅의 빛을 보다
– 상상력에서 태어난 검은 별

빛조차 탈출할 수 없는 강한 중력을 가진 블랙홀. 이 개념이 처음 등장하는 것은 약 200년 전입니다. 18세기 말, 당시에 가장 과학이 발달했다고 평가할 만한 영국에서 발생한 일이었지요. 지질학과 천문학을 연구했던 존 미첼이 1784년에 쓴 '검은 별dark star'에 대한 논문이 바로 블랙홀을 역사상 처음으로 다루고 있습니다. 이 논문은 지난 1970년대에 발견되었습니다. 그동안 블랙홀에 관한 초기 연구가 숨겨져 있었던 셈인데, 이 논문이 발견되면서 존 미첼의 연구가 새롭게 조명을 받게 되었지요. 존 미첼의 연구가 발표된 지 10여 년이 지난 1799년에는 프랑스에서 활동하던 과학자 피에르 라플라스가 존 미첼의 블랙홀과 같은 개념을 발표하고 이를 수학적으로 증명하는 논문을 내기도 했습니다.

1783년 12월 11일, 런던의 시가지를 가로지르며 왕립학회로 향하는 헨리 캐번디시의 마음은 사뭇 흥분되었습니다. 런던까지 올 수 없는 존 미첼을 대신해서 그의 논문을 발표해주기로 흔쾌히 승낙한 그였지만 막상 미첼의 논문을 받아서 읽어보고는 자신도 놀라지 않을 수 없었기 때문이지요. 빛조차 탈출할 수 없는 검은 별이라니…? 미첼이 영국의 지성계에 훌륭한 학자로 정평이 나 있기는 했습니다. 하지만 이런 괴상망측한 검은 별의 존재를 주장하는 논문을 발표하면 영국 왕립학회 회원들이 어떤 반응을 보일지 캐번디시 자신도 예측하기 어려웠습니다. 쓰레기 같은 논문이라고 비웃음을 살 수도 있는 일이었지요. 더군다나 전기현상에 대한 실험 결과 등을 통해서 과학자로서 입지를 세웠고 왕립학회의 가장 탁월한 멤버로 불리는 자신의 명성에 금이 갈 우려도 있었습니다. 왕립학회 미팅이 있을 때면 런던까지도 왔던 미첼인데, 이번 모임에는 불참하면서 자신에게 발표를 부탁한 것도 혹시 자신의 명성에 기대기 위한 미첼의 숨은 의도인지도 모른다는 생각을 캐번디시가 했을지도 모릅니다. 그러나 미첼의 논문을 자세히 검토해본 캐번디시는 검은 별이 실제로 존재할 가능성에 대해 마음이 끌리기 시작했지요. 이런 훌륭한 아이디어는 반드시 발표되어야 한다고 생각했을 겁니다.

캐번디시가 미첼을 대신해서 그 결과를 영국 왕립학회에 보고했을 때 런던의 학계는 꽤나 술렁거렸을 겁니다. '검은 별'이라고 명명된, 빛조차 탈출할 수 없다는, 그래서 보이지도 않는 별들이 우주에 수없이 존재할 거라는 미첼의 예측은 과학자들의 흥분을 사기에 충분했겠지요. 존 미첼이 제시한 검은 별은 바로 20세기에 발견될 블랙홀을 그대로 예견하고 있었습니다. 도대체 미첼은 어떻게 검은 별의 존재를 알아내게 된 걸까요?

미첼의 검은 별이라는 개념이 태어나기까지는 세 가지 과학이론이 산파 역할을 했습니다. 첫째는 뉴턴의 중력법칙입니다. 미첼이 검은 별의 개념을 고안해냈던 18세기 말에는 이미 뉴턴의 중력법칙이 학계에 널리 알려져 있었지요. 사과가 나무에서 떨어지는 이유는 질량이 큰 지구가 질량이 작은 사과를 끌어당기기 때문이라는 중력법칙은 적어도 지식인들 사이에서는 상식이었습니다. 둘째는 뉴턴이 제안한 빛의 입자이론입니다. '입자粒子'라는 말은 '알갱이'라는 뜻입니다. 쉽게 말하면 빛은 모종의 알갱이들로 구성되어 있다는 주장이지요. 이 이론에 의하면 '광자'라고 불리는 알갱이들 하나하나가 빛을 구성합니다. 예를 들어 형광등의 스위치를 켜면 수많은 광자들이 튀어나와서 책상, 벽, 옷과 같은 사물들에 부딪혔다가 반사되어 우리 눈에 들어오게 됩니다. 우리 눈은 마치 카메라처럼 이 광자들을 검출하고 신호를 전달해서 이미지로 인식하는 장치가 달려 있습니다. 다시 말해서, 뉴턴의 입자이론은 빛을 하나하나의 알갱이로 취급할 수 있는 길을 열어준 셈입니다.

세 번째는 덴마크의 과학자였던 올라우스 뢰메르가 1670년대에 빛의 속도를 측정한 사건입니다. 빛이 무한히 빠르지 않고 유한한 속도를 갖는다는 새로운 발견은 역사에 남을 중요한 사건이었지요. 고대 그리스 시대 이후로 사람들은 빛이 무한한 속도로 움직인다고 여겨왔습니다. 물론 그런 일반적인 생각에 의문을 가졌던 사람들도 있었지요. 예를 들어, 1607년에 갈릴레오 갈릴레이는 빛이 무한히 빠를 리가 없다고 생각해서 빛의 속도를 재려고 시도했습니다. 두 산봉우리에 각각 사람이 올라가서 한 봉우리에 있는 사람이 시간에 맞춰 등을 켜면 다른 봉우리에 있는 사람이 그 빛을 본 시각을 측정하는 방식으로 빛이 이동하는 시간을 측정하여 빛의 속도를 재겠다는 것이 갈릴레오의 구상이었습니다. 그러나 이 실험은 실패했지요. 그 이유는 빛의 속도가 무한히 빠르지는 않지만 두 산봉우리 사이를 움직이는 데 걸리는 시간이 너무나도 짧기 때문이었습니다. 일테면, 백두산에서 한라산까지 직선거리는 약 1,000킬로미터 정도인데, 1초에 약 30만 킬로미터를 날아가는 빛이 백두산에서 한라산까지 이동하는 데 걸리는 시간은 약 300분의 1초밖에 되지 않거든요. 물론 백두산 꼭대기에서 한라산 꼭대기는 보이지 않습니다. 너무 거리가 머니까요. 갈릴레오가 실험 대상으로 삼았던 두 산봉우리는 그보다는 훨씬 가까운 거리였지요. 당대의 실험장비의 수준을 생각할 때, 갈릴레오의 실험이 실패했던 것은 당연한 결과였습니다.

그렇다면 누가 처음 빛의 속도를 제대로 측정했을까요? 갈릴레오 이후 뢰메르는 목성의 달을 이용해서 처음으로 빛의 속도를 측정했습니다. 목성은 열 개가 넘는 달을 가지고 있는데 그중에서 갈릴레오에 의해 처음 발견된 가장 밝은 4개의 달은 발견자의 이름을 따라 '갈릴레오의 달'이라고 불리기도 하지요. 이 넷 중 하나가 '이오Io'라는 이름을 가졌습니다. 뢰메르는 이오가 목성에 가려지는 월식 현상에 착안해서 빛의 속도를 재려고 구상했습니다. 아주 획기적인 아이디어였지요. 월식lunar eclipse이란 주로 지구의 그림자에 달이 가려지는 현상을 지칭합니다. 보름달로 보이던 달이 지구에 가려져서 점점 일그러지고 어둡게 되는 현상이지요. 종종 일어나는 월식 현상은 말 그대로 장관입니다. 하지만 뢰메르가 이용한 월식은 지구의 달이 아니라 목성의 달인 이오가 일으키는 현상이었습니다. 지구에서 목성 쪽을 보는 관찰자에게 목성과 이오가 함께 보입니다. 그러다가 목성 주위를 공전하는 이오가 목성 뒤쪽으로 들어가서 보이지 않게 되는 월식이 발생합니다. 뢰메르는 목성의 월식이 일어나는 시간을 예측했습니다. 그런데 실제로 이오가 목성에 가려지는 월식은 뢰메르가 예측한 시간보다 조금 늦거나 조금 빠르게 일어났습니다. 어떻게 된 일일까요?

지구가 목성과 가까울 때는 예측보다 3.5분 빨리 일어났고 지구가 목성과 멀 때는 예측보다 3.5분 늦게 월식 현상이 발생했습니다. 그 이유는 목성과 지구 사이의 거리가 변함에 따라 빛이 목성에서 지구까지 오는 데 걸리는 시간이 달라졌기 때문입니다. 지구가 목성에 가까울 때와 멀 때, 이 각각의 시점에서 지구와 목성의 거리는 달라집니다. 즉, 더 멀어진 거리만큼 빛이 지구까지 날아와야 하니까 예측보다 시간이 더 걸리고, 더 가까워진 거리만큼 빛이 지구에 도달하는 시간이 짧아지니까 예측보다 월식이 일찍 일어나게 된 것이지요. 그래서 그 달라진 거리와, 측정된 시간차를 이용하면 빛이 얼마나 빠르게 움직이는지를 계산할 수 있습니다. 그 시절에도 태양계 행성들의 운동과 행성 사이의 거리는 잘 관측되어서 비교적 정확한 값이 알려져 있었지요. 이것이 뢰메르가 이용한 빛의 속도 측정법이었습니다.

그림 2-5 뢰메르가 빛의 속도 측정에 이용한 목성의 달 이오. 목성을 배경으로 중심 위쪽에 보이는 작은 원이 이오의 모습이고 왼쪽 아래로 검게 보이는 것은 목성 표면에 비친 이오의 그림자이다. 이오는 1.76일 만에 목성을 한 바퀴 공전하며, 지구의 달과 크기가 비슷하다. 뢰메르는 이오가 목성 뒤쪽으로 사라졌다가 다시 나타나는 시간을 이용하여 빛의 속도를 측정했다. Credit: J. Spencer(Lowell Observatory), NASA.

대단하지 않습니까? 뢰메르의 측정에 따르면 빛은 1초에 23만 킬로미터를 날아갑니다. 오늘날 정확하게 측정된 빛의 속도는 초속 30만 킬로미터이지요. 그러니까 뢰메르의 빛의 속도는 실제보다는 20퍼센트 정도 작았지만 그 시절의 기술력에 비하면 뢰메르의 실험은 대단한 결과를 낳은 겁니다. 뢰메르가 목성과 이오를 이용하여 빛의 속도를 측정한 결과는, 빛이 무한한 속도로 움직인다는 믿음을 여지없이 깨뜨리면서 물리학의 고정관념을 무너뜨렸지요.

사실, 빛의 속도가 유한하다는 것은 매우 중요한 개념입니다. 만일 빛이 무한히 빠른 속도로 전파된다면 오늘날 우리가 알고 있는

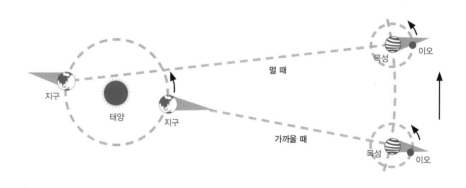

그림 2-6 뢰메르의 빛의 속도 측정 방법. 지구가 목성과 가까울 때와 멀 때를 이용해 각각 이오의 월식을 관측하면 3.5분의 시간 차이가 난다. 이것은 빛이 목성에서 지구까지 오는 거리가 다르기 때문이다. 이 거리와 시간 차이를 이용해서 뢰메르는 빛의 속도를 처음으로 측정했다. 빛의 속도가 유한하다는 발견은 과학자들 사이에 큰 반향을 불러일으켰고 블랙홀의 전신인 검은 별 개념의 탄생에도 공헌했다.

현대 물리학은 완전히 바뀌었을 겁니다. 지구에서 우리가 경험하는 바에 따르면 빛은 순식간에 전달되니까 빛의 속도도 무한대로 빠르다고 생각하기 쉽습니다. 지구가 너무 작아서 빛의 속도가 유한하다는 걸 느낄 수 없는 것이지요. 예를 들어 눈 깜빡할 사이에 빛은 한국에서 미국까지 전달됩니다. 빛의 속도가 유한하다고 해도 1초에 지구를 7.5바퀴 돌 수 있는 엄청난 속도이기 때문에 우리 일상에 별로 차이를 가져오지 않지요. 그러나 지구 밖으로 나가면 빛의 속도가 유한하다는 사실이 피부에 와닿기 시작합니다. 중요한 점은 빛이 전달되는 데도 분명히 시간이 걸린다는 사실입니다.

예를 들어, 달에 사는 친구와 전화 통화를 한다고 해봅시다. 〈토탈리콜〉이란 영화를 보면 지구와 달 사이에 끊김 없이 통화를 하는 장면이 나옵니다. 하지만 실제로 그런 유연한 통화는 불가능하지요. 실제로는 수화기를 들고 "여보세요"라고 말한 다음에 몇 초를 기다려야 상대방의 대답을 들을 수 있습니다. 내 목소리가 전파로 변환되어 빛의 속도로 지구에서 달까지 전달되려면 아무리 빨라도 1초 이상 걸립니다. 지구에서 달까지 거리가 30만 킬로미터가 넘거든요. 1초 정도가 지나서 내 목소리를 들은 상대방이 "누구세요"라고 말한다면 그 신호가 지구로 돌아오는 데도 다시 1초 정도가 걸립니다. 마치 산에서 외치는 '야호' 소리가 메아리로 되돌아오는 데 시간이 걸리는 것과 비슷하지요. 그러니까 지구와 달 사이에 전화 통화를 한다면 대략 2초가량 끊김이 있을 수밖에 없답니다.

정보가 전달되는 속도는 아무리 빨라도 빛의 속도를 넘어설 수 없기 때문에, 빛의 속도가 유한하다는 사실은 사물을 감지하는 인간의 인식을 제한합니다. 예를 들어 100광년 떨어진 별에서 지금 자장면을 먹고 있는 어느 외계인의 모습은 내 평생 볼 수가 없습니다. 왜냐하면 그 외계인이 자신의 모습을 디지털카메라로 찍어 바로 보낸다고 해도 데이터 전송에 걸리는 시간이 적어도 100년이 되기 때문이지요. 결국 나와 그 외계인은 생전에 서로의 존재를 결코 알 수가 없습니다. 어려운 말로 하면 나와 그 외계인은 서로 인식의 지평선 너머에 존재하는 셈이지요. 물론 100년이 지난 후, 나의 후손이 그 외계인의 사진을, 그리고 그 외계인의 후손이 나의 사진을 받아볼 수는 있을 것입니다. 그러나 나의 후손과 그 외계인의 후손 역시 서로의 존재는 알지 못할 것입니다.

빛의 속도가 유한하다는 사실은 이렇게 시간과 공간을 연결합니다. 지구를 벗어나 우주의 거대한 스케일로 나아가면 '멀리 볼수록 과거를 본다'는 말이 성립합니다. 멀리 떨어진 우주일수록 거기서 출발한 빛이 지구까지 도달하는 데 걸리는 시간이 길어지기 때문에, 오늘 우리 눈에 보이는 그 우주의 모습은 떨어진 거리만큼 과거의 모습이 되는 셈입니다. 가령, 망원경을 통해서 100광년 떨어진 별의 사진을 찍는다면 그 사진은 그 별의 100년 전 모습을 보여주고, 100만 광년 떨어진 먼 은하를 촬영한다면 그 사진은 100만 년 전 그 은하의 모습을 보여줍니다. 더 먼 우주를 볼 수 있다면 더 오랜 과거의 우주를 목격할 수 있습니다. 그래서 천문학자들은 멀리 볼 수 있게 해주는 천체망원경들을 타임머신이라고 농담 삼아 부르기도 합니다. 세계의 대형망원경들을 통해서 천문학자들은 우주가 지금보다 열 배 이상 젊었을 때의 모습을 관측하고 연구하고 있습니다.

빛의 속도의 유한성을 다시 한 번 강조할까 합니다. 유한한 빛의 속도는 우리의 관측이나 인식에 지평선이라는 한계를 그어줄 뿐만 아니라 블랙홀이라는 개념을 탄생시키는 데도 중요한 밑거름이 되었습니다. 왜냐하면 빛의 속도가 유한하다면 빛의 속도가 느려질 수도 있다는 가능성이 열리기 때문입니다. 아니, 그럼 실제로 빛의 속도가 느려질 수 있다는 말인가요? 물론 그렇지는 않습니다. 20세기 초에 확립된 현대 물리학의 연구에 의하면 빛의 속도가 느려지지는 않습니다. 빛의 입장에서 보면, 자신은 여전히 똑같은 속도로 날아갑니다. 그러나 관측자가 보면 빛의 속도가 느려지는 것처럼 보일 수 있지요. 이 말을 이해하려면 상대성이론을 조금 들여다봐야 합니다. 이에 관해서는 4장에서 자세히 이야기하기로 하지요.

여기서 우리가 주목해야 할 점은, 18세기의 존 미첼이 빛의 속도가 느려질 수 있다는 아이디어에 착안해서 검은 별의 개념을 생각해냈다는 점입니다. 가만 생각해볼까요? 빛의 속도가 느려질 수 있다면 빛이 멈출 수도 있지 않겠어요? 그 가능성을 생각해낸 사람이 바로 영국의 존 미첼이었던 것이지요. 미첼은 젊은 시절에 케임브리지 대학의 지질학과 교수였고 지진학의 아버지로 불리기도 했습니다. 나이가 들면서 케임브리지를 떠나서 손힐이라는 외진 동네로 옮겨 갔지요. 거기서 그는 교구목사로 일하면서 지질학과 천문학 연구를 했다고 알려져 있습니다.

존 미첼은 영국에서 손꼽히는 자연철학자였어요. 동료이자 친구였던 헨리 캐번디시와 함께 말입니다. 과학자가 아니라 철학자가 블랙홀이라는 개념을 만들어냈다는 말은 아닙니다. 자연과학이 지금처럼 세분화되기 전인 17, 18세기에는 자연을 연구하는 과학자들을 흔히 '자연철학자'라고 불렀습니다. 미첼은 빛에 관한 이론과 중력법칙을 토대로 사고실험을 했습니다. 머릿속으로 생각을 통해서 실험을 한 것이지요. 물론 종이와 연필을 꺼내놓고 계산하기도 합니다. 사고실험은 중요한 과학연구 방법 중 하나입니다.

그의 사고실험은 간단했습니다. 야구공을 하늘 높이 던지면 공은 다시 땅에 떨어집니다. 물론 지구의 중력 때문입니다. 지구의 중력을 상쇄할 만큼 빠른 속도로, 즉 (앞에서 살펴본 대로) 탈출속도보다 빠르게 던지면 지구를 벗어날 수 있습니다. 그러나 만일 지구의 크기(반지름)가 현재보다 더 작아진다면 탈출속도가 현재보다 더 커지지요. 미첼의 사고실험이 바로 그랬습니다. 질량이 고정된 별을 가지고 사고실험을 하면서 반지름을 줄이고 줄이다 보면 빛의 속도로도 탈출할 수 없는 한계 반지름을 계산할 수 있습니다. 그렇게 줄어든 별에서는 막대한 속도를 가진 빛 알갱이들도 결국 위로 던진 야구공처럼 다시 별 표면으로 떨어져버리고 마는 것이지요.

만일 이렇게 강한 중력을 가진 별이 존재한다면 그 별은 중력 때문에 어떤 빛도 밖으로 내보낼 수 없게 됩니다. 빛을 내보낼 수 없다면 보이지 않는 별이 될 수밖에 없지요. 미첼은 빛을 내지 않는 이런 별을 검은 별이라고 불렀어요. 더군다나 그는 우주 공간에는 이런 검은 별이 무수히 많을 거라고 예측했습니다. 20세기에 확립된 아인슈타인의 일반상대성이론을 토대로 다시 태어난 현대의 블랙홀 개념과 비교하면 미첼의 검은 별은 몇 가지 문제점을 안고 있습니다. 그러나 미첼의 위대한 상상력이 블랙홀이라는 새로운 물리적 개념을 탄생시킨 것은 분명했지요.

인간의 상상력이란 참으로 위대합니다. 블랙홀이 실제로 발견되기 수백 년 전에 이미 과학자들은 블랙홀의 존재를 예측해냈습니다. 상상력은 인간이 가진 능력 중 가장 위대합니다. 블랙홀의 예측에서도 여지없이 드러납니다. 아무도 생각해보지 못한 새로운 대상을 상상해보는 건 매우 신나는 일입니다. '새처럼 날 수는 없을까?' 비행기가 생기기 전에는 많은 사람들이 그런 꿈을 꾸었을 테지요. 하늘을 나는 새의 모습을 보면서 인간이 날아가는 모습을 한번 상상해보는 일은 물론 어렵지 않잖아요. 르네상스 시대의 과학자이자 예술가였던 레오나르도 다빈치는 새의 모양을 본떠 구상한 날개 달린 글라이더라든가 유선형 비행기, 낙하산 등의 스케치를 남겼습니다. 우리나라의 문헌에도 임진왜란 때 '나는 수레' 곧 비차飛車를 만들어 사용했다는 기록이 있어요. (19세기의 학자인 이규경이 편찬한 사전《오주연문장전산고(五洲衍文長箋散稿)》에 나옵니다.) 이런 끊임없는 상상력의 도전은 결국 1903년 여름 미국의 라이트 형제를 통해서 이루어졌습니다. 하늘을 나는 오래된 꿈이 엔진을 장착한 비행기의 발명으로 결국 이루어진 것이지요.

하지만 비행기의 경우는 새라는 모형이 존재합니다. 즉, 엄밀하게 말해서 하늘을 난다는 상상은 그렇게 새로운 생각은 아닐 수도 있지요. 반면에 지폐 대신에 사용하는 신용카드라든가 장거리로 목소리를 전달해주는 전화, 생필품이 되어버린 컴퓨터, 스마트폰과 같이 오늘 우리가 숨 쉬듯이 일상적으로 사용하는 많은 문명의 이기들은 사실 인간의 창조적인 상상력에 의해 태어났습니다. 상상력은 과학 발전에 매우 중요한 힘이 됩니다. 기발한 상상력을 통해서 예측된 이론이 실제 실험이나 관측을 통해서 입증되는가 하면 우연히 발견된 새로운 현상이 탁 튀는 상상력을 통해 이론적으로 설명되기도 하지요. 블랙홀의 경우도 상상력이 발견을 앞선 경우입니다. 과학을 통해서 우리가 배워야 할 것은 단순한 과학지식이 아니라 그 과학지식을 가능하게 한 위대한 과학자들의 상상력입니다.

그러나 상상력에만 그친다면 과학이 될 수는 없습니다. 우리가 마음대로 상상하는 것들이 꼭 우주에 존재하는 건 아니니까요. 미첼의 경우도 마찬가지입니다. 검은 별이 존재할 가능성이 있다고 해도 그런 별이 발견되지 않으면 검은 별이 실재하는지 알 수 없습니다. 악마가 존재할 가능성이 있다고 해도 악마가 발견되지 않으면 아무도 믿어주지 않는 것처럼 말입니다. 과학자들이 그저 상상만 하고 그친다면 아무 소용없습니다. 하지만 과학자들은 상상력을 통해 위대한 이론을 만든 다음에는 반드시 그 이론이 맞는지를 확인할 방법을 고안합니다. 미첼도 마찬가지였어요. 자신이 상상해 낸 검은 별의 존재를 밝히기 위한 방법을 연구했습니다.

하지만 검은 별은 보이지도 않는데 어떻게 확인할 수 있을까요?

보이지 않는다고 존재하지 않는 건 아닙니다. 긴 장마 기간에도 태양은 매일 떠오르지요. 단지 구름에 가려서 우리에게 보이지 않을 뿐입니다. 자, 그럼 미첼이 고안한 검은 별을 찾는 방법에 대해 알아볼까요?

검은 별을 찾아라
- 이론은 데이터로 검증되어야 한다!

미첼의 연구가 단지 검은 별이 존재할 거라는 상상과 추측에 그친 것은 아니었습니다. 검은 별의 존재가 이론적으로 가능하다면, 그다음에 마땅히 던져야 할 질문이 있습니다. 과연 검은 별이 실제로 존재하는지 어떻게 확인할 수 있을까? 검은 별이 존재할 가능성을 밝힌 이론적인 연구에 과학자들이 고개를 끄덕일 수는 있겠지요. 그러나 실제로 검은 별의 존재를 입증하는 증거를 발견하지 못한다면 검은 별의 존재는 그저 추론으로 남을 수밖에 없습니다. 이론을 지지하는 증거가 되는 자연현상을 흔히 '관측적 증거'라고 부릅니다. 자연과학 분야에서는 주로 '실험적 결과'라고 부르기도 하지요. 하지만 천체물리학에서는 실험이 거의 불가능하기 때문에 우주의 다양한 대상들을 관측해서 증거를 찾아 제시합니다. 그래서 '관측적 증거'라고 부르지요. 검은 별의 존재도 마찬가지입니다. 우주를 다 뒤져서라도 검은 별이 존재한다는 사실을 목격하고 그 증거를 제시해야 과학자들을 설득할 수 있습니다. 뛰어난 상상력이 과학으로 변신하려면 그 아이디어를 입증할 경험적 증거들이 필요하다는 말입니다. 부단한 노력을 통해서 결국 과학적 증거를 찾게 되면 단지 상상과 추측에 불과했던 아이디어는 과학이론으로 위상이 바뀌게 됩니다.

실례로, 일반상대성이론을 꼽아볼 수 있습니다. 아인슈타인이 일반상대성이론을 수학적으로 명료하게 전개하여 발표한 것은 1915년이었지요. 그러나 그 이론을 입증할 자연현상이 관측되기 전까지 과학자들은 매우 조심스런 태도를 보였습니다. 아직 관측적으로 입증되지 않은, 경험적 증거가 없는 이론에 대해서 과학자들이 유보적인 태도를 보인 건 당연합니다. 아인슈타인의 상대성이론의 예측대로 빛이 휘어진다는 사실이 1919년 5월 아프리카 서부와 브라질 북부로 파견된 영국의 과학자 에딩턴의 연구팀에 의해서 확인됩니다. 빛이 휘는 관측적 증거를 얻어서 상대성이론을 입증한 유명한 사건입니다. 아인슈타인은 태양의 중력 때문에 태양 근처를 이동하는 빛이 휘어질 것이라고 예측했습니다. 태양 뒤편에 있는 별에서 출발한 빛은 태양 근처를 통과해서 지구에 도달합니다. 아인슈타인이 예측한 내용은 바로 이 빛이 태양의 중력 때문에 살짝 휘게 된다는 내용이었습니다. 상대성이론이 맞는지 틀리는지는 바로 지구에서 봤을 때 태양 뒤쪽에서 오는 별빛이 과연 얼마나 굴절할 것인가에 달려 있었습니다.

아인슈타인의 이론이 맞아떨어졌을까요? 물론입니다. 영국 케임브리지 대학의 천문학과 교수였던 아서 에딩턴의 활약이 도드라졌습니다. 그는 당시 30대의 젊은 나이였지만 벌써 석좌교수로 명성을 날리고 있었습니다. 독일어로 작성된 아인슈타인의 논문을 영어권 나라들에 소개하는 일에도 에딩턴이 큰 기여를 했다고 알려져 있지요. 에딩턴은 빛이 휘는 현상을 관측하기 위해 일식 현상을 이용했습니다. 엄청나게 밝은 태양 빛이 달에 가려지면 태양 근처의 별을 관측하는 일이 가능해집니다. 그래서 에딩턴은 1919년에 지구 어느 지역에서 일식이 일어나는지를 조사해서 그곳에 관측팀을 보냈습니다. 일식 덕택으로 어두워진 태양 근처에서 희미한 별빛이 얼마큼 휘는지 잴 수 있었고 그 값은 상대성이론이 예측하던 값과 맞아떨어졌지요. 곧바로 아인슈타인에게 전 세계의 이목이 집중되기 시작했습니다. 그 당시의 측정값이 오차가 너무 컸고 아인슈타인의 상대성이론을 검증하기에는 부족했다는 반론도 있지만, 그 이후에 같은 방법으로 훨씬 정확한 관측과 측정이 이루어졌습니다. 아인슈타인의 상대성이론은 의심할 여지없이 관측적으로 입증되었습니다.

관측을 통해 이론이 입증되는 이런 예는 얼마든지 있습니다. 하나만 더 들어볼까요? 현대 우주론에 따르면 우주가 만들어진 초기에 대폭발이 있었습니다. 뭔가 원인을 알 수 없는 우주의 시작점, 팽창하기 시작한 그 시점을 대폭발이라고 부릅니다. 약 138억 년 전에 우주가 시작되어 계속 팽창하고 있다는 이론이 빅뱅이론big bang theory입니다. 현대 우주론의 정설이라고 할 수 있습니다. 빅뱅이론은 1920년대에 우주가 팽창한다는 사실이 발견되면서 시작되었습니다. 우주가 팽창한다는 사실은 과거에 우주는 크기가 작았을 것이고 시간을 거슬러 올라가면 우주는 매우 작은 어떤 시작점이 있었으리라는 생각을 낳습니다. 그러나 그런 추론이 우주가 빅뱅으로 시작되었다는 이론을 입증하기에는 부족합니다. 많은 논란이 있었지만 1965년에 우주배경복사가 발견되면서 빅뱅이론의 위상이 달라집니다. 우주배경복사는 빅뱅의 흔적이라고 불립니다. 빅뱅의 시점에 나왔던 빛이 우주의 모든 방향에서 균일하게 관측되는 현상입니다. 결국 1992년에 미 항공우주국이 우주 공간으로 쏘아 올린 '코비COBE: Cosmic Microwave Background Explorer'라는 이름의 우주망원경을 통해 빅뱅이론은 강력한 관측적 증거를 얻게 됩니다. 먼 옛날, 우주가 대폭발로 시작될 때 발생한 고온의 에너지에 해당하는 빛이 100억 년이 넘는 시간 동안 식어서 현재는 절대온도 2.73도에 해당하는 빛으로 관측됩니다. 전자레인지에 쓰이는 마이크로파와 같은 형태로 우주의 모든 방향에서 균일한 빛이 발견될 것이라고 예측했던 빅뱅우주론은 코비 위성의 관측 결과가 그 예측과 맞아떨어지자 확고한 지지를 얻게 됩니다. 관측적 증거를 통해 빅뱅이론은 정설의 위치에 오르게 된 것이지요.

과학은 그만큼 관측적 증거를 중요하게 다룹니다. 많은 과학자들이 외계인의 존재에 대해 유보적인 입장을 취하는 이유는 무엇일까요? 외계지성체가 존재할 확률이 이론적으로는 상당히 높음에도 불구하고 외계지성체는 물론 외계생명체도 그 존재를 입증할 관측적 증거가 아직 하나도 발견되지 않았기 때문입니다.

관측적 증거의 중요성을 생각해보면, 검은 별이 존재할 거라고 발표한 미첼이 그렇다면 과연 어떻게 검은 별의 존재를 관측적으로 확인할 수 있을지를 고심하지 않았을 리가 없습니다. 하지만 문제가 그렇게 간단하지는 않지요. 엄청난 중력을 가지고 빛조차도 잡아먹는 검은 별의 존재를 어떻게 확인할 수 있을까요? 검은 별은 눈에 보이지도 않을 텐데 말입니다.

자, 팔을 한번 뻗어서 손가락이 닿을 만한 거리에 아주 작은 블랙홀이 있다고 상상해봅시다. 물론 여러분은 블랙홀에 빨려 들어가지 않을 정도의 거리에 있다고 하지요. 눈앞에 놓여 있는 보이지 않는 이 블랙홀이 존재한다는 사실을 여러분은 과연 어떻게 입증할 수 있을까요? 한번 아이디어들을 제시해볼까요? 블랙홀 강의를 하면서 이 질문을 던지면 다양한 아이디어들이 나옵니다. 두 가지만 예를 들어봅시다.

1) 블랙홀이 있는 쪽으로 뭔가를 집어던져보면 되지 않을까요? 블랙홀로 빨려 들어가 없어지는 현상을 확인할 수 있겠습니다.
2) 블랙홀 뒤쪽에 있는 물체가 찌그러져 보인다면 블랙홀의 존재를 확인할 수 있습니다.

정말로 블랙홀이 존재한다면 블랙홀 쪽으로 던진 물건이 블랙홀에 빠져서 사라져버릴 테니 첫 번째 아이디어도 좋은 제안입니다. 그러나 실제로 우주에서 이런 실험을 하는 것은 불가능합니다. 두 번째 아이디어는 과학 공부를 꽤나 한 친구들이 종종 제안합니다. 이른바 중력렌즈 현상을 이용하는 아이디어입니다. 태양 때문에 별빛이 휘는 것처럼, 블랙홀 때문에 블랙홀 주변의 물체들이 휘어 보이는 현상을 '중력렌즈'라고 합니다. 마치 돋보기처럼 중력이 렌즈로 작용하기 때문에 붙여진 이름이지요. 아주 훌륭한 아이디어입니다. 그러나 블랙홀의 중력렌즈 현상은 관측이 매우 어려워서 실제로 사용하기는 쉽지 않겠습니다.

미첼이 고안한 방법은 무엇이었을까요? 검은 별의 존재를 관측적으로 증명하기 위해 미첼이 제안한 방법은 21세기에 블랙홀의 존재를 확인하는 주요한 방법과 놀랍게도 흡사했습니다. 그것은 바로 검은 별 주변의 별들을 관측해서 엄청난 중력을 내는 검은 별의 존재를 확인하자는 아이디어였습니다. 그의 논문에는 이런 설명이 나옵니다.

만일 태양만큼의 밀도를 갖지만 지름은 태양보다 500배나 큰 물체가 자연계에 존재한다면 그 물체가 내는 빛은 우리에게 도달할 수 없기 때문에 (…) 우리는 시각적으로는 아무런 정보도 얻을 수 없다. 그러나 만일 어떤 다른 밝은 물체가 그 물체 주위를 공전하고 있다면 우리는 이 공전하는 물체의 운동을 통해서 중심에 있는 물체의 존재를 어느 정도 추론할 수 있을 것이다. _존 미첼의 1784년 논문에서

미첼이 제안한 것처럼 태양보다 지름이 500배나 크면서 밀도는 태양과 같은 별이 존재한다면 이 별 표면의 중력은 너무나 강해서 심지어 빛도 탈출할 수 없습니다. 앞에서 블랙홀 제조법을 다루면서 우리는 지구를 작게 만드는 방법을 제안했지요. 미첼은 반대로

지름을 키우는 방식을 제시했어요. 물론 밀도는 변하지 않게 만들었으니 500배나 커진 태양은 엄청난 질량을 가진 별이 됩니다. 그리고 표면에서 탈출속도를 계산해보면 빛의 속도보다 크다는 걸 알 수 있지요. 다시 말해서, 밀도를 고정하고 크기를 500배 키우면 태양이 블랙홀이 되어버립니다. 자, 미첼이 예로 든 이런 블랙홀은 빛을 포함하여 아무런 정보도 내보내지 않을 겁니다. 이 검은 별을 직접 볼 수는 없겠지만 만일 어떤 밝은 별이 이 블랙홀 근처에 있다면 블랙홀의 중력 때문에 그 밝은 별은 블랙홀 주변을 빠르게 공전할 것입니다. (물론 너무 가까이 가면 블랙홀에 빨려 들어가기 때문에 적당한 거리만큼 떨어져 있어야 합니다.) 만일 그런 밝은 별이 존재한다면 그 밝은 별이 검은 별 주위를 한 바퀴 도는 공전운동을 목격할 수 있겠지요? 즉, 밝은 별의 운동을 관측해서 중심부에 있는 보이지 않는 블랙홀의 존재를 추론할 수 있다는 것이 바로 미첼이 제시한 방법이었습니다.

조금 더 쉽게 설명하기 위해 태양계를 예로 들어볼까요? 태양이 갑자기 빛을 내지 않고 꺼져버리면 어떻게 될까요? 그래도 태양의 중력이 사라지는 건 아니기 때문에 태양 주위를 돌고 있는 수성이나 금성, 그리고 지구도 계속 공전운동을 할 것입니다. (이 행성들이 빛을 낸다고 가정해봅시다.) 외계인이 태양계를 관측한다면 태양계 중심에 태양이 보이지는 않지만 수성이나 금성, 혹은 지구의 공전운동을 관측해서 이 행성들을 공전운동시키는 중력을 가진 어떤 대상이 존재한다는 걸 알 수 있습니다. 태양계의 중심에서 지구까지의 거리를 측정하고 지구의 공전속도를 측정하면 보이지 않는 태양의 질량도 정확하게 잴 수 있습니다. 지구의 운동은 태양의 중력 때문에 생기는 현상이니까요.

미첼이 제안한 방법은 검은 별 주변의 다른 별들의 운동을 관측해서 검은 별의 존재를 확인할 수 있다는 아이디어였습니다. 이 방법은 바로 21세기에 천문학자들이 블랙홀의 존재를 가장 확실하게 검증하는 방법 중 하나입니다. 최근에는 이 방법을 통해서 우리은하 중심에 살고 있는 블랙홀의 존재가 밝혀졌을 뿐만 아니라 그 블랙홀의 질량이 태양보다 약 400만 배나 더 무겁다는 사실도 알려졌습니다. (우리은하 중심의 블랙홀은 6장에서 자세히 다룹니다.)

그러나 미첼의 검은 별은 역사에서 사라지고 맙니다. 검은 별의 존재를 확인하겠다는 미첼의 아이디어는 훌륭했습니다. 곧 위대한 발견이 이루어질 듯한 분위기가 있었을지도 모릅니다. 하지만 미첼의 검은 별은 사람들의 기억에서 곧 사라지고 마는데, 그 이유 중 하나는 빛이 알갱이로 구성되어 있다는 뉴턴의 입자이론을 뒤집는 빛의 파동이론이 나왔기 때문입니다.

파동이론은 뭔지 간단히 살펴볼까요? 파동이론은 빛이 알갱이가 아니라 소리와 같은 파동으로 구성되어 있다는 이론입니다. 연못에 돌을 던지면 돌이 만들어낸 동그란 물결이 수면 위로 퍼져나가잖아요. 소리도 마찬가지예요. 내가 말을 하면 목청이 울려서 공기를 통해 음파가 퍼져나갑니다. 그 음파가 여러분의 귀에 닿으면 소리로 인식됩니다. 빛도 물결파나 음파처럼 파동의 성질을 갖는다는 것이 빛의 파동이론입니다. 1801년에 토머스 영이라는 물리학자가 실험을 통해서 빛이 파동임을 밝혀냅니다. 뉴턴은 빛이 입자라고 주장했지만 영의 실험적 증거가 나오게 되자 사람들은 더 이상 뉴턴의 입자이론을 믿지 않게 되어버린 것이지요. 물론 오랜 세월이 흘러서 20세기 초가 되면, 빛이 파동인지 입자인지에 관해 격렬한 논쟁이 다시 벌어집니다. 현대 물리학의 연구를 통해서 빛은 입자의 성질과 파동의 성질을 동시에 갖는다는 사실이 뒤늦게 밝혀지게 되지요. 그러나 18세기의 사람들이 빛의 양면성을 이해하기는 무리였을 겁니다. 결국 빛이 알갱이라는 입자설에 기초해서 중력 때문에 빛 알갱이들의 속도가 점점 줄어들어서 별 표면에 다시 떨어지고 말 거라고 추론했던 미첼의 사고실험은 지지기반을 잃게 됩니다. 그리고 거기서 태어난 검은 별은 역사의 저편으로 잠시 사라집니다. 하지만 100년 정도 지나 20세기가 되면 검은 별은 부활해서 현대물리학에 재등장합니다.

그럼 미첼은 결국 검은 별이 존재한다는 증거를 찾지 못했나요?

빛이 알갱이로 되어 있다는 이론이 과학자들의 지지를 잃으면서 미첼의 검은 별도 기반을 잃어버리게 되었습니다. 물론 빛의 파동이론이 등장하지 않았다고 하더라도 검은 별의 증거를 찾기는 어려웠을 겁니다. 망원경이 그다지 발달하지 않았던 그 시절에 검은 별 주위를 도는 다른 밝은 별을 관측하고 그 속도를 재는 것은 불가능했을 테니까요.

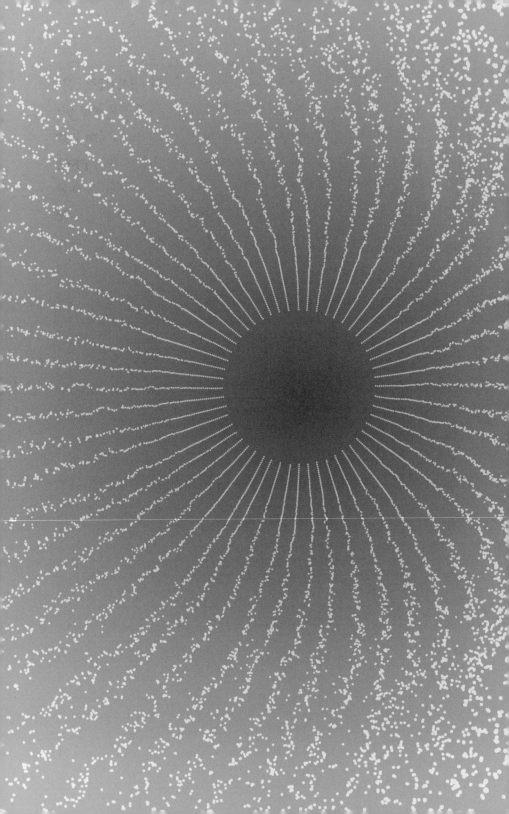

3

블랙홀의
부활

블랙홀, 되살아나다
일반상대성이론, 블랙홀을 출산하다
블랙홀, 다시 외면받다

20세기가 되면 모두에게 잊혀 있던 블랙홀이 화려하게 부활합니다. 블랙홀의 부활에 중요한 공헌을 한 두 사람의 과학자를 중심으로 블랙홀이 다시 등장한 과정을 살펴볼까요? 20세기의 가장 위대한 과학자라고 할 수 있는 알베르트 아인슈타인이 바로 우리가 살펴볼 과학자입니다. 아인슈타인만큼 유명하지는 않지만 카를 슈바르츠실트라는 독일의 과학자 이야기도 함께 풀어가기로 합시다.

블랙홀, 되살아나다

    20세기를 마감하는 1999년 12월 31일에 출판된 〈타임〉지의 표지에는 '세기의 인물'이라는 머리글과 함께 알베르트 아인슈타인의 얼굴이 실려 있었습니다. 한눈에 그를 알아보게 하는 아무렇게나 뒤로 넘긴 백발과 주름이 짙게 파인 이마, 그리고 노령의 나이임에도 끈질긴 탐구정신과 고집이 담긴 듯한 눈빛이 사람들의 시선을 끌어당기고 있었지요. '과학의 세기'라고 부를 만큼 놀라운 과학기술의 진보가 이루어진 지난 20세기를 통틀어 가장 위대한 인물로 아인슈타인을 꼽는 일에 반대할 사람이 있을까요? 아랍인들의 인권을 염려했고 팔레스타인에 이스라엘을 건국하는 방식을 반대하기도 했던 그는 1952년 초대 이스라엘 대통령에 추대되었을 때 "정치는 순간이다. … 그러나 방정식은 영원하다"라는 말을 남기기도 했습니다. 아인슈타인을 보면 과학의 위대함을 바라봤던

한 과학자와 그 과학자를 위대하게 만들었던 과학, 그 둘은 불가분의 관계일 거라는 생각이 듭니다.

아인슈타인의 가장 큰 공헌은 1905년과 1915년에 각각 발표된 특수상대성이론과 일반상대성이론입니다. 사실, 상대성이론이 발표되었던 20세기 초에는 그 이론이 담고 있는 저력을 과학자들도 깊이 이해하지 못했다고 전해집니다. 두 이론으로 유명해진 아인슈타인은 1921년에 노벨상을 수상합니다. 그러나 아인슈타인이 노벨상을 받은 이유는 상대성이론의 공로 때문이 아니라, 광전 효과에 관한 업적 때문이었지요. (광전 효과는 금속이 빛을 받으면 전자를 내보내는 현상을 가리킵니다. 핸드폰에 달린 디지털 카메라의 기초적인 원리가 됩니다.) 상대성이론이 처음부터 과학계에 커다란 영향을 미치지 못한 이유는 무엇이었을까요? 그것은 아마도 상대성이론이 요구하는 물리적 세계관의 변화를 과학자들이 수용할 준비가 되지 않았다는 점, 그리고 20세기 초의 특수한 과학사적 상황, 그러니까 당시가 현대 물리학이 태동하던 혼란기였다는 점 때문이었을 겁니다.

미첼이 검은 별이라는 이름으로 블랙홀을 생각해낸 18세기가 뉴턴의 중력이론을 중심으로 고전 물리학이 탄탄하게 자리 잡던 시기라고 한다면, 아인슈타인이 등장하는 20세기는 그야말로 대혼란의 시기였습니다. 현대 물리학의 탄생을 앞둔 춘추전국시대였지요. 물질의 기본 입자인 원자의 구조가 밝혀지는가 하면 아인슈타인이 낳은 두 명의 자식이라고도 부를 수 있는 양자역학과 상대성이론이 탄생하여 새로운 물리학의 장을 열었으며, 고전 물리학으로 해

그림 3-1 〈타임〉지 선정 20세기의 인물로 뽑히기도 한 알베르트 아인슈타인.

결되지 않는 수많은 발견들이 이루어져 결국 현대 물리학이라는 새로운 패러다임이 형성됩니다. 그중에서도 아인슈타인의 상대성 이론은 우리가 가진 시간과 공간, 물질과 에너지의 개념을 영원히 바꿔버렸습니다. 뿐만 아니라 100년 이상이나 잠자고 있던 블랙홀 을 깨워 오늘날의 현대적인 블랙홀로 부활시키는 데 결정적인 토 대가 마련됩니다.

　상대성이론은 크게 2개의 논문으로 나뉘어서 발표되었습니다. 아인슈타인은 스위스의 특허청에 근무하면서 남는 시간에 열심히 연구해서 상대성이론을 만들어냈다고 전해집니다. 그 노력이 열매를 맺어 특수상대성이론을 발표한 것이 1905년의 일이었지요. 그리고 10년의 세월을 더 연구에 바쳐 1915년에는 일반상대성이론을 발표합니다. 이 두 연구가 블랙홀의 부활에도 결정적 역할을 했습니다. 먼저 발표된 특수상대성이론이 대중에게도 유명한 방정식인 $E=mc^2$(에너지=질량×빛 속도의 제곱)을 통해서 물질과 에너지를 통합했다면, 두 번째 발표된 일반상대성이론은 시간과 공간을 통합합니다. 특수상대성이론은 빛의 속도만큼 빠른 속도로 움직이는 물체로 인해 일어나는 시간의 느려짐이나 길이의 수축과 같은 기이한 현상을 다루었고, 모든 질량이 에너지로 취급될 수 있다는 원리를 보여주었습니다. 일반상대성이론은 19세기까지 물리학의 근간이 된 뉴턴의 중력이론을 대신할 새로운 중력이론을 전개했지요.

블랙홀이 내는 막대한 힘이 중력이라는 점은 2장에서 다루었습니다. 그리고 뉴턴의 중력이론을 토대로 미첼은 검은 별의 존재를 최초로 구상해냈지요. 그러나 아인슈타인은 일반상대성이론을 가지고 중력을 새로운 방식으로 다루기 시작했습니다. 뉴턴이 중력을 질량을 가진 물체 사이에 작용하는 힘으로 정의했다면 아인슈타인은 중력을 시간과 공간이 휘어지는 현상으로 기술했습니다.

어떤 절대적인 공간과 시간이 각각 독립적으로 존재하는 것으로 보고 그 틀 안에서 물체들의 운동을 기술하던 뉴턴의 중력이론과는 달리 일반상대성이론에서는 시공간을 하나로 봅니다. 3차원이라는 절대적인 공간에서 공간과는 무관하게 시간이 흘러가던 뉴턴의 중력이론과 달리 아인슈타인의 상대성이론은 시간과 공간을 같은 개념으로 보고 시공간을 묶어서 기술합니다. 중력 현상을 두고도, 두 물체 사이에 작용하는 힘으로 기술하는 대신에, 질량이 큰 물체 근처에서 시공간 자체가 휘는 현상으로 기술합니다. 예를 들어, 중력이 세다는 것은 그만큼 시공간의 휘어짐이 강하다고 설명하는 것이지요.

차원이 무엇인지부터 간단히 설명해볼까요? 직선처럼 길이만 있는 경우를 1차원이라고 부릅니다. 종이나 지구의 표면처럼 면적을 갖는 경우를 2차원이라고 부르고, 빌딩이나 공처럼 부피까지 갖는 경우를 3차원이라고 합니다. 우리가 사는 공간은 3차원입니다. 정확한 비유는 아니지만 종이 위를 기어가는 개미를 예로 든다면 개미는 2차원 공간에 산다고 볼 수도 있습니다. 종이 위와 아래의 3차원 공간을 모른다고 가정할 수 있으니까요. 우리는 비록 3차원 공간에 살고 있지만 4차원 공간이 존재한다고 상상할 수도 있습니다. 물론 우리의 경험은 3차원에 국한되니까, 우리의 두뇌로는 4차원 공간을 잘 그려낼 수 없습니다. 하지만 4차원 공간에서 본다면 우리가 사는 3차원의 공간이 매우 제한되어 보일 수도 있겠지요. 종종 3차원 공간에다 시간이라는 차원을 더해 우리가 사는 시공간을 4차원 세계라고 표현하기도 합니다. 하지만 시간을 빼고 공간만을 가지고 이야기한다면 우리는 3차원 공간에 존재합니다. 3차원보다 한 차원이 높은 4차원에서 보면 우리가 사는 3차원 공간이 편평하거나 휘어져 있을 수도 있습니다. 마치 우리가 2차원 종이를 보면 A4용지처럼 편평하거나 공의 표면처럼 휘어져 있다는 걸 알 수 있듯이 말입니다.

3차원 공간이 휘어져 있을 수도 있다고요?

그렇습니다. 3차원에 사는 우리가 파악하기는 쉽지 않지만 수학적으로는 얼마든지 가능하답니다. 물론 직관적으로 이해하기가 매우 어렵지요. 3차원에 사는 우리로서는 2차원에 해당하는 종이가 휜다는 것은 쉽게 이해할 수 있지만, 3차원 공간이 휘는 현상은 도대체 그려낼 수가 없습니다. 그래서 차원 수를 하나 줄여서 2차원을 가지고 설명하는 것이 유용합니다. 자, 우리가 3차원 대신 2차원 공간에 살고 있다고 상상해볼까요. 마치 종이 위를 기어다니는 개미처럼 2차원인 종이의 면적만을 인식할 뿐 종이의 위나 아래의 공간을 인식하지 못한다고 가정해봅시다. 그렇다면 문제는 우리가 살고 있는 종이가 평평한지 휘어 있는지 쉽게 알 수 없다는 점입니다. 평평하거나 휘어 있거나 간에 개미는 그저 2차원의 면적만을 경험할 뿐이지요. 지구 표면을 우리가 아무리 걸어다녀도 지구 표면이 구처럼 휘어 있다는 사실을 경험적으로 알기는 쉽지 않습니다. 서울 시내를 아무리 걸어다녀도 가끔 언덕이나 산이 있을 뿐이지 지구가 둥글다는 사실을 경험할 수는 없거든요. 서울에서 부산까지 고속열차를 타고 가도 우리는 대략 편평한 한반도를 달린다고 생각합니다. 그러나 지구 표면이 아닌 지구 밖에서 지구를 내려다보면 지구의 표면은 공의 표면처럼 둥그렇게 휘어져 있음을 알 수 있습니다. 차원을 하나씩 더해도 마찬가지입니다. 3차원의 공간도 4차원에서 내려다보면 휘어져 있는지 혹은 평평한지 알 수 있다는 말입니다.

예를 들어 2차원에 해당되는 종이 한 장을 휘어서 끝과 끝을 이어봅시다. 그러면 2차원 종이 위에 살고 있는 개미는 아무리 기어다녀도 종이의 끝을 발견하지 못하겠지요. 자기가 사는 우주의 경계를 만날 수 없다는 말입니다. 우리가 사는 3차원의 우주가 크기는 유한하지만 경계는 없다는 말은 이런 방식으로 이해할 수 있습니다. 편평한 2차원이 아니라 공의 표면처럼 휘어진 2차원 공간에 사는 개미에게는 자신의 우주의 크기는 유한하지만 그 우주의 끝(경계)은 없는 셈이지요. 우리가 사는 3차원의 공간도 4차원에서 보

그림 3-2 아인슈타인의 일반상대성이론에서 블랙홀의 해를 구해낸 카를 슈바르츠실트.

면 휘어 있을 수도 있고 경계는 없지만 유한할 수도 있다는 말입니다. 갑자기 우주의 크기와 경계라는 복잡한 문제로 들어가버렸군요. 요점은 3차원 공간이 휠 수도 있다는 것입니다.

자, 그럼 블랙홀 이야기로 돌아가봅시다. 아인슈타인은 무거운 별의 중력이 강하다는 것을 그 별 근처의 시공간이 휘어지는 현상으로 설명했습니다. 이렇게 중력이 강할수록 시공간의 휘어짐이 커진다고 설명하는 일반상대성이론은 숙명적으로 블랙홀을 예견하고 있었지요. 왜냐하면 시공간이 매우 심하게 휘어버린다면 별을 출발한 빛이 결코 그 별을 빠져나오지 못하게 될 수도 있기 때문입니다. 돌돌 말린 종이 표면을 개미가 뱅글뱅글 도는 것처럼 말이에요.

아인슈타인이 일반상대성이론을 발표한 지 얼마 지나지 않아서 독일의 천체물리학자 카를 슈바르츠실트는 이 이론에서 블랙홀을 끌어냅니다. 무덤에 묻혀 있던 미첼의 검은 별을 현대 물리학의 새로운 배경에서 부활시켜낸 것이지요. 자, 그럼 슈바르츠실트의 블랙홀을 살펴볼까요?

일반상대성이론, 블랙홀을 출산하다

　카를 슈바르츠실트는 아인슈타인의 일반상대성이론이 담긴 논문을 프로이센과 러시아 사이의 전쟁이 벌어지고 있던 전선에서 접했습니다. 애국심이 강했던 슈바르츠실트는 조국 프로이센의 전쟁을 외면할 수 없었고 자원입대하여 전선에 나갔지요. 그러나 애석하게도 그는 병에 걸려 침상에 눕게 됩니다. 1915년 11월에 출판된 아인슈타인의 논문을 전해 받은 슈바르츠실트는 곧바로 상대성이론을 별에 적용해보기 시작했지요. 아인슈타인이 새롭게 제안한 중력법칙은 과연 별에 대해서는 어떤 예측을 할까? 아마도 슈바르츠실트는 그것이 무척이나 궁금했을 겁니다. 열여섯 살 때 첫 과학논문을 발표하였고 20대 후반에 독일 괴팅겐 대학 천문대의 책임자가 된 슈바르츠실트는 뛰어난 수학적 능력을 가지고 있었습니다. 하지만 그는 상대성이론에 적용할 엄청나게 복잡한 수학방정식을 조금이라도 간단하게 만들기 위해서 회전하지 않는 별을 가정하여 상대성이론의 중력방정식들을 풀어갔습니다. 회전하는 별의 경우에는 계산이 훨씬 복잡해지기 때문이었지요. 그는 곧 별의 외부에 관한 해를 구해냈습니다. 그리고 몇 주 후에는 별의 내부에 관한 해까지 풀어냈습니다. 아인슈타인의 중력방정식을 최초로 풀어낸 순간이었지요. 슈바르츠실트가 풀어낸 해는 질량이 어떻게 공간을 휘게 하는지를 잘 기술하고 있었습니다.

슈바르츠실트가 풀어낸 계산결과를 전해 받은 아인슈타인은 깜짝 놀랐습니다. 자신이 만들어낸 일반상대성이론 중력방정식의 해가 이렇게 정확하게 구해질 수 있다는 것은 아인슈타인 자신도 기대하지 못했던 일이기 때문이었습니다. 아인슈타인은 전쟁터에 있던 슈바르츠실트를 대신해서 1916년 1월 베를린의 프로이센 과학아카데미에 그 내용을 발표했습니다. 두 편의 논문으로 요약되는 슈바르츠실트의 뛰어난 연구에 따르면, 별이 자신의 중력 때문에 수축을 계속하다 보면 중력이 점점 강해져서 심지어 빛도 탈출할 수 없는 지점에 이르게 됩니다. 이때의 별의 반지름을 '한계 반지름'이라고 부르기로 하지요. 만일 어떤 별이 이 한계 반지름 이하로 수축된다면 어떻게 될까요? 너무나 강해진 별의 중력이 시공간을 완전히 휘어버려서 아무것도 그 별을 벗어날 수 없게 됩니다. 이 말은 별이 수축을 통해 블랙홀이 된다는 뜻이었던 것이지요.

앞 장에서 블랙홀을 정의하면서 탈출속도에 대해서 설명했던 것을 기억하시겠지요. 지구의 중력을 벗어나기 위해서 로켓이 가져야 하는 속도를 예로 들었습니다. 블랙홀 제조법을 다루면서, 지구

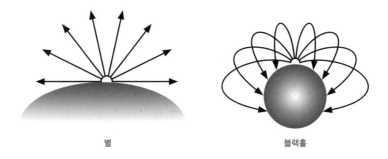

별   블랙홀

그림 3-3 별과 블랙홀 주변의 중력장. 일반상대성이론에 의하면 강한 중력장은 시공간의 휘어짐으로 기술된다. 그림 왼쪽은 중력이 강하지 않은 평범한 별에서 나오는 빛의 이동경로를 보여주는 반면, 오른쪽은 강한 중력으로 휘어진 시공간을 따라 블랙홀에 갇혀버리는 빛을 보여준다.

를 수축시켜서 반지름이 1센티미터가 되도록 작게 만들면 탈출속도가 광속보다 커진다고 설명했습니다. 즉, 로켓이 빛의 속도를 낸다고 해도 그렇게 작아진 지구를 벗어날 수 없지요. 별의 경우도 마찬가지입니다. 별이 점점 수축하다 보면 빛의 속도로도 탈출할 수 없는 크기가 됩니다. 탈출속도가 빛의 속도가 되는 별의 한계 반지름을 슈바르츠실트 반지름Schwarzschield radius이라고 합니다. 슈바르츠실트가 풀어낸 해가 이런 결과를 예측하고 있었기 때문에 붙여진 이름입니다. 태양의 경우는 약 3킬로미터가 슈바르츠실트 반지름입니다. 다시 말하면 태양이 반지름이 3킬로미터보다 작게 수축되면 바로 블랙홀이 되는 것이지요. 지구의 경우는 슈바르츠실트 반지름이 1센티미터입니다.

슈바르츠실트 반지름은 블랙홀의 질량에 비례합니다. 태양보다 두 배 무거운 별이 있다면 그 별이 블랙홀이 되기 위한 슈바르츠실트 반지름은 6킬로미터가 되는 셈이지요. 태양이 블랙홀이 되었다고 가정하고 우리가 우주선을 타고 블랙홀로 변한 태양 가까이 간다고 가정해볼까요. 우주선이 빛의 속도에 육박하는 속도를 낼 수 있다면 우리는 이 블랙홀의 중심에서 3킬로미터 정도 떨어진 지점까지는 다가갈 수 있습니다. 그러나 우리 우주선이 슈바르츠실트 반지름을 넘어간다면 결코 블랙홀에서 빠져나올 수 없습니다.

이렇게 블랙홀 안으로 빨려 들어가는 경계 지점을 일반상대성이론의 '사건지평선event horizon'이라고도 부르기도 합니다. 지평선 아래에서 발생하는 일을 볼 수 없는 것처럼 이 경계 너머에서 무슨 일이 일어나는지는 결코 목격할 수가 없기 때문에 이 경계를 사건지평선이라 부르는 것이지요. 다시 말하면 사건지평선은 관측자가 사건을 관측할 수 있는 한계 영역을 의미합니다. 블랙홀의 사건지평선, 즉 슈바르츠실트 반지름 안의 정보는 사건지평선 밖에 있는 우리에게 도달될 수 없습니다. 그러나 그렇다고 해서 사건지평선이 어떤 보호막 같은 것은 아닙니다. 단지 상대성이론의 효과 때문에 사건지평선은 정보가 전달될 수 없는 경계가 되는 것이지요. 자, 정리해보면, 슈바르츠실트의 반지름이 바로 사건지평선의 크기이고 빛조차 빠져나올 수 없는 공간의 크기라는 뜻입니다.

지구는 블랙홀이 될 수 없다고 했는데 어떻게 별은 이렇게 슈바르츠실트 반지름만큼 작게 수축되어서 블랙홀이 될 수 있는 건가요?

지구와 별의 차이점이 과연 무엇이기에 지구는 블랙홀이 될 수 없지만 별은 블랙홀이 될 수 있는 걸까요? 그 차이는 바로 별이 지구에 비해서 엄청나게 무겁다는 점입니다. 지구의 질량은 지구를 블랙홀로 만들 수 있을 만큼 큰 중력을 낼 수 없지만, 무거운 별의 경우는 질량이 충분히 커서 별을 수축시키기에 충분한 중력을 낼 수 있습니다. 그래서 별은 블랙홀이 될 수 있는 것이지요. 물론 모든 별이 다 블랙홀이 되는 것은 아닙니다. 태양도 가벼운 별에 해당되기 때문에 블랙홀이 될 수 없어요. 그러나 태양보다 수십 배 무거운 별은 블랙홀이 될 수 있습니다.

과연 별이 어떻게 중력에 의해서 수축되어서 블랙홀이 되는지에 관한 내용은 약 10년 뒤에 찬드라세카르라는 유명한 과학자를 통해서 자세히 밝혀지게 됩니다. 자세한 이야기는 7장에서 다루기로 하지요. 여기서 간단히 개념만 설명하자면, 연료를 다 써버려서 더이상 중심에서 핵융합 반응을 하지 못하면 별은 더는 빛을 내지 못하고 죽어가게 됩니다. 죽어가는 별은 자신의 중력을 이기지 못하고 점점 수축하게 되지요. 핵융합 반응으로 내부에서 나오던 압력이 자신의 중력을 버텨주었는데 이제는 중력을 상쇄할 압력이 없어졌기 때문입니다. 별이 중력 때문에 수축하다가 슈바르츠실트의 반지름까지 작아지면 중력적으로 붕괴해 내부로 폭발해버립니다. 별의 대기는 외부로 날아가겠지만 별의 중심 부분은 안으로 뭉쳐져서 부피는 0이고 밀도는 무한대의 상태가 되어버립니다. 즉, 블랙홀이 됩니다. 별의 최후에서 블랙홀이 태어나게 되는 셈이지요. 아직 '블랙홀'이라는 이름이 만들어지기 전이었기 때문에 이런 엽기적인 대상은 '슈바르츠실트의 특이점singularity'이라 불리기 시작했습니다.

블랙홀이 '특이점'이라는 말로 표현되는 경우를 여러분도 종종 본 일이 있을 겁니다. 특이점이란 무엇일까요? 수학을 이용하다 보면 계산이 불가능한 상황이 발생합니다. 예를 들어서 100을 0으로 나누는 경우가 그렇지요. 나눗셈의 경우 모든 수로 나누는 것이 가능합니다만 0으로는 나눌 수가 없습니다. 사과를 3으로 나누면 세 조각으로 쪼갠다는 뜻이고 5로 나누면 다섯 조각으로 쪼갠다는 뜻인데 0으로 나눈다는 것은 그 자체가 말이 안 됩니다. 이런 상황을 보통 '특이점'이라고 부릅니다. 슈바르츠실트가 풀어내었던 블랙홀은, 뭐랄까 말이 안 되는 개념이었던 것이지요. '슈바르츠실트의 괴상한 별' 정도로 이해하면 됩니다. 어쨌거나, 일반상대성이론을 풀어낸 슈바르츠실트의 개념으로 말하자면 슈바르츠실트 반지름 안에 갇혀 휘어져 있는 시공간이 바로 블랙홀이고 이 블랙홀의 경계 혹은 표면은 사건지평선이라고 할 수 있습니다.

그럼 이제, 18세기에 미첼이 '검은 별'이라고 불렀던 블랙홀과 20세기에 '슈바르츠실트의 특이점'이라고 불리게 된 블랙홀을 한번 비교해볼까요? 두 개의 블랙홀은 같은 개념일까요? 아니면 블랙홀의 정의가 새롭게 바뀐 걸까요? 개념적으로는 같다고 할 수 있습니다. 검은 별을 다루면서 블랙홀을 중력이 너무 커서 빛조차 빠져나올 수 없는 고밀도 혹은 무한밀도의 질량 덩어리라고 표현한 것이나, 여기서 슈바르츠실트의 개념을 사용해서 닫힌 시공간으로 표현한 것이나 똑같은 이야기입니다. 중력으로 표현하거나 닫힌 시공간으로 표현하거나 사실 같은 뜻이 되는 것이지요.

결국, 슈바르츠실트는 130년 전에 역사의 저편으로 사라졌던 미첼의 검은 별을 부활시켰습니다. 일반상대성이론에서 태어난 슈바르츠실트의 특이점이나 뉴턴의 중력이론에서 태어난 미첼의 검은 별은 개념적으로는 같습니다. 어떤 한계 이상으로 밀도가 높아진다면 결국 너무나 강한 중력 때문에 심지어 빛조차도 탈출할 수 없는 블랙홀이 된다는 아이디어가 핵심입니다. 하지만 중요한 차이점이 있습니다. 미첼의 검은 별의 경우는, 탈출하려는 빛이 점점 속도가 느려져서 다시 검은 별 표면에 떨어집니다. 마치 우리가 하늘로 던져 올린 야구공처럼 말이지요. 반면에 슈바르츠실트의 블랙홀에서는 빛의 속도가 중력에 의해서 느려지지 않습니다. 특수상대성이론의 가정처럼 빛은 느려지지 않고 항상 일정한 속도를 유지합니다. 그 대신 슈바르츠실트의 반지름은 강한 중력을 갖는 블랙홀이 주변의 시공간을 완전히 휘어버립니다. 그래서 휘어진 경로를 따라 이동하는 빛이 결코 블랙홀을 탈출할 수 없게 되는 것이라고 보면 되겠습니다. 마치 종이 끝과 끝을 말아서 연결하면 개미가 아무리 멀리 가도 종이를 벗어날 수 없듯이 말이지요.

　자, 그럼 한 가지 질문을 더 던져볼까요? 슈바르츠실트가 아인슈타인의 상대성이론을 별에 적용하여 계산하기 시작했을 때, 별이 회전하지 않는다고 가정하고 풀어가기 시작했다고 했던 이야기를 기억하시지요? 그럼 블랙홀은 회전하지 않는 걸까요?

　사실, 블랙홀이 회전하는지 회전하지 않는지를 관측적으로 알아내기는 매우 어렵습니다. 카를 슈바르츠실트가 회전하지 않는 별을 가정해서 일반상대성이론을 풀어낸 기념비적인 연구가 나온 지

50년 만에 로이 커라는 과학자가 상대성이론을 회전하는 별에 적용해서 해를 구해냈어요. 슈바르츠실트가 회전하지 않는 별을 가정한 것은 단순한 이유였습니다. 계산이 너무 복잡해지기 때문이었지요. 회전하는 별에 적용한 일반상대성이론의 해가 나오기까지 반세기나 걸렸으니까요. 그래서 회전하지 않는 블랙홀을 흔히 '슈바르츠실트 블랙홀'이라고 부르고 회전하는 블랙홀은 '커 블랙홀'이라고 부르지요. 커 블랙홀은 슈바르츠실트 블랙홀에 비해서 훨씬 복잡하지만 기본적인 개념은 슈바르츠실트 블랙홀과 크게 다르지 않아요.

그럼 실제로 우주에 존재하는 블랙홀들은 슈바르츠실트 블랙홀일까요? 아니면 커 블랙홀일까요? 그것도 아니면 블랙홀이 회전하는지 회전하지 않는지 아직 모르는 걸까요?

가만히 생각해보면 우주에 존재하는 많은 천체들이 회전운동을 한다는 점을 짚을 수 있습니다. 지구와 같은 행성이나 태양과 같은 별들은 물론이고 별들이 모여 있는 은하들도 회전운동을 하고 있지요. 천체물리학자들은 블랙홀도 많은 경우에 회전할 것이라고 추측하고 있어요. 잘 연구된 몇몇 거대 블랙홀 중에는 분명히 회전하는 것으로 보이는 경우도 있습니다.

일테면 지구에서 약 1억 3,000만 광년 떨어진 곳에 존재하는 한 은하는 막대한 양의 엑스선을 방출합니다. 자세히 연구해보니 강한 엑스선은 은하 중심에 있는 블랙홀에서 나오고 있었습니다. 엑스선을 가지고 연구하는 천체물리학자들에 의하면 MCG-6-30-15라는 이름이 붙여진 이 블랙홀은 빠르게 회전하는 블랙홀의 특성을 지니고 있습니다. 슈바르츠실트 블랙홀이 아니라 커 블랙홀이었던 겁니다. 보다 자세한 내용은 거대질량 블랙홀과 퀘이사를 다루면서 다루기로 하지요.

슈바르츠실트가 이론적 계산을 통해 예측한 블랙홀, 슈바르츠실트의 특이점이라는 이름이 붙여진 블랙홀, 얼어버린 시공간 안에서 막대한 물질과 에너지를 삼키고 있는 블랙홀. 일반상대성이론이 예측하는 이런 괴물은 과연 우주에 실제로 존재할까요? 130년 전의 미첼처럼 슈바르츠실트도 어떻게 하면 이 블랙홀의 존재를 확인할 수 있을지 심각하게 고민했을 것입니다. 안타깝게도 그가 전선에서 얻은 병으로 인해 그 후 몇 달 만에 사망하고 말았지만 말이죠. 그의 죽음 때문인지는 몰라도 슈바르츠실트의 특이점, 부활한 블랙홀은 또다시 많은 물리학자들의 외면을 받게 됩니다. 우주는 블랙홀이 살기에 적합한 환경이지만 오히려 인간의 지성세계가 블랙홀이 살아남기 힘든 곳이었는지도 모릅니다. 블랙홀의 존재가 과학자들에게 인정받기까지는 또 한 번 오랜 시간이 필요했습니다. 이번에 블랙홀이 외면당한 것은 무슨 이유 때문이었을까요?

블랙홀, 다시 외면받다

모든 과학의 웅대한 목표는 가능한 한 많은 경험적 사실들을 가능한 한 가장 적은 수의 가설이나 공리로부터 논리적으로 연역해서 설명해내는 것이다. _알베르트 아인슈타인

아인슈타인의 일반상대성이론을 바탕으로 슈바르츠실트가 130년 만에 부활시킨 블랙홀은 다시 한 번 과학자들에게 외면당하고 맙니다. 우주의 괴물 같은 존재인 블랙홀을 과학자들은 탐탁지 않게 여겼습니다. 심지어는 일반상대성이론의 주창자인 아인슈타인마저도 슈바르츠실트의 특이점은 존재하지 않는다는 엉뚱한 주장을 합니다. 아인슈타인은 1939년에 논문을 발표하면서 자신의 연구가 왜 슈바르츠실트의 특이점이 실제로 우주에는 존재하지 않는지를 보여준다고 기술했습니다. 자신의 일반상대성이론의 양분을 받

아 탄생한 블랙홀의 실재를 정면으로 외면한 것이죠. 사실, 물체와 물체 사이의 힘이라는 전통적 방식의 설명과 달리, 중력을 시공간이 휘는 현상으로 설명하는 아인슈타인의 일반상대성이론이 물리학자들의 패러다임을 바꾸기까지는 매우 오랜 시간이 걸렸습니다. 어쩌면 일반상대성이론이 숙명적으로 예측하는 블랙홀의 개념이 과학자들에게 받아들여지기까지도 무척 긴 세월을 필요로 했던 것인지도 모릅니다.

블랙홀의 존재가 학계에서 받아들여지기 어려웠던 이유를 구체적으로 생각해볼까요? 한마디로 요약하면 아마도 블랙홀이 너무나 엽기적이기 때문일 것입니다. 물리학자들이 생각하는 우주는 매우 논리적이고 이성적인 우주예요. 다시 말해서 물리법칙이 잘 지켜지는 우주입니다. 우주가 우주다운 것은 언제 어디서나 똑같은 물리법칙에 따라 운행되기 때문입니다. 그래서 흔히 우주를 '코스모스cosmos'라고 부르기도 하지요. '코스모스'라는 말은 '질서'와 '법칙'이라는 의미를 갖고 있습니다. 하지만 블랙홀은 이런 질서와 법칙에 도전하는 셈입니다. 물체의 밀도가 무한대가 되어버리고 시간이 영원히 멈춰버리는 슈바르츠실트의 특이점, 그러니까 우리의 블랙홀은 모든 물리학의 지식을 얼려버린다고나 할까요. '도대체 에너지와 질량을 먹어버리기만 하고 뱉어내지 않는 이런 우주괴물이 과연 존재할 수 있단 말인가?' 많은 과학자들이 그런 의문을 품는 것은 당연했어요. '블랙홀 안으로 에너지와 질량이 빠져들어가면 우주 전체의 에너지와 질량은 어떻게 보존될 수 있는가?' 이런 질문도 답하기가 어려웠을 테죠. 또 그렇게 먹혀버린 물질과 에너지는 과연 어디로 가는지에 대해서도 알 수 없었지요. 이렇게 많은 질문을 낳는 괴물로부터 우주를 보호해야 한다는 책임을 느꼈을 수도 있겠지요. 자연의 물리법칙이 엽기적인 블랙홀들이 존재하도록 그냥 내버려둘 리가 없다는 것이 아인슈타인을 비롯한 많은 물리학자들의 생각이었는지도 모릅니다.

그러나 우주가 어떠해야 한다는 전제에서 출발한 과학은 때론 매우 위험합니다. 그토록 위대한 과학자들도 형이상학적 혹은 철학적, 심지어는 신학적인 전제를 갖고 색안경을 낀 과학을 하는 바람에 많은 실수를 저질렀습니다. 구약성서의 잘못된 해석에 기초해서 지구는 결코 움직일 수 없다는 전제를 가졌던 중세의 과학자들은 실제로 관측되는 행성의 운동을 설명하기 위해서 지구 주위를 복잡하게 도는 행성들의 궤도('주전원'이라고 하지요)를 도입해야 했습니다. 수천 년 동안 내려왔던 천동설 혹은 지구중심설에 비해 행성들이 태양을 중심으로 공전하는 태양중심설이 실제 관측되는 행성들의 운동을 훨씬 더 잘 설명한다고 주장했던 코페르니쿠스도 천체의 운동은 완벽한 원이어야만 한다는 편견 때문에 지구중심설만큼 복잡한 주전원을 도입했습니다. 결국 태양중심설(지동설)의 우월성은 맨눈으로 관측해서 수많은 데이터를 남긴 스승 티코 브라헤의 자료를 이어받아 분석한 요하네스 케플러가 행성들은 원궤도가 아니라 타원궤도로 공전한다는 것을 발견하면서 깨끗하게 입증됩니다. 천동설을 극복하고 지동설이 자리 잡는 과정에서도 잘못된 전제들이 과학을 꼬이게 한 역사가 있었던 것입니다.

과학을 수행하는 과학자들도 인간이기 때문에 때로는 편견과 고집에 집착하는 경우가 있습니다. 다른 사람들과 마찬가지로 과학자들도 역시 철학이나 종교, 문화 등 다양한 인간의 사상들에 영향을 받기 마련이지요. 물론 그럼에도 불구하고 결국 과학 연구들을 통해 이런 편견과 고집이 잘못되었음이 밝혀지고 우주가 보여주는 참모습을 파악하는 방향으로 한발 더 다가가는 구조를 과학이 가지고 있습니다. 그 과정을 추적해보는 건 참으로 흥미로운 일이지요.

자, 그럼 부활한 블랙홀 이야기는 여기까지 하기로 하지요. 지금까지 블랙홀의 탄생과 부활에 관한 과학사의 이야기를 훑으며 블랙홀 개념에 대해 대략 정리가 되었을 겁니다. 아마도 여러분은 여전히 궁금할 겁니다. 과연 이 괴물 같은 블랙홀들이 우주에 진짜로 존재하는지. 그리고 실제로 존재한다면 어떻게 블랙홀의 존재를 알아낼 수 있을지. 블랙홀은 빛을 내지 않는다는 사실을 생각하면 관측을 통한 검증이 쉽지 않을 테니까요. 여러분의 궁금증을 더 덮어둘 수는 없을 테니, 일단 블랙홀은 우주에 실제로 존재한다는 말만 해두겠습니다. 그리고 우주에 실제로 존재하는 블랙홀을 탐험한 이야기를 나누기 전에 블랙홀의 특성에 대해서 먼저 마음껏 질문하고 답해보도록 합시다.

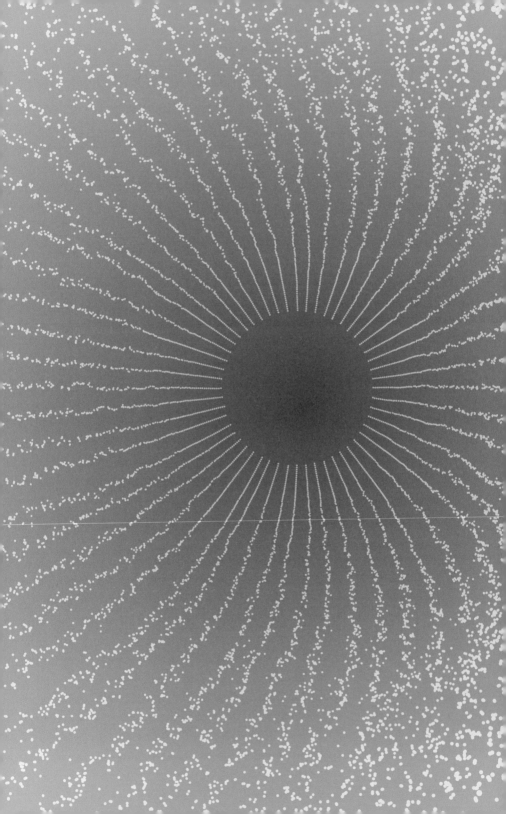

4

블랙홀
일문일답

블랙홀은 진공청소기?
블랙홀로 빨려 들어가는 현상을 볼 수 있을까?
블랙홀은 지구에 위협이 될까?
블랙홀은 언제 배가 부를까?
블랙홀을 통한 시간여행이 가능할까?

블랙홀 근처에서 일어나는 다양한 물리현상들은 종종 우리의 상상을 초월합니다. 블랙홀에 빠지면 어떻게 될까? 블랙홀 근처에서는 시간이 정지할까? 블랙홀로 떠나는 여행은 가능할까? 지구도 블랙홀이 될 가능성이 있을까? 블랙홀에 먹히지 않으려면 어떻게 해야 할까? 블랙홀에 관한 여러분의 궁금증을 하나하나 풀어봅시다. 마지막으로 블랙홀을 통한 시간여행도 다루어보겠습니다.

블랙홀은 진공청소기?

과학의 출발점은 질문을 던지는 일입니다. 새로운 현상을 보면서 '왜 그렇지? 어떻게 된 걸까?'라고 묻는 사람들, 누군가의 이야기를 들으며 '그건 왜 그렇지? 이런 경우는 어떻게 될까?'라며 끊임없이 질문하는 사람들은 아마도 과학자가 될 DNA를 타고났을지도 모릅니다. 과학자들이 탐험을 통해 밝혀낸 과학을 배우는 과정에도 질문은 매우 중요합니다. 많은 사람들 앞에서 엉뚱한 질문을 했다가 창피를 당할까봐 두렵기도 하고 적합한 질문인지 몰라 주저하게 되는 경우도 있지요. 그런 두려움을 극복하고 용기를 내서 질문을 던져야 합니다. 강의를 하다 보면 일방적 설명보다 질문을 던져서 듣는 사람들을 궁금하게 만들고 생각하게 만드는 방식이 훨씬 효과적이라는 걸 자주 경험합니다. 물론 수동적인 청중이나 독자들의 태도를 바꾸어서 그들 안에 잠자고 있는 궁금증을 어떻게 깨

위낼 수 있을지가 관건입니다.

자, 그럼 블랙홀에 관해 하나씩 질문을 던지면서 여러분에게 생각할 기회를 드려야겠군요. 첫 번째 질문입니다. 블랙홀로 가까이 간다면 어떤 경험을 하게 될까요? 혹시 블랙홀로 빨려 들어가게 될까요?

영화나 애니메이션 탓일지도 모릅니다. 사람들은 블랙홀에 빨려 들어가는 현상에 지대한 관심을 보입니다. 블랙홀이라고 하면, 진공청소기처럼 모든 것을 빨아들이는 우주적 괴물을 연상하는 사람들이 많을지도 모릅니다. 가능하기만 하다면 블랙홀 근처까지 여행을 해보고 싶습니다. 얼마나 신나는 일이겠습니까. 물론 너무 가까이 가면 위험합니다. 블랙홀의 경계라고 부를 수 있는 슈바르츠실트 반지름에는 죽음이 기다리고 있겠지요. 앞 장에서 살펴보았듯이, 슈바르츠실트 반지름은 탈출속도가 빛의 속도가 되는 지점이기 때문에 거기까지 가면 탈출이 불가능하고 결국 블랙홀로 빨려 들어가게 됩니다.

사건지평선이나 슈바르츠실트 반지름은 보통 블랙홀의 크기를 나타내는 개념으로 사용합니다. 물론 블랙홀은 무한대로 작은 점과 같은 존재이지만 중력이 미치는 공간은 일정한 크기를 갖습니다. 이것을 보통 '블랙홀 중력장의 크기'라고 부릅니다. 얼마나 먼 거리까지 블랙홀이 강한 힘을 미치는지를 나타내는 중력장의 크기는 잴 수가 있고, 사건지평선까지의 거리를 블랙홀 중력장의 크기로 표현합니다.

자, 그럼 실제로 우주선이 사건지평선까지 가까이 가는 사고실험을 해볼까요? 과연 어떤 일이 벌어질까요? 우주선을 타고 블랙홀로 점점 가까이 가면 블랙홀이 끌어당기는 중력이 점점 세질 겁니다. 가까이 가는 만큼 블랙홀의 중력을 벗어나기 위해 필요한 탈출 속도도 점점 커지겠지요. 운 좋게도 빛의 속도만큼 빠른 속도를 낼 수 있는 우주선을 타고 여행 중이라면 블랙홀의 사건지평선 근처까지 갈 수도 있겠습니다. 광속으로 달려서 블랙홀의 중력을 겨우 이겨내고 탈출하면 될 테니까요.

하지만 사건지평선을 넘어가면 블랙홀에서 탈출할 수 없습니다. 빛의 속도를 내더라도 블랙홀의 중력을 이겨낼 수가 없으니까 블랙홀의 중력장에서 벗어날 수 없게 됩니다. 만일 우주선이 빛의 속도보다 더 빠르게 날아갈 수 있다면 블랙홀로부터 탈출할 수 있을까요? 재밌는 상상입니다. 그러나 아인슈타인의 특수상대성이론에 따르면 빛의 속도보다 더 빠르게 운동할 수 없습니다. 즉, 빛의 속도보다 빠르게 달릴 수 있는 우주선은 만들 수 없지요. 사건지평선을 넘어가면 블랙홀에 갇히게 됩니다. 결국 블랙홀에 빠져서 죽음을 맞게 될 겁니다. 블랙홀에서 탈출할 수는 없더라도 혹시 죽지 않고 살아남을 방법은 없을까 하고 묻는 분들이 종종 있습니다. 하지만 그건 블랙홀의 중력이 얼마나 강한지 몰라서 하는 얘기입니다. 사건지평선이 어떤 유리막과 같은 경계는 아니랍니다. 사건지평선에 가까이 갈수록 블랙홀의 중력이 점점 강해집니다. 그래서 사건지평선에 도착하기 전에 이미 우주선이나 우리 몸이 다 조각조각 분해되어버리고 말 겁니다.

별로 유쾌한 경험은 아닐 테니 아무래도 사건지평선까지 가는 여행 계획은 수정해야겠습니다. 블랙홀의 중력에 의해서 갈기갈기 찢기지 않을 정도로 저만큼 멀리서 보고 오는 것이 지혜로울 테니까요. 자, 그럼 이번에는 사건지평선 근처까지 가는 동안 어떤 광경들을 볼 수 있을지 생각해볼까요? 제가 장담할 수 있는 건, 지구에서 경험할 수 없는 신비한 현상을 잔뜩 구경하고 올 수 있다는 것입니다.

현재 기술로는 우주선을 타고 다른 별에 가거나 블랙홀까지 직접 우주여행을 할 수는 없습니다. 태양계 내의 우주여행은 그래도 가능합니다. 예를 들어, 화성에 유인우주선을 보내는 일은 쉽게 생각해볼 수 있습니다. 이미 충분한 기술이 있으니까요. 하지만 태양계를 넘어서 훨씬 먼 거리에 있는 다른 별까지 가는 인터스텔라 여행은 거의 불가능합니다. 과학이 빠르게 발전해서 여러분이 폭삭 늙었을 즈음이면 홈쇼핑에서 우주여행 상품을 광고하게 될지도 모릅니다. 과학의 발전은 예측 불가능하니까요. 그래도 쉽지는 않을 것입니다. 가장 가까운 별인 프록시마 센타우리까지의 거리도 4광년이 넘습니다. 광속 우주선을 타고 4년이나 가야 합니다. 밤하늘에 보이는 웬만한 별들은 수백 수천 광년의 거리에 있답니다. 가까운 별들까지 여행하는 데도 그렇게 오래 걸린다는 점을 생각하면 그보다 멀리 있는 가장 가까운 블랙홀까지 가는 여행에 얼마나 더 긴 시간이 필요할지 감도 잡기 어렵습니다.

그렇다고 실망할 필요는 없습니다. 가상현실에서 컴퓨터 시뮬레이션을 통해서 얼마든지 탐험해볼 수는 있으니까요. 우리가 알고 있는 블랙홀에 관한 물리지식을 다 동원해서 블랙홀 주변의 현상을 재현할 수 있습니다. 사건지평선까지 가지 않더라도, 블랙홀 근처의 중력은 워낙 강해서 재미있는 현상들이 일어납니다. 이미 많은 과학자들이 사고실험을 해두었습니다. 자, 블랙홀로 다가가는 우주선에서 보면 블랙홀 주변이 어떻게 보일까요? 블랙홀은 빛을 내지 않으니 검은 구멍으로 보일 것입니다. 그런데 재미있는 현상은 블랙홀로 다가갈수록 검은 구멍의 크기가 점점 커진다는 것이지요. 블랙홀이 위치한 가운데 부분이 뻥 뚫리면서 점점 더 커지는 걸 목격하게 됩니다. 그리고 블랙홀 뒤편에 있어서 보이지 않던 별들도 검은 원의 테두리 쪽으로 나타나기 시작하지요.

그림 1-5를 자세히 살펴볼까요? 가운데 검게 보이는 원이 블랙홀을 나타냅니다. 물론 블랙홀 자체라기보다는 블랙홀의 중력장, 그러니까 슈바르츠실트 반지름으로 둘러싸인 공간을 표현한다고 생각하면 됩니다. 블랙홀이 빛을 가리는 그림자라고 생각해도 좋겠습니다. 검은 원의 경계가 사건지평선이기 때문에 그 안쪽에서는 빛이 나올 수 없어서 검게 보이는 것이지요. 블랙홀은 보이지 않지만 검은 원의 중심에 있습니다. 우주선을 타고 블랙홀에 조금씩 가까이 가면 일정한 크기를 갖는 블랙홀 중력장이 점점 더 커 보이겠지요? 그래서 검은 원이 점점 커지고, 마치 우주에 구멍이 뻥 뚫려서 커지는 듯이 보입니다.

이번에는 검은 원의 경계 부분을 자세히 살펴볼까요? 주변보다 더 밝은 띠처럼 보입니다. 이 부분은 바로 블랙홀 뒤편에 있는 별들이 마치 띠를 이루는 것처럼 보입니다. 슈바르츠실트의 반지름으로 정의되는 검은 원반 뒤쪽에 있는 별들은 원래 보이지 않아야 합니다. 블랙홀이 가리고 있으니까요. 그러나 블랙홀의 중력이 워낙 강하다 보니 빛이 휘어서 우리 쪽으로 오게 되는 겁니다. 사건지평선 안쪽은 빛이 나올 수 없고 사건지평선 근처에서 나오는 빛은 블랙홀이 끌어당기는 힘에 의해서 심하게 꺾이기 때문에 사건지평선에 몰려 있는 것처럼 보입니다. 이런 현상을 '중력렌즈'라고 부릅니다. 중력이 렌즈의 역할을 한다는 뜻이지요.

돋보기에 사용되는 볼록렌즈로 보면 물체가 휘어 보이잖아요? 렌즈의 곡률 때문에 빛이 꺾이는 것이지요. 우주에서는 중력 때문에 빛이 휘는 현상들이 종종 발견됩니다. 그래서 중력이 렌즈로 작용한다는 뜻으로 중력렌즈라고 부르지요. 블랙홀 근처의 모습은 바로 중력렌즈 현상을 드러냅니다.

은하나 은하들의 집단인 은하단은 워낙 크기도 크고 강한 중력을 내기 때문에 중력렌즈로 작용하는 경우가 많고 그만큼 많이 발견되었습니다. 그러나 블랙홀은 워낙 크기가 작기 때문에 영화의 장면 같은 블랙홀 중력렌즈 현상은 지금의 기술로는 발견하기 어렵습니다. 하지만 블랙홀 때문에 빛이 휘어지는 현상은 종종 발견됩니다.

블랙홀로 빨려 들어가는 현상을
볼 수 있을까?

블랙홀로 가까이 가면 중력이 무한대로 증가하면서 시간의 흐름도 무한히 느려진다는 얘기를 들어본 적이 있을 겁니다. SF 영화에도 비슷한 개념이 등장합니다. 그렇다면 블랙홀의 중력장이 미치지 않는 충분히 먼 거리에서 구경한다면 블랙홀로 누군가가 빨려 들어가는 모습을 볼 수 있을까요?

답부터 말씀드리지요. 블랙홀로 빠지는 모습을 외부에 있는 관찰자가 직접 볼 수는 없습니다. 블랙홀로 사람이 사라지는 것을 지켜보려면 무한히 오랜 시간이 걸리기 때문에 볼 수 없다는 이야기입니다. 일단, 무인우주선 하나가 블랙홀로 접근해서 빠져 들어간다고 가정해볼까요? 앞에서 살펴본 그림 1-5에서 블랙홀의 모습이 보이는 거리보다 훨씬 더 가까이 블랙홀에 접근한다고 가정해봅시다. 그리고 우리는 다른 우주선을 타고 이 무인우주선이 어떻게 되는지 관찰하는 중이라고 해봅시다. 무인우주선이 사건지평선을 통과하는 모습을 볼 수 있을까요? 아닙니다. 블랙홀의 경계에서 멀리 떨어진 위치에서 지켜보는 우리는 결코 이 무인우주선이 블랙홀에 빠져 들어가는 모습을 볼 수 없습니다. 사건지평선을 통과해서 블랙홀로 들어가는 우주선은 우리 눈에는 그냥 그 자리에 영원히 정지해 있는 것처럼 보입니다. 물론, 실제로 우주선은 곧장 블랙홀의 중력장 안으로 빨려 들어가서 산산조각이 났겠지요.

블랙홀에서 빛이 나오지 않기 때문에 볼 수 없다는 설명도 가능하겠지만 더 정확하게 설명하면 시간지연 효과 때문입니다. 사건지평선을 통과하는 우주선을 관측할 수 없는 이유는 바로 시간이 정지하기 때문이지요. 밖에서 지켜보는 우리의 시간이 정지한다는 말은 아닙니다. 블랙홀 근처에서 무슨 일이 일어나든 간에 우리의 시간은 그대로 흘러갑니다. 때가 되면 배도 고플 테지요. 그러나 블랙홀 근처의 시간이 느리게 가는 것으로 관측됩니다. 만일 사건지평선에 가까이 가는 우주선의 모습을 생방송으로 시청하고 있다면, 우주선의 속도는 점점 느려지다가 사건지평선에 도달하면 영원히 정지한 상태로 보일 것입니다. 블랙홀 밖에서 구경하는 우리에게는 우주선이 겪는 시간이 지연되는 것으로 보이는 현상입니다. 이것이 바로 아인슈타인의 상대성이론의 시간지연 효과입니다.

간단히 한번 설명해보겠습니다. 빛의 속도에 가깝게 매우 빠른 속도로 날아가는 우주선이 있다고 상상해봅시다. 이 우주선에 타고 있는 사람과 지구에서 이 우주선을 지켜보는 사람 간의 시간은 상대적입니다. 시간이 다르게 간다고 표현할 수도 있습니다. 우주선에 타고 있는 사람의 입장에서 보면 시간이 똑같이 흐릅니다. 그러나 우주선 밖에서 이 우주선을 관찰하는 사람이 보면, 우주선 안의 시간이 지구의 시간에 비해 훨씬 느리게 흘러갑니다. 예를 들어서 지구의 시계로 재면 이 우주선이 어느 행성까지 도착하는 데 2년이 걸린 것으로 측정할 수 있습니다. 하지만 우주선을 타고 있던 우주비행사가 잰 시간은 1년이 될 수도 있습니다. 이상하지요? 이렇게 빛의 속도에 가까울 정도로 빠르게 움직이는 물체는 그 물체를 기준으로 했을 때와 물체 밖의 관찰자를 기준으로 했을 때 시간이 흘러가는 속도가 달라집니다. 이것이 아인슈타인이 1905년에 발표한 특수상대성이론의 내용입니다. 걱정하지 마세요. 이런 일은 우리 일상생활에서는 별로 발생하지 않으니까요. 혹시 우리가 빛의 속도만큼 빠르게 뛰어다닐 수 있다면 물론 문제가 될 것입니다.

그렇다면 상대성이론의 시간지연 효과가 블랙홀에 적용되는 이유는 뭘까요? 이 무인우주선은 빛의 속도에 가깝게 빠르게 달리고 있는 것도 아닌데 말입니다. 시간이 느리게 가는 시간지연 현상은 빛의 속도에 가깝게 운동할 때도 발생하지만, 매우 큰 중력장, 그러니까 블랙홀처럼 중력이 큰 물체의 근처에서도 동일하게 발생합니다. 중력이 매우 클 경우, 빛의 속도로 달리는 것과 같은 효과를 만들어냅니다. 블랙홀로 빠져 들어가는 우주선을 밖에서 보면 상대성이론의 효과가 너무 커져서 시간이 느려지다 못해 정지해버린 것처럼 보이는 것이지요. 우주선을 탄 사람들은 금세 블랙홀로 빨려 들어가서 조각조각 분해되었을 테지만 밖에서 지켜보는 사람들에게는 이 우주선이 영원히 정지한 것처럼 보입니다. 그러니까 아무리 보고 싶어도 우주선이 블랙홀로 쏙 빠지는 장면은 결코 목격할 수가 없습니다.

블랙홀은 지구에 위협이 될까?

블랙홀은 워낙 중력이 강해서 빨려 들어가는 것은 모두 소멸될 테니까 인류와 지구에게도 위협이 될 듯합니다. 블랙홀에 빨려 들어가지 않도록 우리가 뭔가를 준비해야 할까요? 블랙홀에 빨려 들어가지 않으려면 어떻게 해야 할까요?

가만히 따지고 보면 그리 어려운 문제는 아닙니다. 블랙홀에 빨려 들어가지 않는 법은 간단합니다. 블랙홀을 멀리하면 됩니다. 불이 위험하지만 너무 가까이 하지 않으면 괜찮습니다. 블랙홀이 당기는 중력은 블랙홀의 질량이 클수록 커지고 블랙홀로부터의 거리가 멀수록 작아집니다. 그러니까 가까이만 가지 않는다면 블랙홀에 잡아먹힐 염려는 없어요. 그러나 일단 블랙홀의 중력권에 들어가면 빠져나올 방법이 없답니다. 슈바르츠실트 반지름, 그러니까 사건지평선 근처까지 가면 빠져나올 수 없습니다.

먼 거리에 있는 블랙홀에 일부러 가까이 가지만 않으면 안전합니다. 그렇다면 태양계 내에 블랙홀이 있다면 지구의 생존에 위협이 될까요? 태양계 내에 있다고 해도 정확히 어디에 블랙홀이 위치하는지가 지구의 생존에 영향을 주느냐를 결정합니다. 태양이 갑자기 블랙홀이 된다고 가정해볼까요? 블랙홀 제조법에서 배운 대로 태양을 블랙홀로 만들어봅시다. 태양의 지름은 70만 킬로미터 정도입니다. 대략 지구의 100배나 됩니다. 이런 태양을 그대로 축소시켜서 반지름 3킬로미터 정도로 작게 만들면 됩니다. 즉, 반지름이 3킬로미터밖에 안 되는 공간에 현재의 태양을 구겨 넣는다면, 밀도와 중력이 너무 커지기 때문에 태양은 블랙홀이 되어버립니다. 물론 태양은 반지름 3킬로미터짜리 구의 형태로 남아 있지 않고 안으로 무너져서 무한대로 작은 공간을 차지하고 무한대의 밀도를 갖는 블랙홀이 됩니다. 이렇게 태양이 블랙홀로 변한다면 지구는 어떤 영향을 받게 될까요?

지구가 태양블랙홀에 빨려 들어갈까 봐 걱정하는 분들도 종종 있습니다만, 그렇지 않습니다. 지구는 지금과 똑같이 일 년에 한 번씩 블랙홀로 변해버린 태양 주위를 공전합니다. 왜냐하면 이 블랙홀에 빨려 들어가기에는 지구는 너무나 멀리 떨어져 있기 때문이지요. 3킬로미터 정도의 슈바르츠실트 반지름 근처까지 다가가지 않는다면 지구에는 별 영향이 없습니다. 질량이 같다면, 태양이 블랙홀이 되든지 아니면 그대로 태양으로 남아 있든지 상관없이 지구는 1억 5,000만 킬로미터의 거리에서 똑같이 공전운동을 할 것입니다. 태양이 블랙홀이 된다고 해서 갑자기 지구를 더 세게 끌어당기지는 않습니다. 질량이 변하지 않는다면 중력도 똑같을 테니까요. 물론 지구에 종말이 올 것입니다. 더 이상 태양 빛을 받을 수가 없어 지구상의 모든 생명체들이 다 죽음을 맞이하게 될 것입니다.

지구가 일부러 블랙홀 근처로 이동해 갈 일은 없겠지만 앞으로 우주여 행이 일반화되어서 인터스텔라 우주여행이 가능해지면 블랙홀과 마주 칠 수도 있지 않을까요?

그럴 수 있습니다. 블랙홀은 보이지 않으니까 위치를 알 수 없을 테고, 갑자기 블랙홀을 만난다면 피해 가기 어려울 수도 있습니다. 우주 공간을 여행하다가 마치 지뢰를 밟듯이 블랙홀을 맞닥뜨릴 수도 있을 거예요. 그러나 블랙홀 근처에 가게 되면 블랙홀의 중력 이 점점 강하게 검출될 테니까 원거리에서는 보이지 않는 블랙홀 의 존재를 확인할 수 있을 것입니다. 현명한 우주선 선장이라면 블 랙홀에 너무 가까이 가기 전에 미리 항로를 고쳐서 충분히 벗어날 수 있겠지요.

일부러 블랙홀에 가까이 가지만 않으면 괜찮겠다고 마음이 놓이 실 겁니다. 하지만 블랙홀이 지구 쪽으로 다가오는 경우도 생각해 볼 수 있겠지요. 소행성이나 혜성이 지구에 충돌할 수도 있기 때문 에 미 항공우주국에서 지구에 근접하는 물체들을 감시하고 있습니 다. 만약 블랙홀이 지구에 너무 가까이 다가온다면 지구를 집어삼 킬 수도 있을 텐데, 그렇다면 인류는 생존할 수 있을까요? 만일 블 랙홀이 지구로 다가와서 지구가 블랙홀로 빨려 들어간다면 우리는 아무 대책을 세울 필요가 없습니다. 이미 우리는 죽은 목숨일 테니까요. 하지만 그런 일이 일어날 확률은 너무나 작습니다. 블랙홀의 기원을 다룰 때 자세히 살펴보겠지만 우리가 만날 가능성이 있는 블랙홀들은 별 블랙홀들입니다. 별의 죽음에서 탄생하는 블랙홀들을 말합니다. 하지만 우리은하는 너무나 커서, 별과 별이 충돌하는 경우는 극히 드뭅니다. 수천억 개의 별이 우리은하 내에 있지만 우리은하는 그만큼 더 거대한 크기를 갖고 있습니다. 그래서 가까운 어느 별이 다가와 태양에 부딪힐 확률은 매우 낮습니다. 마찬가지로 우리은하 내의 모든 별이 블랙홀이 된다고 해도 그 블랙홀들이 태양 근처로 다가와서 지구와 부딪힐 확률은 거의 없다고 보면 됩니다.

그럼 블랙홀이 다가와서 지구를 위협하는 대신에 혹시 지구가 블랙홀이 될 수도 있을까요? 아닙니다. 지구가 블랙홀이 될 가능성은 거의 없습니다. 앞에서 배운 대로 만일 지구를 반지름이 1센티미터 정도 되는 공간에 압축시켜 넣는다면 블랙홀로 변할 수는 있겠지요. 이론적으로는 가능하다는 말입니다. 그러나 지구를 그렇게 작게 축소시킬 물리적 방법이 없습니다. 태양보다 훨씬 무거운 큰 별들의 경우에는 자체의 중력이 그만큼 강하기 때문에 블랙홀이 될 수 있습니다. 자체의 중력 때문에 블랙홀이 될 만큼 작은 공간에 중력적으로 수축되는 일이 일어납니다. 별 블랙홀이 탄생하는 주된 방법이 바로 이것입니다. 그러나 지구는 질량이 너무나 작고 매우 약한 중력을 갖고 있기 때문에 1센티미터의 공간 안으로 수축되는 일은 발생하지 않습니다. 그러니 지구가 블랙홀로 변하지 않을까 염려할 필요가 없습니다.

엉뚱한 질문 같지만 블랙홀 안으로 들어가도 혹시 생명체가 생존할 수 있을까요? 블랙홀 안에 살고 있는 생명체나 우주인이 있을지도 모르는 거 아닐까요? 이런 질문들도 종종 받습니다. 블랙홀 안에 물과 식량을 싸들고 들어가면 얼마나 버틸 수 있냐고 물어보는 학생도 있었지요. 물론 블랙홀 안으로 들어가서 버텨보겠다는 얘기는 말이 되지 않습니다. 블랙홀의 중력은 너무나 강해서 블랙홀로 가까이 가는 순간 우리의 몸은 모두 산산이 분해되어버립니다. 물론 우리가 모르는 어떤 새로운 종류의 생명체가 블랙홀 안에 존재할 가능성이 전혀 없다고 잘라 말할 수는 없습니다. 탐구되지 않은 영역은 여전히 미지의 세계로 남아 있는 것이니까요. 하지만 현대 과학의 입장에서 보면 블랙홀 안에는 생명체가 존재할 수 없다고 말하는 것이 맞습니다.

블랙홀은 언제 배가 부를까?

블랙홀로 빨려 들어간 빛이나 물질들은 모두 어디로 가는 걸까요? 어디론가 빠져나가지 못하고 블랙홀 안에 계속 쌓이게 된다면, 더 이상 블랙홀이 물질을 삼킬 수 없는 포화상태가 될 수 있을까요?

블랙홀과 반대되는 개념이 화이트홀입니다. 블랙홀은 물질을 집어삼키기만 한다면 화이트홀은 물질을 내뱉기만 합니다. 과거에 물리학자들은 블랙홀과 화이트홀이 서로 연결되어 있다고 생각하기도 했습니다. 이론적으로 생각해볼 수 있는 시나리오입니다. 쉽게 말하자면 화이트홀은 블랙홀의 부호를 반대로 바꾼 것입니다. 화이트홀이 존재한다면 블랙홀과 반대로 물질을 뱉어내기만 하겠지요. 시공간의 한 점에서 물질이 창조되듯이 쏟아져 나오면 매우 이상하게 여겨질 것입니다. 그 물질이 다 어디서 온 걸까 묻게 되겠지요. 그래서 블랙홀과 화이트홀을 연결하면 그림이 간단해집니다. 블랙홀로 빨려 들어간 물질이 화이트홀로 나오는 것으로 이해하면 되니까요.

하지만 화이트홀은 그저 이론적 개념에 불과합니다. 우주에서 블랙홀의 존재는 확인되었지만 화이트홀이 존재한다는 증거는 없습니다. 블랙홀이 외롭지 않게 화이트홀이 함께해주면 좋겠다며 실망한 분들이 있을지 모르지만 걱정할 필요는 없습니다. 블랙홀은 엄청난 식욕으로 외로움이 주는 스트레스를 풀고 있는지도 모릅니다.

다시 질문으로 돌아가서, 블랙홀로 빨려 들어간 물질들은 어디로 갈지 생각해봅시다. 화이트홀로 연결되어 어디론가 빠져나가는 것이 아니라면 블랙홀로 들어간 물질은 블랙홀 안에 계속 쌓이게 됩니다. 과학자들은 블랙홀이 계속 자란다고 믿고 있습니다. 주위의 물질을 집어삼키면서 점점 질량이 큰 블랙홀로 성장하는 것이지요. 최근의 연구 결과에 의하면 대략 태양질량의 수백억 배 정도까지 되는 거대질량 블랙홀들도 존재합니다. 그보다 더 무거운 블랙홀이 존재하는지는 아직 밝혀지지 않았습니다.

태양보다 100억 배 무겁다면 엄청나게 큰 질량입니다. 블랙홀이 차지하는 공간은 무한히 작지만, 이렇게 거대한 질량을 가진, 그래서 '거대질량 블랙홀'이라고 불리는 블랙홀의 슈바르츠실트 반지름은 빛의 속도로 30시간 걸리는 거대한 크기입니다. 태양계보다 10배쯤 큰 크기지요. 즉, 태양계보다 지름이 10배쯤 큰 구 안에 태양 100억 개 정도에 해당하는 질량이 들어 있다는 말입니다.

그렇게 엄청난 질량을 가진 거대질량 블랙홀도 계속 물질을 빨아들일 수 있을까요?

일정한 크기의 박스에다 물건을 차곡차곡 넣다 보면 결국 박스가 다 차버리듯이 블랙홀도 더 이상 물질을 삼킬 수 없을 만큼 꽉 차버리게 될 거라고 생각하는 분들이 있을지도 모릅니다. 그러나 블랙홀이 집어삼킬 물질의 양에는 한계가 없습니다. 블랙홀은 결코 배가 부르지 않습니다. 얼마든지 계속 주변의 별이나 가스를 잡아먹을 수 있습니다. 물질을 집어삼키는 만큼 점점 슈바르츠실트 반지름도 커집니다.

블랙홀은 무한식욕의 괴물이라고 볼 수도 있지만 욕심이 많아서 그런 것은 아니랍니다. 다만 계속 성장합니다. 하지만 블랙홀이 점점 커진다는 얘기는 부피가 자란다는 뜻이 아닙니다. 단지, 중력이 미치는 범위, 그러니까 슈바르츠실트 반지름이 점점 커진다는 뜻입니다.

그래도 주변에 물질이 없으면 블랙홀도 성장을 멈추는 거 아닐까요?

정확한 질문입니다. 블랙홀도 먹을거리가 떨어지면 성장할 수 없지요. 블랙홀의 중력이 미치는 주변에 먹이가 될 만한 별이나 가스가 없다면 블랙홀은 더 커지지 않습니다. 물질을 빨아들이지 않고 굶고 있는 블랙홀은 잠자는 사자 같은 존재가 됩니다. 그러다가 주변에 가스가 공급되면 블랙홀은 활발하게 식사를 시작하겠지요. 이런 블랙홀은 '활동성 블랙홀active black hole'이라고 부릅니다.

그렇다면 블랙홀로 들어간 물질들은 영원히 다시 밖으로 나올 수 없는 걸까요?

왠지 블랙홀 안에서 물질이 낭비되는 느낌이 든다고 말하는 분들도 있더군요. 삼키기만 하고 내뱉지는 않는 블랙홀은 뭔가 물리 법칙에 위배되는 괴물 같아 보입니다. 그래서 아인슈타인도 블랙홀의 존재를 인정하지 않았을 겁니다. 이런 괴물이 존재하도록 우주가 허락했을 리가 없다고 생각한 물리학자들이 꽤나 많았을 것입니다.

하지만 양자역학에 따르면 블랙홀들도 매우 오랜 시간에 걸쳐서 삼켜버린 것들을 에너지 형태로 내보낸다고 알려져 있어요. 이런 개념을 제안한 영국의 물리학자 스티븐 호킹 박사의 이름을 따서 '호킹 복사Hawking radiation'라고 부릅니다. '복사'라는 말은 난로가 열을 내보내는 현상처럼 빛이나 열이 나오는 경우를 일컫는 단어입니다. 그러니까 블랙홀도 조금씩 에너지를 내뿜는다는 것이지요.

하지만 제가 연구하는 우주의 블랙홀들의 경우, 호킹 복사를 기대할 수는 없습니다. 별에서 탄생한 블랙홀이나 거대질량 블랙홀들의 경우에는 질량이 너무 큽니다. 천체물리학에서 다루는 블랙홀들이 호킹 복사를 통해서 질량이 줄어들려면 너무나 긴 시간이 걸립니다. 우주의 나이보다 더 긴 시간이 필요하지요. 다시 말하면 거대질량 블랙홀들이 집어삼킨 질량을 호킹 복사를 통해서 모두 에너지로 뱉어내려면 우주의 나이보다 더 긴 시간이 걸린다는 말입니다. 그러니까 우주의 블랙홀들은 호킹 복사로 증발할 수 없습니다. 여전히 블랙홀은 먹기만 하는 것이지요. 기회가 되는 대로, 즉 먹이가 공급되는 대로 블랙홀들은 계속 자랍니다.

블랙홀의 식욕에 관해서는 의문의 여지가 없습니다. 하지만 블랙홀이 자기보다 덩치가 큰 별들도 집어삼킬 수 있을까요? 예를 들어, 태양도 빨아들일 수 있을까요?

물론입니다. 태양은 지구에 비하면 엄청나게 덩치가 크지만 블랙홀에 비하면 질량이 별로 크지 않습니다. 나중에 더 자세히 다루겠지만 보통 별에서 탄생하는 블랙홀들은 태양의 열 배쯤 되는 질량을 갖지요. 반면 거대질량 블랙홀이라고 불리는 엄청난 크기의 블랙홀들은 태양의 100만에서 100억 배에 이르는 막대한 질량을 갖는답니다. 이런 거대질량 블랙홀들이 태양 같은 별 하나를 집어삼키는 것은 껌 씹는 일처럼 쉽습니다. 실제로 이런 거대한 블랙홀들 중에서 '퀘이사'라고 불리는 블랙홀들은 1년에 태양 하나 정도 되는 막대한 양의 가스를 집어삼킵니다.

블랙홀이 별을 삼킬 수 있다면 블랙홀끼리 충돌하는 경우는 어떻게 되나요?

당연히 블랙홀끼리도 서로 충돌합니다. 블랙홀 두 개가 서로 충돌하면 하나의 블랙홀로 변합니다. 은하 중심에 살고 있는 거대질량 블랙홀들은 작은 블랙홀들이 서로 충돌해서 뭉쳐지는 과정도 거쳤습니다. 예를 들어 두 은하가 충돌할 때 그 중심에 있던 거대질량 블랙홀 둘이 서로 빙글빙글 공전을 하다가 점점 가까워지면서 마침내 하나의 블랙홀로 합쳐지게 되지요. 은하 중심의 블랙홀들은 이렇게 작은 블랙홀들이 큰 블랙홀에 흡수되어서 만들어졌거나 혹은 은하로부터 엄청난 가스가 공급되어서 거대한 성장을 했거나 둘 중 하나라고 알려져 있습니다. 물론 블랙홀의 성장에는 두 가지 과정이 다 작용했을 것입니다.

블랙홀의 식단에는 제한이 없습니다. 심지어 다른 블랙홀까지 집어삼킬 수 있으니까요. 어쨌거나 블랙홀의 충돌은 매우 흥미로운 현상입니다. 아직도 정확하게 알려지지 않은 비밀들이 많습니다. 주요 연구 대상이지요. 블랙홀들이 결투라도 하듯 두 개의 블랙홀이 충돌할 때 가능한 일로 보통 세 가지를 꼽습니다. 첫째는 두 개의 블랙홀이 뭉쳐져서 하나의 거대한 블랙홀이 되는 것입니다. 둘째, 두 개의 블랙홀이 충돌하면서 중력파와 같은 에너지를 방출하면서 오히려 질량을 잃을 수도 있습니다. 세 번째, 두 블랙홀이 어떤 방향으로 운동하다가 충돌하느냐에 따라 질량이 큰 블랙홀이 작은 블랙홀을 차버릴 수도 있습니다. 밀려나버린 작은 블랙홀은 빈 우주 공간을 떠돌아다닐 수도 있습니다.

　두 개의 블랙홀이 충돌할 때 나오는 중력파는 블랙홀의 결투에서 어떤 운명이 결정되었는지를 알려주는 중요한 정보입니다. 중력파는 아인슈타인이 일반상대성이론을 제시하면서 20세기 초에 예측한 바 있는데, 최근에야 실제로 검출하는 데 성공했습니다. 처음으로 검출된 중력파가 바로 블랙홀의 충돌에서 나오는 중력파였습니다. 거대질량 블랙홀들의 결투는 아니었지요. 상대적으로 질량이 작은 별 블랙홀들의 충돌에서 나온 중력파가 라이고LIGO라는 검출기로 확인되었습니다.

　아인슈타인의 상대성이론이 나온 지 100년이 넘었는데 2015년이 되어서야 중력파가 검출되었다는 걸 이상하게 여기는 분들이 있을지도 모르겠습니다. 왜 지난 100년 동안 중력파를 검출하지 못했을까요? 과학자들이 중력파 검출을 위해 노력하지 않은 건 아닙니다. 하지만 중력파는 워낙 약해서 그 신호를 검출하는 일이 매우 어렵습니다. 중력파는 시공간의 떨림과 같은 현상입니다. 잔잔한 호수 위에 돌을 던지면 물결이 수면을 흔들면서 퍼져나가듯 블랙홀들이 충돌하면 시공간의 작은 떨림이 생겨나는 것이지요. 그 작은 떨림을 지구에서 측정하려면 엄청난 정밀도를 갖는 검출기가 필요합니다. 물리학에서 가장 측정하기 어려운 수준의 정확성을 가지고 해야 하는 연구이지요. 그래서 최신 기술을 반영한 중력파 검출기를 통해서 2015년에 드디어 중력파가 직접 확인된 것입니다. 가장 강력한 중력체인 거대질량 블랙홀들이 충돌하는 사건은 우주적인 드라마입니다. 2030년대가 되면 리사LISA라는 중력파 검출기가 우주 공간에 발사되어 거대질량 블랙홀의 충돌에서 방출되는 중력파를 검출하게 될 것입니다.

중력파 검출로 아인슈타인의 상대성이론, 즉 중력이론도 또 하나의 강력한 증거를 얻게 되었습니다. 물론 블랙홀의 존재도 동시에 증명되었다고 말할 수 있습니다만, 사실 중력파 검출 이전에도 블랙홀의 존재는 다양한 증거를 통해 인정되고 있습니다. 그 이야기는 다음 장에서 더 해보기로 하지요.

블랙홀을 통한 시간여행이 가능할까?

영화를 보면 블랙홀을 통한 시간여행이 종종 등장하는데, 실제로 가능할까요?

블랙홀에 관해서 이야기하다 보면 반드시 나오는 질문입니다. SF 영화나 과학소설에 심심찮게 등장하는 것이 블랙홀이나 웜홀을 통한 우주여행입니다. 물론 시간여행을 포함해서요. 실망스럽겠지만 블랙홀을 통한 여행은 불가능합니다. 블랙홀로 가까이 가자마자 우리 몸과 우리가 타고 간 우주선은 모두 조각조각 분해되어버립니다. 블랙홀의 중력에 의해서 산산이 찢기는 것이지요. 공상과학소설에서는 블랙홀로 들어가면서 이렇게 원자나 소립자(원자나 소립자는 물질을 구성하는 가장 작은 단위 정도로 생각하면 됩니다)로 분해된 뒤에 블랙홀을 통과하고 나면 다시 원래의 모습으로 재결합되는 얘기들도 있지만 이것은 그저 인간의 상상력의 무한함을 보여주는 정도라고 평할 수 있을 겁니다. 우리 몸이 분해된다는 것은 사실 죽음을 의미하기 때문에 블랙홀을 통한 어떤 여행도 현대 과학의 입장에서 보면 불가능하다고 말할 수밖에 없습니다. 먼 미래에 과학기술이 고도로 발전해서, 분해되었던 우리 몸을 재결합시키는 기술이 개발된다면 얘기는 달라지겠지만 말이에요.

블랙홀을 통한 우주여행이 불가능하다면, 영화에 나오는 웜홀 같은 것을 이용할 수는 없을까요?

'웜홀worm hole'이라는 말은 '벌레구멍'이라는 뜻입니다. 벌레가 사과를 파먹으면서 긴 구멍을 내는 것처럼 웜홀은 우주 공간의 다른 영역을 이어주는 통로로 사용되는 개념이라고 보면 쉽습니다. 만일 웜홀이 존재한다면 웜홀을 통과해서 우주의 다른 영역으로 갈 수 있는 여행이 가능할지도 모릅니다. 하지만 우주에 웜홀이 실제로 존재한다는 증거는 없습니다. 물론 우리가 아직 발견하지 못한 것일 수도 있지요. 그래도 이론적인 개념인 웜홀을 이용해서 우주여행을 상상해보는 건 즐거운 일입니다.

자, 그렇다면 상상력을 발휘해서 웜홀 우주여행의 3대 법칙을 알려드리겠습니다. 대중강연을 하다 보면 자주 받는 질문이라서 3대 법칙으로 만들어서 정리해보았습니다. 우주여행을 하고 싶어도 우주는 너무나 크고 우주선은 빛의 속도보다 빠르게 날아갈 수가 없습니다(1장 참조). 그래서 한 공간에서 다른 공간으로 건너뛰는 방법이 있다면 이 드넓은 우주를 짧은 시간에 여행하는 일이 가능해집니다. 영화에 자주 등장하는 방법은 바로 웜홀을 이용해서 공간을 건너뛰는 방식입니다.

한 공간에서 다른 공간으로 순간 이동하는 것처럼 그려볼 수도 있습니다. 물론 순간 이동은 정확한 개념은 아닙니다. 웜홀의 경우는 휘어진 3차원의 공간을 이어주는 통로가 된다고 볼 수 있습니다. 빛은 우주 공간을 따라 직선으로 달리지만 웜홀이 우주의 두 공간을 이어주고 있다면 웜홀을 통해서 지름길로 여행할 수 있다

그림 4-1 우주의 3차원 공간을 2차원 종이로 표현한다면 지구에서 여행지까지 가는 길은 우주 공간을 따라 가장 가까운 경로를 선택할 수 있다(빨간색 선). 그러나 만일 지구와 여행지 사이를 잇는 웜홀이 있다면 웜홀을 통과하는 지름길로 여행할 수 있는 방법이 생긴다(노란색 선). 웜홀은 시공간의 두 점을 잇는다. 사진: 게티이미지코리아

는 것입니다. 결국 빛의 속도보다 훨씬 빠르게, 마치 순간 이동하듯 두 지점 사이를 이동할 수 있다는 뜻이지요.

그럼에도 불구하고 웜홀을 통한 우주여행은 3대 법칙으로 제한됩니다. 첫 번째 법칙은 로또의 법칙입니다. 로또에 당첨되기 어렵듯이 웜홀을 통한 우주여행의 확률이 너무나 낮습니다. 웜홀이 우주의 두 공간을 이어준다고 해도 그 웜홀을 찾아내기가 너무나 어려운 것이지요. 웜홀을 찾았다고 해도 웜홀이 중력적으로 불안정하여 금방 없어져버릴 수도 있습니다. 우주선을 타고 웜홀로 들어가기 위해 가까이 가면 우주선의 중력에 웜홀이 영향을 받아서 사라져버릴 수도 있지요. 그러니까 웜홀로 우주여행을 하는 일은 로또에 당첨되는 일만큼 확률이 낮은 어려운 일이 되는 셈입니다.

실망스럽겠지만 그래도 로또에 당첨되는 사람들도 있으니까 여전히 웜홀을 이용한 우주여행이 가능하지 않을까 희망을 가져볼 수 있습니다. 그래서 두 번째 법칙이 등장합니다. 제2 법칙은 일방통행의 법칙입니다. 웜홀을 발견해서 웜홀이 소멸되기 전에 무사히 웜홀을 통과하여 우주여행을 하게 되었다고 상상해봅시다. 문제는 돌아올 방법이 없다는 점입니다. 웜홀이 그대로 남아서 돌아올 수 있도록 기다려주지 않습니다. 불안정한 웜홀에 무슨 일이 생길지 모릅니다. 즉, 웜홀을 통한 우주여행은 일방통행의 여행이 되기 쉽습니다. 돌아오는 일은 보장되지 않습니다.

돌아올 수 없는 여행이라고 해도 용기 있는 사람들은 그 여행을 떠나지 않을까요? 살아서 돌아올 수 없는 여행이라고 해도 화성에 이주해서 살겠다는 자원자들이 무척 많은 것처럼 말입니다. 일방통행이라고 해도 웜홀을 통한 우주여행에 기꺼이 뛰어들 사람들도 분명히 존재할 듯합니다. 그런 용기 있는 자원자들에게 알려주어야 하는 법칙이 세 번째 법칙입니다. 제3 법칙은 바로 '묻지 마 여행'의 법칙입니다. 웜홀을 적절하게 찾아서 돌아올 수 없는 우주여행을 성공적으로 시작할 수 있었다고 해도 문제는 어디로 여행을 가는지 알 수 없다는 점입니다. 웜홀이 우리를 어디로 안내해줄지 알 수가 없습니다. 목적지를 알지 못하고 떠나는 묻지 마 여행이 되는 것이지요.

웜홀 우주여행의 3대 법칙을 들으면 웜홀이 그리 매력적이지 않다는 생각을 다들 하는 것 같습니다. 웜홀보다 다른 방식의 우주여행법이 개발되기를 기다리는 것이 나을지도 모른다고 불평을 털어놓는 분들도 있더군요. 물론 과학이 발전해서 블랙홀과 웜홀의 비밀이 풀리면 3대 법칙이 깨지고 실제로 우주여행이 가능해질지도 모르는 일입니다. 지금 우리가 가진 현대 과학의 지식으로 보면 한계가 많지만 인간의 이성은 끝없는 도전을 감당할 테니까요.

우주여행은 상상만 해도 꿈만 같습니다. 신비로운 블랙홀이 우주여행에 이용된다면 기가 막히게 신나는 일이 될 것입니다. 이번 장에서는 많은 질문들을 다루었습니다. 다음 장에서는 우주에서 활동성 블랙홀들이 발견된 구체적인 이야기를 다뤄보면서 거대질량 블랙홀을 만나보기로 하겠습니다.

5

우주에서
미지의 대상을 만나다

정체 모를 괴물, 퀘이사를 발견하다
퀘이사의 정체를 밝혀라
은하 중심의 블랙홀, 활동성 은하핵
은하 중심에 괴물이 있다
퀘이사의 엔진, 블랙홀

이론상으로만 존재하던 블랙홀이 드디어 우주에서 발견됩니다. 알 수 없는 미지의 대상이 먼저 발견되고 그 정체를 파악해가는 흥미진진한 과정이 지난 20세기 후반에 펼쳐졌습니다. 우리가 사는 우주에는 실제로 다양한 형태의 블랙홀들이 존재하고 있었던 것입니다. 먼저 퀘이사를 발견한 사건부터 이야기를 시작해볼까요? '퀘이사'라고 불리게 된 활동성 블랙홀에 대한 탐구가 제대로 시작된 것은 1963년이었습니다. 우주에서 가장 밝은 천체로 꼽히는 퀘이사들이 우주의 무대로 등장한 사건입니다.

정체 모를 괴물, 퀘이사를 발견하다

1963년 미국 캘리포니아 남서부에 위치한 팔로마 천문대에서는 세기의 발견으로 이어질 연구가 이루어지고 있었습니다. 지난 수십 년 동안 천문학이 발전하는 경향을 보면 새로운 발견을 통해 우주의 비밀을 밝히는 관측 연구가 천문학을 주도하고 있다고 해도 과언이 아닙니다. 관측 연구들은 대형망원경들을 통해서 이루어지고 있습니다. 망원경의 거울 지름이 8~10미터나 되는 대형 관측시설은 대략 2000년을 전후해서 앞다투어 완성되었지요. 그러나 퀘이사가 발견되던 반세기 전에는 그런 관측시설이 없었습니다. 1960년대에는 미국의 팔로마 천문대가 보유한 구경 5미터의 헤일 Hale 망원경이 최고의 성능을 가진 관측시설로 꼽혔지요. 헤일 망원경은 4~5층 높이의 커다란 돔 안에 자리 잡고 있습니다. 돔 안으로 들어가면 엘리베이터를 타고 몇 층을 올라가야 관측실로 갈 수 있습니다. 너무 큰 돔이라서 살짝 길을 잃어버릴 수도 있지요. 팔로마 천문대의 헤일 망원경은 캘리포니아 공대가 1948년에 건설했고 20세기 말이 될 때까지 거의 반세기 동안 세계 최대 망원경으로서 위상을 자랑했습니다. 20세기의 발견이 될 블랙홀 연구는 바로 캘리포니아 공대에서 근무하던 젊은 천문학자인 마르텐 슈미트의 연구실에서 진행되고 있었습니다. 슈미트는 헤일 망원경으로 얻은 자료를 들여다보면서 괴상한 천체의 정체를 밝히기 위해 고심을 거듭하고 있었지요.

헤일 망원경을 이용하여 찍은 사진을 보면 '퀘이사'라고 불리던 이 정체 모를 대상은 마치 별처럼 보였습니다. 수많은 별이 모여 있는 은하들은 나선이나 타원처럼 일정 정도의 면적을 갖는 모습으로 나타납니다. 반면에 별의 경우는 멀리 떨어진 거리에 비해서 별의 크기가 너무나 작기 때문에 면적이라 할 만한 것이 보이지 않습니다. 하나의 점처럼 보일 뿐이지요. 사진에 찍힌 새로 발견된 퀘이사는 별처럼 매우 작은 점의 형태를 띠고 있었던 겁니다. 하지만 퀘이사는 천문학자들이 잘 알고 있는 보통의 별은 분명히 아니었습니다. 그렇다고 해서 이미 그 당시에 잘 알려진 별들의 집합인 은하나 인터스텔라 공간의 가스 덩어리인 성운도 아니었지요. 그러니까 별도 아니고 은하도 아닌 미지의 대상이 새롭게 발견된 것이랄까요. 도대체 별처럼 보이지만 별은 아닌, 이 퀘이사의 정체는 무엇이었을까요?

마르텐 슈미트가 정체를 밝히려던 퀘이사는 전파천문학이 꽃을 피우면서 발견된 새로운 종류의 천체였습니다. 라디오 방송국이나 공군에서 사용하는 커다란 접시형 전파안테나를 우주로 돌리면 우주에서 온갖 소리가 들려옵니다. 물론 외계인들이 라디오 방송을 내는 것은 아니겠지요. 우주의 다양한 천체들은 가시광선뿐만 아니라 전파를 내보내기도 하는데, 전파안테나는 그것을 잡아냅니다. 청각장애인들이 치료를 받아 처음으로 소리를 듣게 되면 커다란 흥분으로 새로운 세계를 경험하게 될 겁니다. 마찬가지로 천문학에 전파망원경이 사용되면서 그동안 보지 못했던 새로운 우주의 얼굴이 드러나기 시작했습니다. 전파천문학이라는 분야는 1940년대부터 새롭게 꽃피기 시작했어요. 제2차 세계대전이 끝나 적기를 추적하기 위해 발달한 전파기술이 과학에 응용되면서 전파천문학의 시대가 열린 셈입니다. 한 번도 열어보지 못했던 전파의 창을 열어 우주를 들여다본 결과는 놀라웠습니다. 그동안 가시광선으로는 전혀 보이지 않던 강한 전파를 내는 새로운 천체들이 속속 발견되었기 때문입니다. 저 먼 우주에서 강렬한 전파를 방출해내는 이 전파원radio source들의 정체를 밝히는 일은 곧 천문학의 주요 과제로 떠오르게 됩니다. 그중 하나가 바로 '퀘이사'라고 명명된 우주의 괴물이었습니다. 슈미트가 고민하던 정체 모를 천체가 바로 전파망원경을 통해 확인된 퀘이사였던 것이지요.

전파원의 정체를 밝히려면 무엇보다 어디에서 그 전파가 나오는지를 정확히 파악해야 합니다. 전파가 나오는 곳이 가스성운인지 아니면 은하인지, 혹은 어떤 특별한 종류의 별인지를 먼저 밝혀야 구체적인 연구를 시작할 수 있을 테니까요. 다시 말하면 강한 전파를 내는 퀘이사들의 위치부터 밝혀야 합니다. 가령, 가시광선으로 찍은 천체들의 사진과 비교하면서 전파가 어느 별이나 은하에서 나오는지 그 위치를 정확히 파악할 수 있다면 전파원이 어떤 대상과 연관되어 있는지 밝혀낼 수 있습니다. 하지만 쉬운 일이 아니었습니다. 물론 슈미트가 연구하던 1960년대 초까지 진행된 다양한 전파천문학 연구에 의해 많은 전파원들이 이미 발견되었습니다. 그중에는 가까운 거리에 있는 타원은하에서 제트의 형태로 전파가 방출되는 현상도 있었습니다. 하지만 매우 가까운 거리에 있는 천체들을 제외하면 먼 우주의 전파원들의 위치를 파악하는 일은 쉽지 않았습니다. 당시의 기술로는 가시광선 영상에 보이는 많은 별과 은하 중에 과연 어디서 전파가 방출되는지 알아내기가 쉽지 않았다는 말입니다.

전파망원경으로 퀘이사를 발견했다면 이미 그 위치를 파악한 게 아닌가요?

전파망원경으로 퀘이사를 발견했다면서도 그 퀘이사가 어디에 있는지 알 수 없다는 말이 이상하게 들리지요. 그 이유를 한마디로 말하자면 그 시절 전파망원경의 성능이 별로 좋지 않았기 때문입니다.

가시광선을 이용하여 사진을 찍으면 별이나 은하들의 위치가 잘 드러납니다. 하지만 전파망원경은 분해능이 너무나 좋지 않았기 때문에 전파가 오는 대략적인 방향밖에 알 수 없었답니다. 30명이 단체사진을 찍는다고 가정해볼까요? 만일 사진의 해상도를 매우 낮게 떨어뜨리면 큰 덩어리만 보이고 사람 하나하나를 알아볼 수 없겠지요? 몇 명이 사진을 찍은 것인지 파악할 수도 없을 겁니다. 마찬가지로 그 당시의 전파망원경으로는 해상도가 좋은 세밀한 영상을 얻을 수가 없었습니다.

천문학에서는 '분해능'이라는 말을 씁니다. 해상도와 비슷한 개념이죠. 간단히 말하면 분해능은 얼마나 작은 물체까지 구별해낼 수 있는지를 알려주는 척도입니다. 예를 들어, 인공위성들에 달려 있는 망원경은 분해능이 꽤나 차이가 납니다. 그래서 가까이 있는 두 물체를 구별해낼 수 있는 식별 능력이 현격하게 다르지요. 군사위성처럼 성능이 좋은 경우 지표면의 사람도 식별해낼 수 있는 반면, 분해능이 낮은 위성이 전송한 사진으로는 겨우 건물 정도를 식별할 수 있습니다.

전파망원경과 광학망원경을 포함한 모든 망원경은 그 크기에 따라 분해능이 달라집니다. 1960년대의 전파망원경들은 구경도 작고 성능도 낮았기 때문에 어느 방향에서 전파가 오는지 대략적으로만 알 수 있었습니다. 예를 들어, 백조자리에서 발견된 전파원의 경우, 백조자리 방향에 있는 수많은 별들 중에서 과연 정확히 어느 별에서 전파가 나오는지 확인할 길이 없었던 겁니다. 전파로 촬영한 영상을 보면 여러 개의 별들이 포함된 넓은 영역이 하나의 커다란 덩어리로 보였던 것이지요.

이 문제를 해결하겠다고 도전장을 던진 천문학자가 바로 호주의 시드니 대학에 근무하던 시릴 해저드 박사였습니다. 그는 전파가 오는 방향에 위치한 많은 별들과 은하들 중에서 실제로 전파를 내는 대상이 어느 것인지를 구별해낼 수 있는 기발한 아이디어를 제안했습니다. 해저드의 아이디어는 전파가 오는 방향으로 달이 지나가는 월식을 이용하자는 제안이었습니다. 달이 전파원 앞을 지나가는 과정을 죽 지켜본다면 어느 순간 달이 전파원을 가리게 될 것입니다. 그러면 전파 신호가 끊기겠지요. 그리고 조금 시간이 지나서 달이 움직여 전파원을 더 이상 가리지 않게 되면 그때 다시 전파 신호가 잡히기 시작할 것입니다. 해저드는 바로 전파원이 달에 가려졌다가 다시 나타나는 순간을 이용하면 이 전파원의 위치를 정확히 알아낼 수 있을 거라고 예측했습니다. 듣고 나면 간단한 아이디어지만 처음 그 아이디어를 떠올리는 것은 쉽지 않은 일입니다.

월식을 이용할 적절한 대상을 찾기 위해 그는 케임브리지 대학에서 제작한 전파원들의 카탈로그를 뒤졌습니다. 케임브리지 대학 카탈로그 제3판the 3rd Cambridge Catalogue의 273번째 천체, 그러니까 처녀자리 방향에 있는 3C 273이라는 이름이 붙여진 전파원이 바로 달이 지나가는 길 근처에 위치하고 있었습니다.

해저드는 호주에서 국립천문대 주요 시설로 1961년에 막 건설을 마친 파크스 천문대Parkes Observatory의 전파망원경을 사용하려고 마음먹었습니다. 그러곤 월식을 이용하여 3C 273의 정확한 위치를 파악해낼 구체적인 관측 계획을 마련했습니다. 3C 273이 있는 처녀자리 방향으로 달이 지나갈 날짜를 계산한 뒤, 파크스 천문대의 전파망원경을 사용할 수 있도록 관측시간을 확보했지요. 그날이 바로 1962년 4월 15일이었습니다. 해저드는 이미 월식을 이용해서 다른 전파원의 위치를 찾은 경험이 있었습니다. 케임브리지 대학 카탈로그 3판의 48번 전파원, 그러니까 3C 48을 대상으로 월식을 이용하여 이미 정확한 위치 파악에 성공했었지요. 같은 기술을 이용해서 이번에는 3C 273의 위치를 파악하려는 계획을 세운 겁니다.

우주의 대상들을 관측하고 연구하는 데 여러 가지 걸림돌이 있습니다. 하지만 기발한 아이디어를 가지고 한계를 극복한 사례를 종종 볼 수 있습니다. 우리 인류가 지구에 살고 있기 때문에 생기는 여러 가지 제약도 있지만 월식을 이용해서 우주의 수수께끼를 풀어내는 장점도 갖고 있는 셈입니다. 더 재미있는 사실은 뛰어난 아이디어를 낸 해저드는 막상 예정된 날에 파크스 전파망원경으로 3C 273을 관측할 수 없었다는 점입니다. 실수로 기차를 잘못 탔기 때문에 파크스 천문대에 제시간에 도착할 수 없었던 모양이에요. 결국 달이 전파원을 가리는 그 중요한 순간을 놓치고 말았답니다.

그렇다고 해서 월식을 이용하여 3C 273의 위치를 파악하려던 해저드의 계획이 수포로 돌아가지는 않았습니다. 관측 시간이 임박했는데도 해저드가 나타나지 않자 그를 대신해서 파크스 천문대의 연구원들이 관측을 시작했습니다. 달이 지평선에 너무 가까이 있어서 3C 273을 관측하기가 쉽지가 않았습니다. 하늘 높이 떠 있는 대상들은 관측하기 쉽지만, 지평선 가까이에 보이는 고도가 낮은 천체들은 관측이 까다롭습니다. 파크스 천문대 전파망원경 앞에 심어둔 나무들도 베어내고 망원경이 지평선 방향으로 더 많이 기울어질 수 있도록 망원경 지지대의 커다란 나사들까지 풀어내는

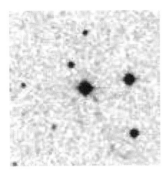

그림 5-1 해저드의 관측으로 위치가 확인된 퀘이사 3C 273(왼쪽). 사진 중앙에 있는 퀘이사 3C 273은 주변에 있는 다른 별들처럼 평범한 밝은 별로 보인다. 그러나 전파를 뿜어내는 이 퀘이사는 보통 별과는 다른 미지의 대상이었다. 이 퀘이사는 1963년에 마르텐 슈미트에 의해서 우리은하 내에 있는 별들과 같은 천체가 아니며 매우 먼 우주에서 빛나고 있다는 사실이 처음 밝혀졌다. '퀘이사'라고 불리게 된 3C 273을 확대해서 각각 광학망원경인 허블 우주망원경(중앙)과 엑스선 망원경인 찬드라 망원경으로 찍은 최근의 사진(오른쪽)을 보면 오른쪽 아래로 뻗어 나오는 제트를 확인할 수 있다. 왼쪽 위의 동그랗게 보이는 천체가 바로 퀘이사이며 오른쪽 아래로 분출되는 거대한 제트는 엑스선뿐만 아니라 가시광선으로도 보인다. Credit: Marshall et al., NASA, STScI & MIT.

수고를 거쳤다는 일화가 전해집니다. 관측은 성공적이었습니다. 달이 3C 273을 가리는 월식의 순간을 정확히 포착해냈습니다. 그리고 그해 8월과 10월에도 같은 시도가 이루어졌지요.

결국 해저드는 월식 현상을 이용해서 전파가 나오는 위치를 정확히 측정하는 데 성공했습니다. 자, 그 결과는 어땠을까요? 과연 어디에서 그렇게 강렬한 전파가 나오고 있었던 걸까요? 가시광선으로 촬영한 사진을 보면 해저드가 측정한 바로 그 위치에는 별처럼 밝게 빛나는 천체가 하나 있었습니다. 하지만 이 천체는 당대의 천문학자들이 알고 있던 보통의 별은 분명히 아니었습니다. 단지 별처럼 보일 뿐이었습니다.

별처럼 보이지만 별은 아니라고 천문학자들이 결론을 낸 이유는 무엇이지요?

간단히 말하면 별들은 거의 전파를 내지 않기 때문입니다. 전파망원경으로는 별들이 관측되지 않습니다. 전파를 방출하지 않으니까요. 그러나 3C 273은 강렬하게 전파를 방출하니까 우리가 아는 별일 리가 없습니다. 뭔가 다른 존재였던 것이지요. 그럼, 별이 전파를 내지 않고 우리 눈에 보이는 가시광선을 주로 방출하는 이유를 먼저 살펴볼까요? 별은 내부에서 핵융합 반응이 일어나고 거기서 나오는 열에너지를 통해서 빛을 방출합니다. 어떤 파장대의 빛이 나올지는 바로 별의 대기의 온도에 의해서 결정됩니다. 파장은 빛의 색깔을 결정해주는 물리량입니다. 파장이 길면 붉은색이 되고 파장이 짧으면 파란색이 됩니다. 태양의 경우는 대기의 온도가 5,800도 정도입니다. 이런 온도에서 방출되는 빛은 노란색에 해당하는 파장의 빛이 가장 강합니다. 태양이 노란색으로 보이는 이유도 바로 태양의 온도 때문입니다. 물론 노란색뿐만 아니라 다양한 파장의 빛이 나오기 때문에 프리즘을 통과시켜 보면 일곱 빛깔 무지개를 볼 수 있습니다. 하지만 그중에서 노란색에 해당하는 파장의 빛을 가장 세게 방출하기 때문에 태양은 노란색으로 보입니다.

대략적으로 말하면 별의 대기 온도는 수천 도에서 수만 도까지 분포합니다. 이 범위에 해당하는 온도를 가진 별들은 가시광선을 가장 많이 방출합니다. 물론 온도가 더 높은가 더 낮은가에 따라 가장 많이 방출하는 파장이 달라집니다. 그래서 별들의 사진을 보면 색깔이 조금씩 다르다는 걸 확인할 수 있지요. 파란 빛을 내는 별들이 붉은색을 내는 별들보다 더 온도가 높습니다. 물론 그래봐야 대부분의 별은 흔히 일곱 가지 색깔로 표현되는 가시광선을 냅니다. 그러니까 별들은 주로 가시광선을 내고 전파를 거의 내지 않습니다. 대기의 온도가 높기 때문에 전파는 거의 나오지 않습니다.

 가시광선과 전파를 거의 같은 개념으로 설명하고 있다는 걸 눈치챈 분들이 있을 겁니다. 그렇습니다. 전파도 빛입니다. 가시광선만 빛이 아니라 우리 눈에 보이지 않는 엑스선이나 자외선, 그리고 적외선, 전파가 모두 빛입니다. 다만 전파는 가시광선에 비해서 파장이 매우 길고, 가시광선을 포착하는 광학망원경으로는 검출되지 않고 안테나와 같은 전파망원경으로 검출됩니다.

 별이 전파를 내지 않는다면 해저드가 찾은, 별처럼 보이지만 별이 아닌 이 천체의 정체는 과연 무엇일까요? 별처럼 보이는 작은 공간에서 이렇게 엄청난 양의 전파가 나오는 건 이상한 일이었습니다. 그동안 많이 알려진 전파원들은 대부분 성운들이었습니다. 인터스텔라 공간에는 퍼진 구름처럼 보여서 '성운星雲'이라고 불리는 가스 덩어리들이 존재합니다. 초신성이 폭발한 후 남겨진 잔해도 성운처럼 보이는데 이런 성운들이 특히 전파를 많이 방출합니다. 하지만 이미 알려진 성운들과는 다르게 새롭게 발견된 퀘이사는 넓게 퍼진 형태는 아니었고 분명히 별처럼 점과 같은 모양을 갖고 있었지요.

혹시 3C 273을 관측하는 과정에 무슨 실수가 있었던 건 아닐까요? 해저드가 밝힌 3C 273의 위치가 잘못된 것은 아니었을까요? 기존의 과학지식에 어긋나는 새로운 현상이 발견되면 일단 그 발견 자체에 실수나 문제가 없는지 의심하는 것이 과학자들이 취하는 첫 번째 반응입니다. 제가 지도하는 박사과정 학생들도 새로운 것을 발견했다며 상기된 얼굴로 결과를 들고 올 때가 있습니다. 자세히 들여다보면 자료 처리 과정에서 생긴 실수로 뭔가 인공적으로 만들어진 경우가 대부분이지요. 해저드를 비롯해서 이 괴상한 별들을 연구하던 천문학자들도 처음에는 분명히 관측 결과 자체를 의심했을 겁니다. 그러나 얼마 지나지 않아 그 의심은 사라졌습니다. 왜냐하면 3C 273처럼 강한 전파를 내지만 동시에 별처럼 보이는 이상한 전파원들이 연이어서 발견되기 시작했기 때문입니다. 이런 불가사의한 전파원들이 실제로 존재한다는 건 분명한 사실이었습니다. 그것도 한 개가 아니라 점점 많은 숫자의 우주 괴물들이 발견되고 있었던 것이지요.

새로 발견된 미지의 대상들은 별과 비슷하지만 실제로 별은 아니며 그 대신 전파를 방출한다는 뜻으로 'quasi-stellar-radio source'라고 명명되었습니다. 네 개의 단어로 된 긴 이름이 불편했던 걸까요? 1964년에 한 천체물리학자가 〈피직스 투데이〉라는 잡지에 기고한 글에 4개 단어의 머리글자를 따서 '퀘이사quasar'라는 약자를 사용했습니다. 그 후로 이 미지의 대상을 지칭하는 이름으로 '퀘이사'라는 단어가 널리 쓰이기 시작했지요. 의미를 따져보면 퀘이사는 별과 비스름하다는 뜻입니다. 그래서 우리말로는 '준성準

星' 혹은 '유사별'이라고 번역되기도 합니다. 어쨌거나 해저드의 공로는 별처럼 보이는 대상에서 전파가 나온다는 걸 밝힌 일이었지요. 그래서 '퀘이사'라는 이름도 만들어졌으니까요. 하지만 퀘이사의 정체를 밝히는 일은 호주가 아니라 미국에 있던 마르텐 슈미트에게 넘어갑니다.

퀘이사의 정체를 밝혀라

호주의 해저드의 연구 결과를 전해 들은 미국 캘리포니아 공대의 슈미트는 퀘이사 3C 273의 정체를 밝히기 위해 팔로마 천문대의 헤일 망원경을 이용해서 스펙트럼을 관측하기로 작정했습니다. 해저드가 3C 273의 위치를 정확히 찾아내기 전까지는 광학망원경으로 연구할 수가 없었습니다. 어디를 봐야 할지를 몰랐으니까요. 그러다가 해저드의 연구 결과가 나오자, 드디어 슈미트가 헤일 망원경으로 이 미지의 대상을 연구할 수 있게 된 것이지요. 슈미트는 별처럼 보이는 3C 273 퀘이사가 있는 방향으로 헤일 망원경을 돌려서 장시간 노출을 주고 스펙트럼을 찍기 시작했습니다. 당대 최대의 망원경인 헤일 망원경을 사용하여 퀘이사의 스펙트럼을 찍어 보면 이 괴물의 정체를 밝힐 힌트를 얻을 수 있을 테니까요.

스펙트럼을 찍는다는 말은 쉽게 말하면 퀘이사의 무지개를 본다는 것입니다. 천문학자들은 별이나 성운, 은하, 혹은 블랙홀의 무지개를 보는 일을 즐겨 합니다. 천문학자들은 무지개를 좇는 사람들이지요. 스펙트럼은 매우 중요한 정보를 전해줍니다. 우주의 대상들이 내는 무지개는 그들의 신분증과 비슷해요. 그들의 정체를 파악해낼 수 있는 중요한 특징들이 바로 무지개에 담겨 있거든요. 천문학자들이 망원경과 같은 관측시설을 이용하여 정보를 얻는 방법은 크게 두 가지가 있습니다. 하나는 사진을 찍어서 이미지, 즉 사진을 얻는 방법이지요. 사진자료를 가지고 별의 밝기를 측정하기도 하고 별의 색깔을 구별해서 별의 대기의 온도를 재기도 합니다. 이런 방법을 보통 '측광photometry'이라고 합니다. 또한 천체사진을 통해 은하의 형태 등을 연구하기도 합니다. 여러분이 과학강연에서 흔히 보는 천체사진들은 바로 측광 방법을 이용한 연구 자료가 됩니다.

두 번째 방법은 태양 빛을 프리즘으로 분해해서 여러 가지 색깔로 나누듯 스펙트럼을 얻는 방법입니다. 빛을 나눈다고 해서 '분광spectroscopy'이라고 부릅니다. 단순히 밝기와 형태를 알려주는 사진과는 달리, 빛을 파장에 따라 무지개 색깔처럼 분해해서 얻는 스펙트럼은 매우 다양한 정보를 담고 있습니다. 예를 들어, 빛을 내는 대상이 어떤 물질들로 구성되어 있는지 혹은 얼마나 빠르게 운동하는지 등등 다양한 정보를 얻을 수 있기 때문에 매우 유용합니다. 여러분도 초등학생 시절에 프리즘 실험으로 무지개를 만들어본 일이 있을 거예요. 그것이 바로 빛을 나누는 분광 실험의 일종입니다. 노란색으로 보이는 태양 빛을 분해하면 일곱 가지 빛깔이 나타납니다. 스펙트럼은 바로 이런 무지개같이 분해된 빛을 말합니다.

태양 빛이 아니라 별빛을 프리즘에 통과시키면 어떻게 보일까요? 당연히 별 무지개를 만들 수 있습니다. 물론 현실적으로는 태양에 비해서 별빛이 매우 약하기 때문에 망원경 없이는 불가능합니다. 망원경을 통해서 많은 빛을 모은 다음에 프리즘에 통과시키면 별빛이 무지개처럼 빛깔에 따라 분해됩니다. 이렇게 스펙트럼을 얻어서 분석해보면 보다 폭넓은 연구를 할 수 있어요. 천문학에서 사용하는 분광기(spectrograph, 빛을 파장에 따라 나누어주는 관측기기)는 별빛을 파장에 따라 자세하게 나눕니다. 가령, 색깔에 비유한다면 대략 3,000개의 다른 색으로 나눈다고 할 수 있어요. 천문학자들이 연구하는 무지개는 '일곱 빛깔 무지개'가 아니라 '삼천 빛깔 무지개'라고 불러야겠습니다. 물론 더 세밀하게 나눌 수도 있고 보다 적게 나누어서 볼 수도 있지요. 이렇게 빛을 나누면 각각의 색깔에 해당하는 다양한 정보를 얻을 수 있습니다. 일테면 우주의 4분의 3가량을 채우고 있는 수소는 수천 가지 색깔 중에 특별한 몇 가지 색깔을 매우 강하게 냅니다.

3,000개의 색깔 중에 어떤 색들이 강하게 나오는지를 보면 어떤 원소가 들어 있는지 확인할 수도 있습니다. 예를 들어 수소는 주황색을 내니, 어느 별의 스펙트럼을 찍어서 주황색이 강하게 나오는 걸 확인하면 거기엔 수소가 포함되어 있다는 뜻이 되는 거지요.

수소와 같은 원소들은 스펙트럼 사진을 보면 실제로 선처럼 보입니다. 그래서 '방출선'이라는 이름이 붙었어요. 간단히 생각하면 스펙트럼의 한 부분이 선처럼 매우 밝게 보인다는 뜻입니다. 주변의 다른 파장에 비해 수소에 해당하는 파장에서 빛이 강하게 나오니까 밝게 보이는 겁니다. 수소뿐만 아니라 여러 가지 원소들이 각각 스펙트럼의 특정한 위치에 이런 방출선을 만듭니다. 그러니까 3,000개의 색깔(파장) 중에 어떤 특정한 색깔(파장)을 강하게 낸다고 생각하면 됩니다.

그렇다면 왜 수소는 하필 그 색깔을 강하게 만드는 걸까요? 수소가 선호하는 색깔이 있는 걸까요?

수소가 딱 정해진 파장에서만 빛을 내는 것은 원자구조에 따라 정해진 파장에 해당하는 빛을 내기 때문입니다. 다시 말해서 수소가 어떤 색깔을 낼지는 이미 원자구조에서 정해져 있지요. 과학자들은 실험을 통해 수소나 헬륨, 혹은 산소나 질소 등 어느 원소가 어느 색에서 빛을 낼지, 다시 말해서 방출선이 어느 파장에 놓일지를 정확히 알고 있습니다. 그래서 거꾸로 방출선들의 위치를 보면서 어떤 원소가 들어 있는지를 파악할 수 있어요. 뭐랄까, 스펙트럼에 담긴 방출선들은 원소의 지문과도 같은 셈이죠. 수소나 산소, 나트륨 등 다양한 원소는 각각 고유한 색깔들을 만들어낸다고 생각하면 이해하기 쉬울 거예요. 은하의 스펙트럼을 보면 여러 가지 지문이 섞여 있는 셈입니다. 그 지문들을 하나하나 파악하면 은하에 들어 있는 원소들의 종류를 알아낼 수 있지요. 그래서 스펙트럼은 은하나 별이 어떤 원소로 구성되어 있는지 확인할 수 있는 중요한 도구가 됩니다.

퀘이사의 경우도 마찬가지입니다. 스펙트럼을 보면 퀘이사를 구성하는 원소들의 방출선을 확인할 수 있습니다. 슈미트가 찾아낸 가장 중요한 원소는 수소였습니다. 그는 3C 273의 스펙트럼을 얻어서 원소의 지문들을 연구할 생각이었지요. 하지만 빛을 분해하려면 많은 양의 빛을 모아야 하기 때문에 스펙트럼을 얻는 분광 관측은 측광 관측보다 훨씬 어렵습니다. 물론 슈미트는 당대 최대의 망원경이었던 헤일 망원경을 사용할 수 있었으니까 큰 문제가 아니었을 겁니다.

퀘이사 3C 273을 관측해서 스펙트럼을 얻는 일은 어렵지 않았습니다. 그러나 퀘이사의 정체를 밝히는 일은 그리 간단하지 않았습니다. 왜냐하면 슈미트가 얻은 3C 273의 스펙트럼은 그동안 볼 수 없었던 매우 독특한 스펙트럼이었기 때문입니다.

슈미트의 책상 위에는 자료 처리가 끝난 퀘이사의 스펙트럼이 놓여 있었습니다. 그러나 그 스펙트럼은 별이나 은하의 스펙트럼과는 달리 매우 이상한 모양을 하고 있었습니다. 몇 주 동안 스펙트럼을 분석하던 슈미트는 결국, 이 퀘이사가 16억 광년(현재 계산에 의하면 20억 광년)이나 멀리 떨어진 천체라는 것을 알게 되었습니다. 스펙트럼이 이상하게 보였던 이유는 바로 방출선들의 위치가 모두 16퍼센트가량 붉은색 쪽으로 옮겨져 있었기 때문이었습니다. 방출선들이 16퍼센트가량 적색으로 이동된 이유는 퀘이사가 매우 먼 거리에 있기 때문입니다. 우주가 팽창하기 때문에 허블의 법칙에 따라 멀리 있는 천체들은 적색이동redshift이 더 크지요. 스펙트럼으로 확인한 수소의 방출선들이 16퍼센트가량 파장이 긴 붉은색 방향으로 이동하여 위치하고 있다는 걸 확인한 슈미트의 고민은 더욱 깊어졌습니다.

3C 273과의 거리가 16억 광년이었다면 이 거리는 도대체 어떻게 측정한 건가요?

스펙트럼으로 바로 거리를 재는 것은 아닙니다. 스펙트럼으로 잴 수 있는 것은 퀘이사나 은하가 관측자로부터 멀어지거나 가까워지는 속도입니다. 슈미트가 측정한 적색이동이 바로 속도를 알려주는 척도였죠. 이것이 바로 도플러 효과입니다. 움직이는 물체의 속도를 측정하는 데 사용합니다. 예를 들어, 소방차가 가까워지면 사이렌 소리가 고음으로 올라가다가, 멀어지기 시작하면 저음으로 떨어지기 시작합니다. 다가오는 물체에서 나오는 음파는 파장이 짧아지기 때문에 고음으로 올라가고, 반대로 멀어지는 물체에서 나오는 음파는 파장이 길어지기 때문에 저음으로 들리게 되지요.

빛도 음파처럼 동일한 도플러 효과를 일으킵니다. 별이나 은하가 우리 쪽으로 다가오거나 멀어지면 도플러 효과 때문에 색깔이 달라집니다. 태양은 노란색으로 보입니다. 그런데 태양이 지구 쪽으로 엄청나게 빠른 속도로 다가온다고 가정해봅시다. 예를 들어, 빛의 속도의 30퍼센트에 해당하는 속도로 가까이 다가온다면 태양은 노란색이 아니라 푸른색으로 보이게 됩니다. 반대로 그렇게 빠른 속도로 지구로부터 멀어진다면 태양은 붉은색으로 보일 것입니다. 도플러 효과 때문에 빛의 파장이 짧아지거나 길어져서 푸른색이나 붉은색으로 보이게 되는 것이지요.

슈미트가 연구한 퀘이사의 경우, 방출선들이 16퍼센트 적색이동되었다는 것은 퀘이사들이 매우 빠른 속도로 멀어지고 있다는 뜻입니다. 슈미트가 얻은 3C 273의 스펙트럼을 보면 수소가 만드는 방출선이 원래 있어야 할 위치보다 붉은 쪽으로(즉, 긴 파장 쪽으로) 16퍼센트나 치우친 곳에 위치하고 있었어요. 쉽게 말해서 주황색에 나타나야 할 방출선이 빨간색에 나타난 것이지요. 그렇다면 이 퀘이사는 그만큼 빠른 속도로 지구로부터 멀어지고 있다는 뜻이 됩니다. 적색이동한 양이 바로 후퇴 속도를 알려주는 것이지요. 이 퀘이사는 빛의 속도의 16퍼센트에 해당하는 엄청난 속도로 멀어지고 있다는 결론이 나옵니다.

그렇다면 후퇴 속도가 빠르다는 것과 거리가 멀다는 것이 어떻게 연결되는 건가요?

물론 일반적인 경우에는 후퇴 속도와 거리가 상관이 없습니다. 고속도로에서 멀어지는 자동차들의 속도를 재면 거리에 상관없이 대략 제한속도에 가까운 속도로 측정될 겁니다. 하지만 우주의 거시 구조에서는 얘기가 달라집니다. 우주가 팽창하고 있어서 멀리 있는 은하나 퀘이사일수록 더 빨리 멀어지고 있기 때문이지요.

멀리 있는 은하가 더 빨리 멀어진다고 하는 법칙은 1920년대 말에 에드윈 허블과 조르주 르메트르를 통해 알려졌어요. 뭐랄까, 거리에 따라 후퇴 속도가 커진다고 표현할 수도 있습니다. 이 법칙을

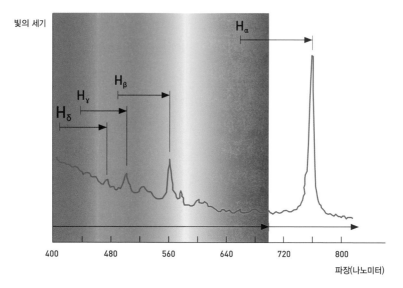

빛의 세기

H_α

H_β

H_γ

H_δ

400   480   560   640   720   800

파장(나노미터)

그림 5-2 퀘이사 3C 273의 스펙트럼. 스펙트럼은 무지개처럼 빛을 분해해서 각 색깔(전문용어로는 파장이라고 한다)별로 세기를 측정하는 방법이다. 그림의 y축은 빛의 세기에 해당하고 x축은 왼쪽부터 파란색, 노란색, 빨간색에 해당한다. H_α, H_β, H_γ, H_δ로 표시되어 있는 기둥처럼 솟아오른 선들이 수소가스가 내는 방출선이다. 과학자들은 수소의 방출선이 정확하게 어느 색깔(파장)에 위치하는지를 실험 결과를 통해서 잘 알고 있었다. 그러나 3C 273의 스펙트럼에는 이 방출선들이 원래보다 16퍼센트(화살표의 길이만큼) 붉은 쪽으로 이동해 있었다. 이렇게 붉은 쪽으로 스펙트럼이 이동하는 것을 '적색이동'이라고 한다.

'허블-르메트르의 법칙'이라고 부르는데 우주팽창으로 잘 설명됩니다. 은하들이 멀어지는 이유는 우주가 팽창하기 때문입니다. 우주 공간이 팽창하면 가까이 있는 은하보다 멀리 있는 은하가 그만큼 더 빠르게 멀어지는 것으로 관측됩니다.

우주팽창을 잠깐 설명하고 넘어가야겠군요. 자, 우주의 3차원 공간을 풍선의 2차원 표면으로 비유해볼까요. 풍선을 불면 풍선의 표면이 넓어지는 것처럼 우주는 팽창하고 있습니다. 표면에 점을 여

158

러 개 찍어놓고 풍선을 점점 크게 불면서 점들이 어떻게 멀어지는지를 관찰해보면 어떨까요? 한 점을 기준으로 보면 그 점에서 더 멀리 떨어진 점이 가까운 점에 비해 더 빠르게 멀어지지요. 허블-르메트르의 법칙에 대해서는 여러분이 직접 풍선을 불어보면 쉽게 이해할 수 있을 겁니다.

우주가 팽창하기 때문에 멀리 있는 은하는 더 빠르게 멀어진다는 허블-르메트르의 법칙에 따르면, 반대로 은하들의 후퇴 속도를 측정해서 거리를 알 수 있습니다. 슈미트가 퀘이사를 연구하던 1960년대에는 허블-르메트르의 법칙이 잘 알려져 있었습니다. 그러니까 슈미트가 측정한 16퍼센트의 적색이동을 통해 퀘이사가 빛의 속도의 16퍼센트만큼 매우 빠르게 멀어진다는 걸 알 수 있었고, 허블-르메트르의 법칙에 따라 이 퀘이사가 매우 먼 거리에 있음을 알 수 있었다는 말입니다.

하지만 슈미트는 3C 273이 매우 먼 거리에 있다고 바로 결론을 내리지는 않았습니다. 16퍼센트나 치우친 적색이동은 우주팽창 때문에 나타나기도 하지만 다른 이유 때문에 생길 수도 있기 때문이지요. 이를테면 이 퀘이사가 아주 먼 거리에 있는 것이 아니고 실제로는 가까이에 있는 별이라고 가정해볼 수도 있습니다. 먼 거리에 있어서 우주팽창 때문에 적색이동이 16퍼센트로 관측된 것이 아니라, 가까이에 있는 어떤 별이 자신의 중력 때문에 수소 방출선의 위치가 바뀌는 적색이동이 생길 수도 있지 않을까 하는 시나리오를 고민해본 것이었지요.

1963년에 〈네이처〉에 발표한 논문에서 슈미트는 팔로마 천문대

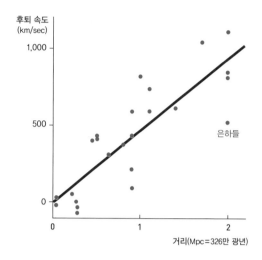

은하들의 거리와 후퇴 속도 비교

후퇴 속도
(km/sec)

은하들

거리(Mpc=326만 광년)

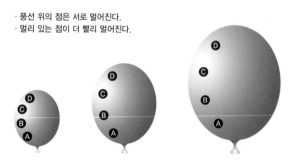

· 풍선 위의 점은 서로 멀어진다.
· 멀리 있는 점이 더 빨리 멀어진다.

그림 5-3 허블과 르메트르는 멀리 있는 은하가 더 빠른 속도로 멀어진다는 사실을 발견했다. '허블–르메트르의 법칙'이라고 불리게 된 이 관측적 사실은 마치 풍선을 불면 풍선 표면에 찍어놓은 점들이 서로 멀어지듯이 우주가 팽창한다는 것을 알려준다. 우주 공간이 일률적으로 팽창하면 가까운 은하에 비해 멀리 있는 은하가 주어진 시간 동안 멀어진 거리가 더 크다. 즉, 후퇴 속도는 거리에 비례해서 커진다.

의 헤일 망원경으로 얻은 3C 273의 스펙트럼에 수소와 산소, 그리고 마그네슘 원소 등이 내는 방출선 6개가 모두 16퍼센트가량 파장이 긴 적색 방향으로 이동되어 관측된다고 보고했습니다. 더불어 슈미트는 적색이동 된 여러 개의 수소 방출선들을 보면 방출선의 세기의 비율이 실험실에서 측정한 비와 일치하기 때문에 적색이동의 결과가 맞다는 결론을 내립니다. 다시 말하면 방출선을 내는 원소를 잘못 파악했을 리는 없다는 뜻입니다. 그러나 퀘이사의 정체에 대해서 슈미트는 두 가지 가능한 시나리오를 생각해냈습니다.

하나는 3C 273이 우리은하 내에 존재하는 상대적으로 가까운 거리의 별이라는 시나리오입니다. 만일 이 별이 매우 높은 밀도를 가진 별이라면 막대한 중력이 나오기 때문에 16퍼센트의 적색이동이 일어난다고 추정할 수 있습니다. 이 시나리오가 맞다면 이 별의 반지름은 약 10킬로미터 정도로 예측됩니다. 하지만 이 시나리오는 문제가 있었습니다. 만일 16퍼센트나 되는 적색이동이 별의 중력에 의해서 생긴 것이라면 6개의 방출선들이 적색이동을 보일 뿐만 아니라 방출선의 선폭도 매우 넓게 퍼져야 합니다. 중력에 의해서 운동하는 수소 원자들의 속도 차이가 매우 커지기 때문에 방출선이 적색으로 이동할 뿐만 아니라 선폭도 매우 넓어져야 하는 것이지요. 선폭이 넓어지는 이유는 수소가스 입자들의 속도가 다르기 때문입니다. 우리 쪽으로 다가오는 입자, 멀어지는 입자, 시선 방향에 수직하게 움직이는 입자 등 다양합니다. 각각의 도플러 효과가 다르기 때문에 청색이동과 적색이동 효과가 나타나고, 그래서 선폭이 커집니다. 하지만 이런 예측과는 달리 3C 273의 스펙트럼에서 방출선들의 선폭은 겨우 초속 수천 킬로미터 정도밖에 되지 않았습니다. 그래서 슈미트는 첫 번째 시나리오는 거의 불가능하다고 결론짓지요.

두 번째 시나리오에 따르면 허블-르메트르의 법칙에 의해 3C 273은 약 16억 광년이나 떨어진 천체이며, 그래서 적색이동이 16퍼센트나 됩니다. 그러나 이 시나리오가 맞다면 이 퀘이사는 상상을 초월하는 엄청난 에너지를 내고 있다는 의미가 됩니다. 도대체 어떻게 이런 일이 가능할까요?

자, 이렇게 정리하면 되겠습니다. 슈미트가 퀘이사 3C 273의 스펙트럼을 분석해보았더니 방출선들이 붉은 쪽으로 16퍼센트가량 이동되어 있었지요. 그리고 도플러 효과 때문에 나타나는 그 적색이동의 양을 재면 퀘이사의 후퇴 속도를 알 수 있고, 허블-르메트르의 법칙에 따라 거리를 잴 수 있었습니다. 이 결과에 따르면 3C 273은 별이 아니라 실제로 먼 우주에 존재하는 대상이었던 것이지요.

하지만 거리를 측정한 슈미트의 고민은 더 깊어졌습니다. 이 퀘이사가 너무나 먼 거리에서 발견되었기 때문은 아니었습니다. 1960년대에는 이미 몇십억 광년 거리에 있는 은하들이 발견되었기 때문에 16억 광년이라는 거리가 그리 놀랄 일은 아니었습니다.

슈미트를 고민에 빠트린 진짜 이유는 퀘이사가 너무나 밝기 때문이었습니다. 모든 물체는 거리가 멀어질수록 어두워 보입니다. 보통 '거리역제곱의 법칙'이라고 부릅니다. 거리가 2배 멀어지면 밝기는 4배 어두워진다는 뜻입니다. 은하들도 마찬가지입니다. 멀리 있다면 매우 어둡게 보일 겁니다. 그런데 문제는 퀘이사 3C 273이 16억 광년이나 되는 먼 거리에 있는데도 별처럼 밝게 보인다는 것이지요. 즉, 퀘이사의 실제 밝기가 엄청나다는 것을 말해줍니다. 사진으로 본 퀘이사는 별처럼 매우 밝았기 때문에 슈미트는 이렇게 먼 거리에 있을 거라고는 전혀 예상하지 못했습니다. 그래서 스펙트럼을 분석하는 데도 애를 먹었지요. 이렇게 먼 거리라면 별일 수는 없습니다. 별 하나가 이렇게 밝을 수는 없거든요. 슈미트는 이 퀘이사가 수천억 개의 별들이 모여 있는 은하보다도 약 100배나 더 밝다는 결론을 내렸습니다.

아주 먼 거리에 있는데도 퀘이사가 이토록 밝게 보인다는 것은 정말 고민거리였을 것입니다. 별 하나처럼 보이는데 실제 밝기는 별이 수천억 개 모여 있는 은하보다 밝다면, 이어지는 질문은 어떻게 그처럼 엄청난 에너지가 나올 수 있는가, 과연 이 퀘이사의 정체는 무엇인가입니다. 그래서 슈미트는 더 큰 고민에 빠지게 된 것이지요.

바로 이 대목에서 블랙홀이 등장합니다. 그 엄청난 빛을 내는 에너지의 원천이 결국 블랙홀입니다. 퀘이사의 거리를 결정한 슈미트의 연구 결과가 알려지면서 막대한 빛과 에너지를 내는 퀘이사가 바로 블랙홀일 거라는 추측이 등장하지요. 퀘이사들의 정체가 바로 우리가 기다리고 있던 블랙홀이었습니다. 블랙홀 중에서도 별에서 탄생하는 별 블랙홀과는 비교가 되지 않을 만큼 무거운 거대질량 블랙홀이 바로 퀘이사로 발견된 것입니다.

결국 슈미트가 퀘이사의 정체를 밝히는 데 가장 중요한 역할을 했습니다. 지난 2013년에는 마르텐 슈미트의 퀘이사 발견 50주년을 기념해서 캘리포니아 공대(칼텍)에서 학회가 열렸습니다. 그해가 안식년이라 저도 카네기 천문대에 방문학자로 1년간 파견을 나가 있었지요. 칼텍과 카네기 천문대는 둘 다 로스앤젤레스 위쪽의 패서디나라는 도시에 위치해 있지만 앙숙처럼 서로 경쟁하던 관계로 유명합니다. 저는 다른 학회에 참석하느라 못 갔고 대신 학

그림 5-4 스펙트럼으로 퀘이사 3C 273의 거리를 알아낸 마르텐 슈미트. 1966년 3월 11일자 〈타임〉지에 '산 위의 인간'이라는 제목으로 실린 표지기사에서는 5미터급 헤일 망원경을 이용한 슈미트의 퀘이사 3C 273에 대한 연구를 특집으로 다루었다. 사진: 게티이미지코리아

생 2명을 보냈습니다. 슈미트가 50년 전을 회상하면서 발표를 했는데, 퀘이사 발견의 에피소드를 들려주었다고 합니다. 퀘이사의 이상한 스펙트럼을 이해하는 데 시간이 그리 오래 걸리지는 않았답니다. 한두 주 만에 수소 방출선이 모두 16퍼센트 적색이동했다는 것을 알아내서 퀘이사의 정체를 밝히는 연구를 마무리했다는군요. 세기의 발견이었는데 이제는 전설 같은 이야기가 되었습니다.

은하 중심의 블랙홀, 활동성 은하핵

슈미트의 퀘이사 발견에 관해서 여전히 궁금한 점이 남습니다. 모든 걸 빨아들이는 진공청소기처럼 블랙홀에서는 빛조차 빠져나올 수 없는데 어떻게 퀘이사가 그렇게 강한 빛을 낼 수 있다는 걸까요? 퀘이사가 블랙홀이라면 은하보다 100배 이상 밝기는커녕, 검은 별처럼 보이지 않아야 하는 거 아닐까요? 퀘이사의 정체가 블랙홀이라는 걸 과학자들이 어떻게 알아냈다는 걸까요? 차근차근 살펴보기로 합시다.

퀘이사는 우주에서 가장 밝은 천체입니다. 그런데 역설적이게도 이 퀘이사들은 바로 블랙홀이 만들어내는 현상입니다. 정확하게 표현하자면 블랙홀 안에서 빛이 나오는 것이 아닙니다. 블랙홀의 바깥쪽, 그러니까 사건지평선 밖에서 빛이 나옵니다. 퀘이사로 관측된 빛은 블랙홀 안에서 밖으로 나오는 것이 아니라, 블랙홀의 사건지평선 밖에 있는 고온의 가스가 방출합니다. 그 이야기는 천천히 다루기로 하고, 일단 퀘이사의 정체가 블랙홀이라는 걸 밝힌 과정을 먼저 다루어봅시다.

천체물리학자들이 퀘이사가 블랙홀일 수밖에 없다고 생각한 이유는 두 가지입니다. 첫째는 퀘이사에서 빛이 나오는 영역이 매우 작다는 점이고, 둘째는 퀘이사가 엄청나게 밝다는(즉, 많은 에너지를 방출한다는) 점이었습니다. 즉, 크기가 작고 너무 밝아서 블랙홀일 수밖에 없다는 것이지요.

크기가 작다는 걸 어떻게 알아냈을까요? 밝기가 일정한 별들과는 달리 퀘이사들은 밝아졌다 어두워졌다 합니다. 보통 '변광變光한다'고 표현하지요. 슈미트가 연구했던 퀘이사 3C 273의 경우도 마찬가지였습니다. 오랜 시간 동안 계속해서 퀘이사들의 사진을 찍어보니까 밝기가 달라지더라는 것입니다. 3C 273의 경우는 약 1~2년을 주기로 밝기가 변한다는 걸 천문학자들이 알아냈습니다.

퀘이사 연구에서 변광은 매우 중요합니다. 대부분의 별들은 밝기가 변하지 않습니다. 물론 변광성variable star이라고 불리는 별들은 별의 내부구조가 불안정한 상태에 있기 때문에 밝기가 변합니다. 하지만 변광한다는 사실보다 더 중요한 것은 변광하는 주기가 매우 짧다는 점이었습니다. 즉, 밝기가 빠르게 변한다는 뜻이지요. 왜냐하면 밝기가 빠르게 변한다면 크기가 작다는 뜻이 되기 때문입니다. 한마디로 표현하면, 밝기의 변화 주기가 퀘이사의 크기와 관련 있습니다. 가령, 퀘이사 3C 273의 밝기가 1년 만에 밝아졌다가 어두워졌다가 한다면, 퀘이사가 빛을 내는 영역의 크기가 아무리 커도 1광년 정도밖에 되지 않습니다. 정보가 전달되는 가장 빠른 속도는 빛의 속도입니다. 1년 만에 밝아지거나 어두워지려면 빛을 내는 영역이 서로 1년 내에 정보를 전달할 수 있는 거리 내에 인접해 있어야 합니다. 즉, 1광년의 크기보다 작아야만 1년 내에 정보를 교환할 수 있고, 그래서 1년의 주기로 전체가 밝아지거나 어두워질 수 있습니다.

비유를 들어볼까요. 오늘 밤에 100명의 학생이 학교 운동장에 동그랗게 모인다고 가정해봅시다. 하나씩 손전등을 들고 말입니다. 중앙에 있던 반장이 주변 사람들에게 '전등을 켜세요'라고 귓속말로 속삭이면 이 말을 들은 학생은 자기 손전등을 먼저 켜고 다음 사람에게 '등을 켜세요'라고 전달합니다. 이렇게 100명의 사람이 모두 손전등을 켜는 데는 시간이 좀 걸리겠지요? 자, 이번에는 반장이 '등을 끄세요'라고 귓속말로 얘기합니다. 한 사람씩 전달해서 모든 사람들이 전등을 끄기까지는 또 긴 시간이 걸릴 겁니다. 모든 사람들이 등을 켜고 끄는 데 걸리는 시간은 귓속말로 메시지를 전달하는 시간만큼 걸리는 셈이지요.

그런데 만일 100명이 아니라 1,000명이 모여 있다면 어떨까요? 1,000명이라면 훨씬 넓은 공간을 차지하고 있겠지요. 아마도 운동장을 꽉 메웠을 것입니다. 귓속말로 전달해서 1,000명이 모두 전등을 켰다가 끄기까지는 훨씬 더 긴 시간이 걸릴 겁니다. 자, 이번에는 여러분이 학교 앞산에 올라가서 운동장을 내려다보고 있다고 가정해볼까요? 너무 멀어서 운동장에 있는 사람들을 볼 수는 없지만 사람들이 켠 손전등의 불빛을 볼 수는 있습니다. 반장이 '손전등을 켜세요' 혹은 '끄세요'를 반복함에 따라 전체 불빛이 차츰 밝아졌다가 다시 차츰 어두워지는 것을 여러분은 목격할 겁니다. 여러분은 운동장에 사람들이 몇 명이나 모여 있는지 모른다고 합시다. 하지만 불빛이 가장 밝아졌다가 완전히 어두워지기까지 걸린 시간을 측정해보면 대략 사람들이 얼마나 많이 모여 있는지를 알 수 있겠지요. 10명이 모여 있을 때랑, 100명이 모여 있을 때랑, 1,000명이 모여 있을 때를 비교하면 빛이 밝아졌다 어두워지는 주기가 매우 다르겠지요?

사람들이 많이 모여 있을수록 더 넓은 공간을 차지하고 있으니까 더 멀리까지 정보를 전달해야 합니다. 그래서 정보를 전달하는 데 더 오랜 시간이 걸리지요. 그리고 불빛이 밝아졌다 어두워지는 데 걸리는 시간은 바로 이 거리에 비례합니다. 퀘이사도 마찬가지입니다. 퀘이사가 밝아졌다가 어두워지는 주기는 퀘이사의 크기에 달려 있다는 말입니다. 정보를 전달할 수 있는 가장 빠른 속도는 빛의 속도이기 때문에 퀘이사의 밝기가 순식간에 밝아졌다 어두워졌다 할 수는 없습니다. 물론 귓속말로 정보를 전달하는 것보다 빛의 속도는 훨씬 빠르지만 우주라는 거대한 스케일로 나가면 빛의 속도도 매우 느린 셈이거든요.

퀘이사가 크면 클수록 퀘이사 전체가 밝아지는 데 걸리는 시간이 더 오래 걸립니다. 그래서 퀘이사의 밝기가 1~2년을 주기로 변한다면, 퀘이사의 크기가 아무리 커도 1~2광년 정도라는 걸 알 수 있습니다. 퀘이사보다 훨씬 어두운 은하들의 경우, 은하 전체에 정보가 전달되려면 수십만 년 이상이 걸립니다. 그만큼 크기가 큽니다. 이에 비하면 퀘이사는 무척이나 작은 천체들인 것이지요.

그렇다면 크기가 그렇게 작다는 점이 퀘이사가 블랙홀인 이유인가요?

물론 작다고만 해서 블랙홀이 될 수는 없습니다. 퀘이사가 블랙홀인 이유는 두 번째 이유와 연관됩니다. 이 정도로 크기가 작으면서도 엄청난 양의 빛을 뿜어낸다는 사실 말입니다. 3C 273을 선두로 해서 그 이후에 발견된 퀘이사들의 밝기를 측정해보았더니 별이 수천억 개 이상 모여 있는 은하들보다도 훨씬 더 밝다는 사실이 점점 명백해졌어요. 은하들에 비하면 1만 배나 10만 배 이상 크기가 작은 퀘이사들이지만, 밝기는 은하들보다 100배나 더 밝다는 것이지요. 이런 관측 사실들은 퀘이사들이 뭔가 특별한 존재임을 의미합니다. 이렇게 많은 빛과 에너지를 내려면 블랙홀이 아니면 안 되었던 겁니다.

이렇게 강한 에너지를 만들어내는 방법은 아인슈타인의 특수상대성이론이 가르쳐주는 방정식, $E=mc^2$에 의해서 질량을 에너지로 바꾸는 방법밖에 없었습니다. $E=mc^2$에서 E는 에너지, m은 질량, c는 빛의 속도를 나타냅니다. 이 공식이 가르쳐주는 것은 질량이 엄청난 에너지로 변할 수 있다는 사실이지요. 예를 들어, 1그램의 쓰레기를 모두 에너지로 바꿀 수만 있다면 이때 나오는 에너지는 석탄 수천 톤을 태울 때 나오는 에너지와 맞먹습니다. 별들이 빛을 내는 원리도 바로 이렇게 질량을 에너지로 바꾸는 핵융합 반응입니다(7장 참조).

그러나 엄청난 양의 빛을 쏟아내는 별들도 에너지 효율이 0.7퍼센트에 지나지 않습니다. 예를 들어 100그램의 가스를 연료로 사용하면 그중 고작 0.7그램만이 에너지로 바뀝니다. 퀘이사의 엄청난 밝기를 설명하기 위해서는 별의 엔진처럼 효율이 낮은 핵융합 반응으로는 부족했습니다. 그보다 훨씬 더 효율적이고 강한 방법이 필요했습니다. 그것은 바로 블랙홀로 가스가 유입될 때 질량을 에너지로 바꿔낼 수 있는 블랙홀 엔진만이 할 수 있는 일이었습니다.

이제는 처음에 던진 질문으로 다시 돌아가겠습니다. 퀘이사가 블랙홀이라면, 블랙홀은 빛조차 나올 수 없는 강한 중력장을 갖고 있는데 어떻게 그렇게 엄청난 빛이 퀘이사에서 나올 수 있는 걸까요?

블랙홀로 유입되는 가스가 엄청난 에너지로 바뀌는 영역은 블랙홀 내부가 아닙니다. 그곳은 빛조차도 벗어날 수 없는 슈바르츠실트 반지름, 그러니까 사건지평선 바로 바깥쪽이에요. 다시 말해서 가스가 블랙홀로 빠져 들어가기 직전에 이렇게 엄청난 에너지가 빛으로 방출됩니다. 대략적으로 말해서 블랙홀에 빨려 들어가는 가스 중 90퍼센트는 사건지평선으로 넘어가서 블랙홀로 들어갑니다. 그래서 블랙홀의 질량이 점점 증가합니다. 하지만 나머지 10퍼센트 정도는 사건지평선으로 넘어가지 않고 빛의 형태가 되어서 블랙홀 밖으로 나옵니다. 이것이 퀘이사로 관측됩니다. 블랙홀에서 빠져나올 수 없는 사건지평선으로 넘어가기 직전에 가스들이 회전하면서 원반 형태의 구조를 만듭니다. 흔히 강착원반accretion disk 이라고 부릅니다. 이 가스 중의 일부가 블랙홀의 먹이가 됩니다. 그러나 회전하는 가스는 엄청나게 고온으로 가열되면서 막대한 빛을 방출하지요. 우리가 퀘이사로 관측하는 것은 바로 이 빛이라고 할 수 있습니다. 블랙홀은 볼 수 없지만 사건지평선 바깥에서 일어나는 현상이 퀘이사로 관측되는 겁니다.

퀘이사들은 블랙홀을 엔진으로 매우 작은 영역에서 엄청난 빛을 내는 현상입니다. 사실 퀘이사가 발견된 1960년대보다 약 20년 앞서서 이미 매우 작은 크기를 가지면서도 강한 빛을 내는 시퍼트은하들이 주목을 받기 시작했어요. 물론 그 당시에 시퍼트은하를 연구하던 천문학자들은 시퍼트은하의 중심에 블랙홀이 있다는 것은 전혀 몰랐지요. 그러나 시퍼트은하들도 퀘이사와 마찬가지로 거대한 질량을 가진 블랙홀이었습니다.

은하 중심에 괴물이 있다
- 시퍼트은하의 발견

퀘이사가 발견되기 약 20년 전, 은하를 연구하던 천문학자 칼 시퍼트는 중심부에서 특이한 현상이 나타나는 특별한 종류의 은하들에 주목하기 시작했습니다. 심상치 않은 이 은하들은 그의 이름을 따서 '시퍼트은하'로 불리게 됩니다. 1941년에 발표한 짧은 논문에서 시퍼트 박사는 3개의 은하를 연구했는데 그 중심부에 넓은 방출선이 보인다고 발표했습니다. 예를 들면 NGC 3516이라고 불리는 나선은하의 중심부를 윌슨산 천문대의 2.5미터 망원경으로 관측했습니다. 망원경에 달린 분광기로 이 은하를 찍어서 스펙트럼을 얻었지요. 이 스펙트럼에 담겨 있는 수소가 만들어내는 방출선은 다른 은하들과는 다르게 매우 넓게 보였습니다.

수소가 만들어내는 방출선은 나선은하에서 흔히 보이는 현상입니다. 나선은하 안에는 새로운 별이 탄생하는 영역이 있고 거기에서 수소선이 강하게 방출되거든요. 하지만 시퍼트은하들의 경우에는 보통 은하들과는 달리 선폭이 매우 넓은 수소선이 발견되었던 것입니다. (수소선은 보통 서너 개가 보입니다. 가시광선 영역에서 가장 강하게 보이는 수소선은 'Hα선'이라고 부릅니다. 실험실에서 측정해보면 정확한 파장은 656.3나노미터이지요. Hα선은 주황색쯤에 해당하는 파장에 선으로 나타납니다. 그런데 시퍼트은하들은 매우 굵직한 수소선들을 드러내고 있었던 겁니다.)

시퍼트는 방출선이 넓어지는 이유를 도플러 효과 때문이라고 생각했습니다. 가스 입자들이 빠르게 운동하면 우리 쪽으로 다가오는 입자들과 멀어지는 입자들이 각각 청색이동과 적색이동을 하게 됩니다. 예를 들어 Hα선은 656.3나노미터의 파장을 갖지만 청색이동을 하면 파장이 짧아지고 적색이동을 하면 파장이 길어지니까 결국 656.3나노미터보다 파장이 조금 짧거나 길게 되면서 선폭이 늘어나게 되는 것이지요(그림 5-2를 보면 퀘이사의 수소선의 선폭도 넓다는 것을 알 수 있습니다).

시퍼트는 수소선의 선폭을 측정해서 수소가스의 속도가 초속 7,000킬로미터에 해당한다고 보고했습니다. 즉, 수소가스의 입자들이 평균적으로 초속 7,000킬로미터로 빠르게 운동하고 있다는 뜻입니다. 그 후 1943년에 발표한 〈천체물리학 저널〉의 논문에서 시퍼트는 6개의 은하에 대한 종합적인 분석을 제시했습니다. 수소선의 속도를 재보니 초속 3,500~8,500킬로미터의 속도를 보이고 있었습니다. 시퍼트의 고민은 심각해졌습니다. 도대체 가스 입자들이 어떻게 이처럼 빠른 속도로 운동할 수 있다는 말인가? 은하 내에서 은하 중심을 도는 별들의 속도가 대략 초속 100~200킬로미터밖에 되지 않는다는 사실과 비교해보면 이 가스 입자들은 엄청나게 빠르게 운동하고 있는 셈이었지요.

가스 입자들을 별보다 훨씬 빠른 속도로 운동시키기 위해서는 매우 강한 중력장이 필요합니다. 그 중력을 바로 은하 중심에 있는 블랙홀이 만들어내고 있었던 겁니다. 은하 중심에서 가스 입자들이 초속 수천 킬로미터의 속도로 빠르게 운동한다는 것은 바로 그 중심에 블랙홀이 존재한다는 것을 알려주는 간접적인 증거였습니다. 하지만 1940년대에는 은하 중심에 블랙홀이 존재한다는 아이디어는 아직 알려지지 않았습니다. 그래서 시퍼트은하들의 중심에서 일어나는 가스 입자들의 운동은 풀리지 않는 수수께끼로 남아 있게 됩니다. 그러다가 1960년대가 되어 드디어 퀘이사가 발견되면서 시퍼트은하의 비밀을 푸는 열쇠는 블랙홀이라는 걸 알게 되는 것이지요.

시퍼트은하의 방출선들이 넓다는 관측적 사실이 어떻게 가스 입자들이 빠르게 운동하고 있다는 걸 알려주나요?

원자들이 운동을 하지 않는다면 원자들이 방출하는 빛은 모두 같은 파장을 가집니다. 예를 들어, 수소선들 중에서 $H\alpha$선의 경우는 파장이 656.3나노미터이고 주황색 영역에 얇은 선으로 보일 겁니다. 정해진 한 파장에서만 빛이 나오니까 스펙트럼을 보면 수소선의 폭이 매우 좁을 수밖에 없습니다. 그런데 원자들이 매우 빠른 속도로 제각각 운동을 한다면 어떻게 될까요? 그렇다면 도플러 효과 때문에 원자들이 내는 빛의 파장이 조금씩 달라집니다. 그래서 파장이 조금씩 다른 빛들이 수소선을 만들다 보니까 수소선의 폭이 넓어지게 되는 것이지요.

예를 들어, 원자들이 무작위로 운동을 한다고 가정해볼까요? 원자들을 하나하나 살펴보면 관측자인 우리가 살고 있는 지구 방향으로 운동하는 원자도 있겠고 반대로 우리로부터 멀어지는 방향으로 운동하는 원자도 있을 것입니다. 물론 시선 방향에 대해서 수직으로 운동하는 원자도 있겠지요. 도플러 효과는 우리가 보는 방향(시선 방향)으로 물체가 운동할 때 생기는 효과이기 때문에, 도플러 효과가 가장 큰 경우를 따져보면 원자가 정확하게 우리 방향으로 날아오거나 아니면 정확하게 정반대 방향으로 멀어지는 경우입니다. 반면에 시선 방향에 대해 수직으로 운동하는 원자들은 전혀 도플러 효과가 나타나지 않습니다. 하지만 확률적으로 따지면 그렇게 수직으로 운동하는 원자들이 가장 많을 것입니다. 물론 극단적인 두 경우와 도플러 효과가 생기지 않는 경우, 그 중간에 해당하는 원자들도 많겠지요.

자, 이번에는 고속도로에서 속도위반을 단속하기 위해 자동차들의 속도를 재는 경찰관처럼 여러분이 도플러 효과를 이용한 속도측정기를 가지고 이 원자들의 속도를 재고 있다고 가정해봅시다. 원자들의 속도는 어떻게 측정될까요? 당연히 각각 다르게 측정됩니다. 그리고 도플러 효과 때문에 각각의 원자들이 내는 빛은 파장이 짧아지기도 하고 길어지기도 합니다. 물론 도플러 효과 없이 원래 파장을 가진 빛을 내기도 하겠지요. 그래서 무작위로 운동하는 원자들을 관측해서 스펙트럼을 얻으면 도플러 효과 때문에 파장의 범위가 넓게 관측됩니다. 그러니까 방출선의 선폭이 넓어 보이게 되는 것이지요.

이 원리를 이용하면 거꾸로 방출선의 선폭을 측정해서 원자들의 운동속도를 잴 수 있습니다. 선폭이 거의 0에 가깝다면 원자들은 정지해 있는 것이고 선폭이 매우 넓다면 원자들은 매우 빠르게 운동하고 있다는 말입니다. 시퍼트가 연구한 은하들의 스펙트럼을 보면 수소선의 선폭이 매우 넓었어요. 파장이 짧아지고 길어진 선폭을 측정하여 속도로 계산하면 초속 수천 킬로미터나 되었던 것이지요.

시퍼트은하에서 발견된 넓은 방출선은 예전에는 관측된 적이 없나요?

초신성의 경우에 초속 수천 킬로미터에 해당하는 방출선이 발견되기는 했습니다. 초신성이 폭발하면 별을 구성하던 대기의 원자들이 매우 빠른 속도로 우주 공간으로 퍼져나갑니다. 우리 쪽으로 가까워지는 원자들도 있고 멀어지는 원자들도 있기 때문에 도플러 효과에 의해 선폭이 넓어집니다. 같은 원리입니다. 초신성 폭발 때 원자들이 퍼져나가는 속도가 매우 크다는 것을 알 수 있지요.

초신성의 경우에도 넓은 방출선이 발견되니 시퍼트은하 중심에서 발견된 넓은 방출선이 그리 신기하지 않게 여겨질지도 모르겠군요. 하지만 초신성과는 다르게 은하의 중심부에서 그렇게 넓은 방출선이 보인다는 사실은 뭔가 특별한 의미였습니다. 초신성이 폭발한 것처럼, 은하의 중심부에도 뭔가 원자들을 매우 빠르게 운동시키는 원인이 있다는 뜻이 되기 때문이지요. 물론 은하 중심부에서 초신성이 터져서 넓은 방출선이 만들어진 것이 아닌가 하고 가정해볼 수도 있습니다. 하지만 대부분의 초신성은 은하의 나선팔에서 발견됩니다. 은하의 중심부에서는 새로운 별이 좀처럼 만들어지지 않고 초신성이 거의 발견되지 않습니다. 물론 여전히 시퍼트은하는 그 중심에서 초신성이 터진 드문 케이스라고 주장할 수도 있습니다. 하지만 초신성은 그렇게 오래 빛나지 않지요. 초신성이 터지고 나서 시간이 지나면 점점 어두워지고 초신성의 흔적도 점점 사라진답니다. 하지만 시퍼트은하는 변광을 하기는 하지만 매우 오랫동안 방출선을 내지요. 1940년대에 발견된 시퍼트은하들은 지금도 넓은 방출선을 내고 있습니다.

시퍼트가 1940년대에 은하들의 중심을 연구하기 전에도 이미 몇몇 은하들은 넓은 방출선을 갖는다는 사실이 알려져 있긴 했어요. 시퍼트가 보다 체계적으로 연구를 한 셈입니다. 시퍼트은하는 그 중심에서 넓은 방출선과 같은 매우 활발한 활동성이 보인다고 해서 '활동성 은하핵active galactic nuclei'이라는 이름이 붙여졌습니다. 영어 약자로 흔히 'AGN'이라고 표현합니다. 활동성 은하핵은 겉으로 보면 보통 은하와 크게 다를 바 없지만 은하의 중심부를 보면 넓은 방출선도 보이고 강한 엑스선이 나오기도 합니다. 종종 전파를 강하게 내는 AGN들도 있습니다.

자, 그럼 시퍼트은하와 퀘이사는 어떻게 연관된 걸까요? 시퍼트은하도 결국 블랙홀이 일으키는 현상입니다. 블랙홀의 중력장이 매우 크기 때문에 블랙홀 가까이 있는 원자들이 초속 수천 킬로미터나 되는 속도로 운동하고 있고 도플러 효과 때문에 넓은 방출선이 스펙트럼에 보입니다. 그렇다면 퀘이사도 넓은 방출선을 갖고 있을까요? 물론입니다. 퀘이사의 스펙트럼을 보면 시퍼트은하와 마찬가지로 넓은 방출선이 보입니다. 초속 수천 킬로미터의 선폭이 흔하게 보입니다.

그래서 넓은 선폭의 방출선을 이용해서 퀘이사나 시퍼트은하들을 찾을 수 있습니다. 수많은 은하들을 분광 관측해서 스펙트럼을 연구하면 됩니다. 넓은 선폭의 방출선이 보이면 통칭해서 '활동성 은하핵'이라고 부르지요. 시퍼트은하나 퀘이사나 모두 은하 중심에 블랙홀이 있고 블랙홀의 중력장 때문에 넓은 방출선이 생긴 것이니까요.

결국 시퍼트은하나 퀘이사는 같은 개념입니다. 과학사적으로 따져보면 퀘이사의 경우는 블랙홀이 만들어내는 현상이 먼저 발견되었지요. 시퍼트은하는 은하가 먼저 발견되었다가 나중에 그 은하의 중심부에서 활발한 활동성이 있다는 점에 주목하게 된 경우입니다. 하지만 퀘이사가 시퍼트은하와 같다는 걸 입증하기 위해서는 퀘이사도 은하 중심에서 일어나는 현상임을 밝혀야 합니다. 즉, 퀘이사를 품고 있는 은하가 발견되어야 합니다. 하지만 퀘이사가 워낙 밝기 때문에 퀘이사를 품은 모은하host galaxy가 존재하는지는 1990년대 허블 우주망원경이 발사될 때까지 확인하기가 쉽지 않았습니다.

퀘이사의 엔진, 블랙홀

시퍼트은하는 중심에 뭔가 예사롭지 않은 특징이 있었지만 그리 큰 관심을 끌지는 못했습니다. 어쨌거나 시퍼트은하도 은하일 뿐이었고 중심에서 일어나는 현상의 열쇠인 블랙홀은 여전히 베일에 가려 있었기 때문입니다. 반면에 퀘이사의 발견은 대단한 바람을 몰고 왔습니다. 이렇게 엄청난 에너지를 내는 소스가 우주 저편에서 발견된다는 사실, 과연 이렇게 막대한 에너지를 어떻게 내뿜을 수 있을까 하는 의문점은 천문학계의 흥미진진한 연구주제가 되었지요. 수천억 개의 별로 이루어진 은하보다도 더 밝으려면 뭔가 새로운 엔진이 필요했습니다. 태양이나 별들이 빛을 만들어내는 방법인 핵융합 반응으로는 부족합니다. 왜냐하면 퀘이사의 크기는 1~2광년보다 작다고 밝혀졌는데 그렇게 좁은 공간에 수천억 개 이상의 별들을 모아놓을 수는 없기 때문이죠. 하지만 블랙홀이라면 어떨까요? 엄청난 질량을 잡아먹을 수 있는 우주의 괴물 블랙홀이라면? 그렇습니다. 블랙홀이라면 가능했습니다. 과연 블랙홀은 어떻게 해서 이렇게 엄청나게 밝은 퀘이사 현상을 만들어낼 수 있는 걸까요?

퀘이사 3C 273이 우주 저편에 존재하는 엄청나게 밝은, 그러나 매우 작은 괴물이라는 것을 확인한 해저드 박사와 슈미트의 논문이 영국의 유명한 저널인 〈네이처〉에 나란히 실린 것은 1963년이었습니다. 그다음 해인 1964년, 러시아의 과학자 야코브 젤도비치와 미국의 과학자 에드윈 살피터는 각각 퀘이사가 내는 밝은 빛을 설명하기 위해 블랙홀 엔진을 하나의 가설로 제안합니다. 그들의 제안에 따르면 블랙홀로 빨려 들어가는 가스는 사건지평선을 넘어서 영원히 블랙홀 안으로 사라지기 직전에 엄청난 온도로 가열됩니다. 그렇게 뜨거워진 가스는 엑스선을 비롯해서 엄청난 양의 빛을 방출한다는 것이었지요. 이 연구자들의 모델은 그 후 1971년에 백조자리에서 엑스선을 방출하는 '시그너스 엑스-1 Cygnus X-1'이라는 천체가 발견되면서 상당한 지지를 받게 됩니다. 시그너스 엑스-1은 전파와 엑스선, 그리고 가시광선을 방출하는데, 각각의 파장대를 관측한 결과가 젤도비치와 살피터의 모델로 잘 설명되었기 때문입니다. 현재 시그너스 엑스-1은 별에서 탄생하는 작은 블랙홀로 알려져 있습니다. 거대질량 블랙홀이 만들어내는 퀘이사는 아니지만 시그너스 엑스-1도 블랙홀이고 그 주변에서 일어나는 물리현상의 원리는 똑같습니다. 퀘이사가 엄청나게 밝게 빛나는 원인을 밝히려던 천문학자들은 블랙홀에 가스가 빨려 들어가는 모델이 시그너스 엑스-1에서 실제로 관측된 사실을 잘 설명하는 것을 보고 이 모델을 점점 지지하게 됩니다.

영국 케임브리지 대학의 도널드 린덴-벨과 마틴 리스 박사는 은하의 중심부에 존재하는 거대한 블랙홀이 일 년에 태양 하나 정도 되는 양의 가스를 먹어치운다고 가정했을 때 얼마나 많은 양의 빛이 나오는지 계산해보았고, 퀘이사 3C 273이 쏟아내는 빛의 세기와 비슷하다는 걸 알아냈습니다. 그래서 그들은 퀘이사가 바로 은하 중심에 존재하는 거대한 질량을 갖는 블랙홀이라고 제안합니다. 러시아의 물리학자 야코브 젤도비치도 퀘이사가 거대한 질량을 갖는 블랙홀이라고 제안했지요. 그는 아인슈타인의 상대성이론이 제시하는 휘어진 공간에 갇힌 별의 최후에 대해서 연구하기도 했어요. 그런 별에 '얼어붙은 별frozen star'이라는 이름을 붙여준 사람도 바로 젤도비치였습니다.

자, 그렇다면 얼마나 질량이 커야 '거대질량 블랙홀'이라고 부를 수 있을까요? 보통 태양을 100만 개에서 100억 개쯤 합쳐놓은 질량이 되면 거대질량 블랙홀이라고 부릅니다. 거대질량 블랙홀들의 슈바르츠실트 반지름은 대략 태양에서 지구까지 거리 정도라고 생각하면 기억하기 좋습니다.

어쨌거나 이론 연구자들의 모델에 따르면 블랙홀로 빨려 들어가는 가스는 블랙홀 주위에서 회전하면서 원반을 만듭니다. 피자처럼 생긴 '강착원반'이라고 불리는 덩어리를 형성해서 매우 빠른 속도로 회전하게 되지요. 물론 블랙홀의 반지름에 해당하는 사건지평선 바로 바깥쪽에 강착원반이 만들어지는 겁니다. 이 강착원반

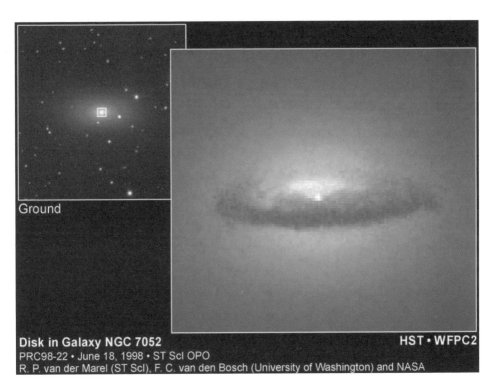

Disk in Galaxy NGC 7052
PRC98-22 • June 18, 1998 • ST ScI OPO
R. P. van der Marel (ST ScI), F. C. van den Bosch (University of Washington) and NASA

Ground

HST•WFPC2

그림 5-5 'NGC 7052'로 불리는 은하(왼쪽 위)와 이 은하의 중심부를 확대한 모습. 이 은하의 중심부에는 약 3억 태양질량, 그러니까 태양질량의 3억 배나 되는 거대한 블랙홀이 자리 잡고 있다. 이 블랙홀 바깥쪽으로 엄청난 양의 가스와 먼지가 원반을 형성하고 있다. 블랙홀에서 가까운 쪽에는 블랙홀로 빨려 들어가기 직전에 압축되어 뜨거운 온도로 가열되는 가스들이 빠른 속도로 회전하는 강착원반이 있다. Credit: Roeland van der Marel(STScI) and Frank van den Bosch(University of Washington).

에서 회전하는 가스들은 점점 속도가 줄어들면서 결국 블랙홀의 사건지평선 너머로 빨려 들어가게 되는 것이지요. 그림을 한번 볼까요?(그림 5-5) 왼쪽에는 평범하게 생긴 타원형의 은하가 보입니다. 'NGC 7052'라는 타원은하입니다. 이 은하의 중심부를 확대한 것이 오른쪽 사진이에요. 제 동료이기도 한 반데르 마렐 박사가 촬영한 사진입니다. 중심부를 보면 거대 블랙홀이 위치한 곳에서 매우 밝게 빛나는 부분이 보이지요. 여기가 강착원반이 있는 부분입니다. 바깥쪽으로는 차가운 가스들이 원반을 이루고 있지요. 이 은하의 중심에 있는 블랙홀은 질량이 태양의 3억 배나 됩니다.

퀘이사가 만드는 기막힌 현상 중에 제트라는 것이 있습니다. 천문학자들이 발견한 퀘이사들은 여러 가지 종류로 나누어볼 수 있는데 그중에는 엄청난 제트를 뿜어내는 퀘이사들도 있지요. 제트가 무엇인지 간단히 다루어봅시다. 전파가 발견된 퀘이사의 사진(그림 5-6)을 살펴볼까요? 백조자리에 있는 '시그너스 A Cygnus A'라고 부르는 유명한 퀘이사를 전파망원경으로 찍은 사진입니다. 가운데 보이는 작은 점이 바로 퀘이사를 만들어내는 거대질량 블랙홀이라고 보면 됩니다. 그리고 중심의 블랙홀에서 양쪽으로 두 개의 멋진 제트가 레이저 빔처럼 뿜어져 나오고 있지요? 제트는 전자들이 블랙홀 근처에서 광선총처럼 뿜어져 나오는 있는 현상입니다. 제트의 끝에서는 전자들이 뿜어져 나가다가 힘이 약해지면서 더 이상 퍼져나가지 못하고 뭉쳐서 멈춰 있는 듯한 모습을 볼 수 있습니다. 마치 귀처럼 생겼지요. 그래서 양쪽 끝에 보이는 넓은 영역을 '전파 로브 lobe' 혹은 '전파귀'라고 부르기도 합니다. 이 제트

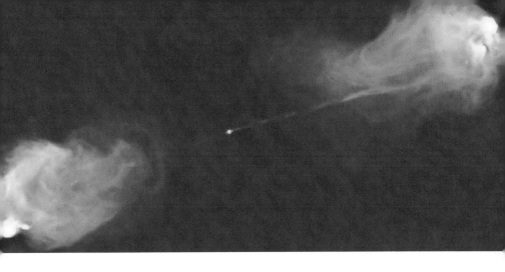

그림 5-6 거대한 제트를 뿜어내는 '시그너스 A'라는 이름의 거대질량 블랙홀을 전파망원경으로 찍은 모습. 사진 중앙에 작은 거대질량 블랙홀의 모습이 보인다. 이 블랙홀에서 매우 가까운 곳에서 엄청난 양의 전자들이 광선검처럼 뿜어져 나오고 있다. 일정 정도의 거리까지 쏘아 보내진 전자들은 점점 힘을 잃어서 귀처럼 생긴 전파 로브를 형성한다. Credit: Chris Carilli, Rick Perley, NRAO, and AUI.

는 길이가 얼마나 될까요? 놀라지 마세요. 50만 광년이나 됩니다. 우리가 살고 있는 은하 전체의 크기보다도 훨씬 크지요. 제트를 뿜어내는 거대질량 블랙홀의 힘이 얼마나 대단한지를 잘 보여주는 사진입니다.

제트가 정확히 어떻게 만들어지는지에 관해서는 아직도 많은 연구가 필요합니다. 기본적인 아이디어는 벌써 1970년대에 나왔지요. 린덴-벨과 마틴 리스, 그리고 로저 블랜드퍼드 박사는 블랙홀로 빨려 들어가는 소용돌이 같은 현상 때문에 자기장이 형성되어 블랙홀의 위와 아래쪽으로 강력한 제트를 뿜어낸다고 설명했습니다. 문제는 모든 퀘이사가 전파 제트를 갖고 있지는 않다는 점입니다. 상당히 많은 퀘이사들은 전파망원경으로는 잘 관측되지 않습니다. 제트를 거의 내지 않기 때문이지요. 10개 중 9개가량의 퀘이사들이 전파를 거의 방출하지 않거나 가시광선이나 엑스선에 비해서 전파를 매우 약하게 방출할 뿐입니다. 왜 그럴까요?

이 문제는 벌써 30년도 넘은 숙제입니다. 다른 특성들은 매우 비슷한데 어떤 퀘이사는 전파를 강하게 내고 어떤 퀘이사는 전파를 매우 약하게 낸다는 건 참 이상합니다. 어떤 학자들은 질량이 큰 블랙홀 퀘이사들이 전파를 방출하는 것이라고 주장하기도 했습니다. 하지만 제가 연구한 바에 의하면 꼭 그렇지는 않습니다. 전파를 내는 퀘이사나 전파를 내지 않는 퀘이사나 블랙홀의 질량에는 큰 차이가 없기 때문입니다. 블랙홀의 질량 이외에 몇 가지 답이 될 만한 후보가 있습니다만 아직 명확하게 검증되지는 않았습니다. 일테면 블랙홀의 회전이 중요한 열쇠입니다. 빠르게 회전하는 블랙홀은 제트를 강하게 내고 회전하지 않는 블랙홀은 제트를 내지 않는다는 것이 설득력 있는 시나리오입니다. 하지만 여전히 갈 길이 멉니다. 왜냐하면 블랙홀의 회전을 측정하는 일은 블랙홀의 질량을 측정하는 일보다 엄청나게 더 어렵기 때문입니다. 퀘이사의 제트는 여전히 비밀로 남아 있습니다. 여러분 중 누군가가 풀어야 할 숙제일지도 모르지요.

자, 그럼 이 장을 정리하면서 퀘이사의 엔진인 블랙홀을 한번 그림으로 봅시다(그림 5-7). 우선 중심부에는 태양보다 100만 배에서 100억 배가량 무거운 거대질량 블랙홀이 자리 잡고 있습니다. 이 블랙홀의 사건지평선 바깥쪽에는 블랙홀의 중력으로 압축되어 뜨겁게 가열된 고온의 가스들이 회전하면서 강착원반을 이루고 있

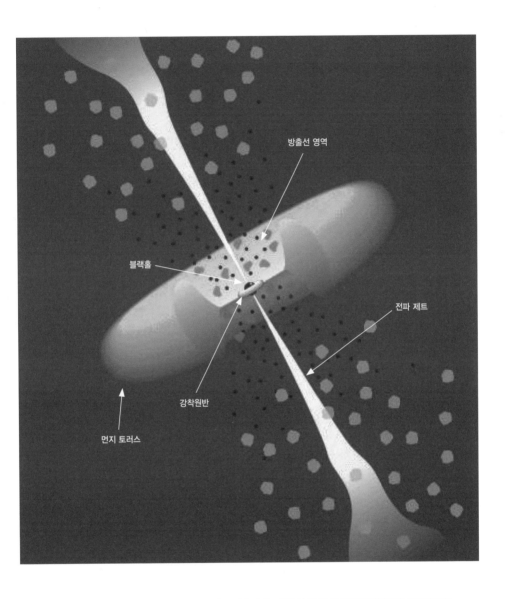

그림 5-7 퀘이사의 블랙홀 엔진 모델. 중심에 검게 표현된 블랙홀을 중심으로 강착원반이 형성되어 있다. 바깥쪽으로는 도넛 모형으로 생긴 가스와 먼지들이 보인다. 그리고 강착원반에 수직한 방향으로 제트가 뿜어져 나오고 있다. Credit: M. Urry, P. Pdovani.

습니다. 이 강착원반에서 대부분의 엑스선과 자외선, 그리고 가시광선이 방출됩니다. 퀘이사가 은하 전체보다 밝은 이유는 강착원반에서 엄청난 양의 빛이 방출되기 때문입니다. 강착원반 바깥쪽에는 블랙홀의 중력장 때문에 매우 빠르게 운동하는 가스 입자들이 있습니다. 대부분 전자를 잃어버려 이온화된 가스 입자들이지요. 바로 이 입자들이 수소선 같은 방출선들을 만들어냅니다. 입자들마다 우리가 보는 시선 방향의 속도가 달라 도플러 효과에 차이가 나서 파장이 다양해지고, 그래서 퀘이사의 스펙트럼을 보면 넓은 방출선이 보입니다. 조금 더 멀리 가면 허블 우주망원경 사진(그림 5-8)에서도 보이듯이 가스와 먼지로 구성된 반지 모양의 먼지덩어리가 놓여 있습니다. 물론 정확한 모양을 알 수는 없지만 밀도가 높은 먼지덩어리가 중심을 가리고 있습니다. 그리고 다시 안쪽으로 들어가 보면 강착원반에 있는 가스들의 강한 회전 혹은 블랙홀 자체의 회전 때문에 자기장이 발생해서 엄청나게 강한 힘으로 전자들이 수직한 방향으로 뿜어져 나오는 제트가 만들어집니다. 자, 어떻습니까. 퀘이사의 거대 블랙홀 엔진이 작동하는 방식이 한눈에 들어오나요?

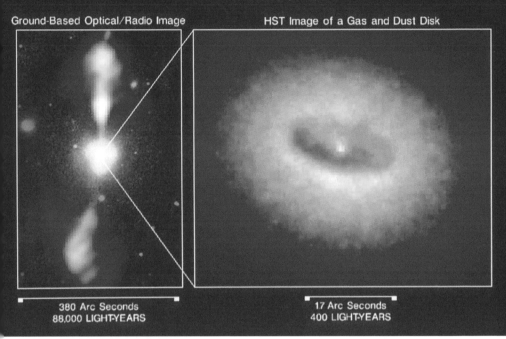

Core of Galaxy NGC 4261

Hubble Space Telescope
Wide Field / Planetary Camera

Ground-Based Optical/Radio Image

HST Image of a Gas and Dust Disk

380 Arc Seconds
88,000 LIGHT-YEARS

17 Arc Seconds
400 LIGHT-YEARS

그림 5-8 거대한 제트가 위아래로 뿜어져 나오는 'NGC 4261'라는 이름의 은하(왼쪽). 하얀색으로 되어 있는 부분은 광학망원경으로 찍은 별과 가스로 이루어져 있는 은하이고 노란색은 뿜어져 나오는 제트를 전파망원경으로 찍은 것이다. 오른쪽은 은하의 중심에 살고 있는 거대 블랙홀을 약 100배 확대해서 허블 우주망원경으로 찍은 모습. 중심에 고온으로 블랙홀에 빨려 들어가는 가스들과 바깥쪽의 차가운 가스들이 원반을 이루고 있다. 그림 5-7에서 본 모델을 실감할 수 있는 사진이다.

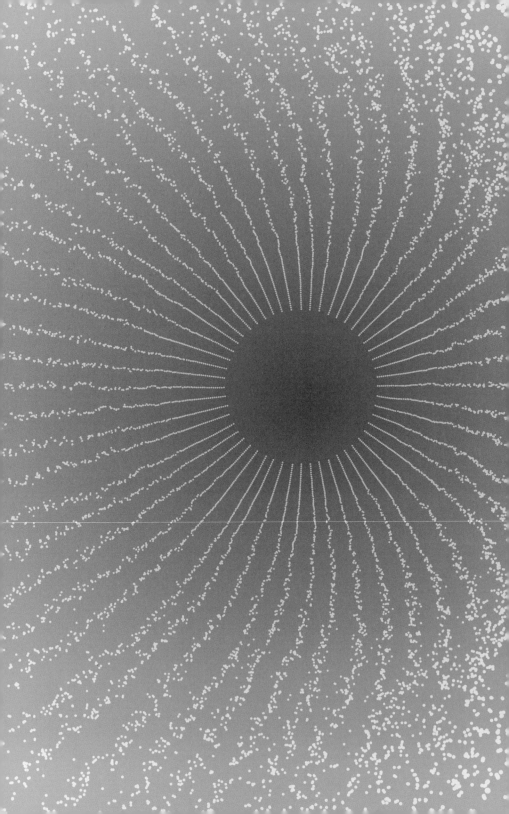

6

블랙홀의 집,
은하의 세계

아름다운 너의 이름, 은하
우리은하 중심의 거대질량 블랙홀
모든 은하가 블랙홀을 소유한다
블랙홀의 그림자를 목격하다

다채로운 빛깔로 찬란하게 빛나는 수많은 은하들이 우주를 수놓고 있습니다. 은하는 우주라는 거대한 집을 구성하는 벽돌 한 장과 같습니다. 광대한 우주를 구성하는 기본 단위가 바로 은하입니다. 가장 작은 단위라고는 하지만, 광대한 크기를 갖는 은하는 우주의 축소판입니다. 은하 하나하나가 작은 우주들입니다. 1,000억 개가량의 별들, 그리고 그 별들이 거느리고 있는 수많은 행성들, 그리고 인터스텔라 공간을 채우고 있는 방대한 양의 가스, 보이지 않는 암흑물질, 그리고 마지막으로 은하의 중심에 터줏대감처럼 자리 잡은 거대질량 블랙홀이 은하를 구성하는 식구들입니다.

지난 20세기, '세기의 발견'으로 꼽는 퀘이사는 너무나 밝아서 자기 모습 이외에 주변을 잘 드러내지 않습니다. 반면에 퀘이사보다 먼저 발견된 시퍼트은하의 경우엔, 가스를 집어삼키는 거대질량 블랙홀이 은하의 중심부에 자리 잡고 있음을 쉽게 확인할 수 있습니다. 그래서 활동성 은하핵이라고 불렸지요. 그렇다면 시퍼트은하처럼 퀘이사도 보이지 않는 은하의 중심부에서 빛나고 있는 건 아닐까요? 이번 장에서는 별과 블랙홀들의 거주지인 은하에 대해서 다루고, 블랙홀과 은하가 공생하면서 함께 진화한다는 21세기의 새로운 패러다임이 나온 배경을 살펴봅니다.

아름다운 너의 이름, 은하

어린 시절, 은하수를 처음 만났던 밤이 생각납니다. 여름방학에 엄마를 따라 시골 외가댁에 묵었던 어느 날 밤이었습니다. 곧 개학을 하면 짝사랑하던 같은 반 소녀를 만날 수 있다는 생각에 잠이 오지 않던 늦은 밤, 잠든 외할머니를 뒤에 두고 마당 건너 외양간 옆 화장실로 나섰습니다. 칠흑 같은 어둠 속에서 뒤뚱거리며 대청마루를 지나 마당에 발을 디디던 순간, 밤하늘을 수놓은 수많은 별들과 맞닥뜨렸습니다. 음악이 꺼진 채 왈츠를 추듯, 조용히 흔들거리던 수천 개의 별들, 그리고 빛나는 별들을 배경으로 찬란하게 흐르던 은빛 은하수…. 무언가 터질 듯한 느낌이 가슴에 스며들었습니다. 산산이 분해된 내 몸의 분자들이 우주 공간으로 홀연히 솟아올라 별무리의 일부가 된 듯, 심장이 쿵쾅거리던 그 느낌 때문에 그날 이후 매일 밤 그 거름 냄새 나던 시골 마당에 스르르 나갔던 기억. 평생 잊을 수 없는 밤하늘, 다채로운 별들, 찬란한 은하수를 그렇게 만났습니다.

은하수는 밤하늘을 길게 가로지르는 뿌연 강처럼 보입니다. 동서로 때로는 남북으로 머리 위를 가로지르며 밤하늘을 우아하게 빛내는 은하수를 만나는 일도 이제는 쉽지 않습니다. 아직 은하수를 본 적이 없다면 여행을 하거나 도심을 떠날 기회가 있을 때 꼭 한 번 은하수를 만나보기 바랍니다. 수없이 반짝거리는 오색의 별들 사이로 밤하늘을 가로지르는 뿌연 안개 같은 흐름이 보인다면 바로 은하수를 마주한 겁니다. 우리 선조들은 은빛의 강이 흐른다 하여 '은하수銀河水'라 불렀고, 서양 사람들은 우유가 흐르는 모양이라며 '밀키웨이Milky Way'라고 불렀습니다.

밤하늘을 가로지르는 이 거대한 은하수의 정체는 무엇일까요? 옛날 사람들이 생각했던 것처럼 하늘을 가로지는 강이었을까요? 혹은 우주 공간을 메우고 있는 구름 덩어리일까요? 아닙니다. 은하수는 별무리입니다. 하나하나의 별들이 모여서 거대한 은하수를 이루고 있다는 사실을 최초로 발견한 사람은 바로 망원경을 사용하여 처음으로 우주를 관측한 갈릴레오 갈릴레이입니다. 맨눈에는 희뿌연 구름처럼 보였던 은하수를 망원경으로 확대해서 관찰하자 수많은 별들이 목격되었습니다. 은하수는 수많은 별들이 밀집한 거대한 구조라는 사실이 17세기에 처음으로 갈릴레오에 의해서 밝혀집니다. 우리가 살고 있는 은하의 구조가 처음 목격되는 순간이었습니다. 별들이 원반 형태로 모여 있는 우리은하의 모습을 옆에서 본 것이 은하수인 셈입니다. 지구가 속한 태양계가 바로 이 납

그림 6-1 은하수와 마젤란 성운. 남반구에서 가장 좋은 관측 환경을 갖고 있는 지역 중 하나로 꼽히는 칠레 북부에 있는 세로톨롤로 천문대의 밤하늘. 오른쪽에 대각선으로 보이는 뿌연 안개와 같은 흔적이 은하수다. 은하수에서 검게 보이는 영역은 별들 사이에 존재하는 먼지에 의해 빛이 가려진 부분이다. 천문대의 왼쪽으로 보이는 두 개의 구름 같은 모습은 남반구에서 볼 수 있는 마젤란은하들이다. 마젤란은하들도 수많은 별들로 구성되어 있으며 왼쪽 위에 위치하는 소마젤란성운(Small Magellanic Cloud)은 지구로부터 약 18만 광년, 그리고 왼쪽 아래에 보이는 대마젤란성운(Large Magellanic Cloud)은 약 21만 광년 거리에 있다. 아름다운 해변과 휴양지로 유명한 칠레의 라세레나에서 1시간 반쯤 떨어진 해발 2,200미터의 세로톨롤로 천문대에는 사진 중앙에 보이는 구경 4미터의 중형 망원경인 블랑코 망원경을 비롯한 6대의 크고 작은 망원경들이 자리 잡고 있다. Credit: Roger Smith, AURO, NOAO, NSF.

작한 원반 구조 안에 놓여 있기 때문에 지구에서 보면 원반에 위치해 있는 수많은 별들이 마치 하나의 띠처럼 보이는 것이지요. 그래서 지구의 밤하늘에는 거대한 강처럼 흐르는 별무리로 관측됩니다.

 지구에서 보면 띠처럼 보이지만, 우리은하는 실제로 어떤 모습일까요? 우리은하 밖으로 나가서 직접 사진을 찍어보면 어떤 모습이 담길까요? 한 번도 우리은하를 벗어나본 적이 없는데, 천문학자들은 우리은하가 어떤 모습인지 어떻게 파악할 수 있을까요? 가령, 비행기를 한 번도 본 적이 없는 아이를 비행기에 태운다고 가정해봅시다. 공항에 도착해서 게이트를 통과하고 비행기에 탑승하여 지정된 자리에 앉았다고 해봅시다. 비행기에 탑승하기 전에 공항 창문을 통해서 비행기를 살펴보지 않았다면 이 아이가 자신이 탄 비행기가 어떤 모습인지 알아내기는 쉽지 않습니다. 날개는 달렸는지, 엔진이 몇 개인지, 엔진이 날개 밑에 달렸는지 혹은 꼬리 쪽에 달렸는지, 외부에서 보지 않고 내부에서 알아내기는 쉽지 않습니다.
 그래도 방법은 있습니다. 첫 번째는 비행기 좌석 옆의 창문을 통해 밖에 있는 다른 비행기를 살펴보는 방법입니다. 다른 비행기를 보면서 내가 타고 있는 비행기의 모양을 파악해보는 것이지요. 물론 옆 게이트에 대기하고 있는 비행기가 내가 탄 비행기와 같은 종류의 비행기라는 것을 먼저 확인해야 합니다. 조그마한 프로펠러 비행기를 보고 내가 탄 대형 제트기의 모습을 추정해서는 곤란합니다. 두 번째 방법은 비행기 안에서 내부의 형태를 살펴보는 것입니다. 앞뒤로는 길고 폭은 좁고 천장은 둥그스름하고… 이런 과정을 통해서 비행기가 긴 원형 동체를 갖는다는 것을 파악할 수 있습니다. 물론 한계가 있습니다. 날개나 엔진은 파악할 수 없을 테니까요.

우리은하의 형태를 파악하는 일도 비슷합니다. 간단하게 말하면, 우리은하를 구성하는 수많은 별들의 거리와 위치를 파악해서 별들의 공간분포를 파악하는 일이 기본입니다. 천문학자들이 파악한 우리은하의 모습은 가을철 밤하늘을 빛내는 안드로메다은하와 상당히 비슷합니다.

은하라고 하면 가장 먼저 떠오르는 대상이 안드로메다은하입니다. 나선팔 모양이 담겨 있는 원반이 살짝 기울어진 형태를 보이는 안드로메다은하는 가을철 밤하늘에 볼 수 있는 가장 유명한 은하입니다. 우리은하와 비슷한 크기를 갖는 동급의 은하로는 가장 가까운 은하이기도 합니다. 안드로메다은하까지의 거리는 대략 250만 광년입니다. 사실은 우리은하에 비해서 두 배 정도 무겁기 때문에 형님뻘이라고 할 수 있습니다. 가장 가까운 은하라고 해도 매우 어둡기 때문에 맨눈으로 안드로메다은하를 살펴보기는 쉽지 않습니다. 전기가 발명되기 전, 도심의 불빛이 없던 시절의 사람들은 안드로메다은하를 성운이라고 불렀습니다. 마치 구름처럼 보였기 때문입니다. 하지만 안드로메다은하는 구름이 아니라 별과 가스와 먼지와 블랙홀로 구성된 하나의 소우주입니다.

안드로메다은하에 살고 있는 별은 대략 4,000억 개가 넘습니다. 피자처럼 생긴 원반 위로 검은 띠 모양과 함께 소용돌이처럼 생긴 나선팔이 보입니다. 거기에는 막 생성된 젊고 밝은 별들과 이 별들의 생성에 밑거름이 된 가스와 먼지들이 많이 분포되어 있습니다. 반면에 은하의 중심 부분은 수많은 별들이 밀집해 있어서 하나의 커다란 불덩어리처럼 보입니다. 온도가 낮은 별들이 밝게 빛나며 하얀 빛깔 혹은 노란 빛깔을 보입니다. 천문학자들은 이 부분이 돌출된 모양을 갖기 때문에 '중앙팽대부中央膨大部'라고 부릅니다. 영어로는 '벌지bulge'라고 합니다. 나중에 더 살펴보겠지만 중앙팽대부의 한복판에는 바로 거대질량 블랙홀이 자리 잡고 있습니다.

안드로메다은하의 사진을 보면 별들이 빽빽하게 밀집해 있는 듯 보입니다. 하지만 실제로는 별과 별 사이에 엄청나게 큰 빈 공간이 존재합니다. 수천억 개의 별들이 모여 있으니만큼 은하 내의 별 밀도가 매우 높을 거라고 생각하기 쉽습니다. 하지만 은하의 크기는 상상을 초월할 정도로 크기 때문에 수천억 개의 별은 서로 근접해 있지 않습니다. 안드로메다은하를 통과하며 여행을 하려면, 빛의 속도로 날아가는 우주선을 사용한다고 해도 수십만 년의 시간이 걸립니다. 태양에서 나오는 빛이 지구에 도착하는 데 10분이 채 걸리지 않는다는 사실을 생각하면, 빛의 속도로 수십만 년을 여행해야 하는 은하의 광대함에 그저 입이 딱 벌어집니다. 은하의 크기가 광대하기 때문에, 별의 숫자가 많더라도 별과 별 사이의 거리는 매우 멉니다. 그래서 각각 수천억 개의 별을 가진 우리은하와 안드로메다은하가 서로 충돌한다고 해도 별들끼리 부딪히는 교통사고가 날 염려는 별로 없습니다.

천문학자들이 별과 가스의 분포를 연구한 결과에 따르면 우리은하도 안드로메다은하와 비슷하게 생겼습니다. 우리은하도 원반을 가지고 있고 원반에 별들이 집중적으로 모여 있습니다. 나선팔의 형태도 갖고 있습니다. 중심 부분에는 안드로메다은하처럼 매우 밝은 중앙팽대부를 갖고 있습니다. 안드로메다은하를 자세히 관찰해보면서 우리은하의 모양을 상상해볼 수도 있겠지요. 안드로메다에서 우리은하 방향으로 사진을 찍으면 그 사진에 담긴 우리은하의 모습은 안드로메다은하와 비슷할 겁니다. 안드로메다은하의 나선팔에 있는 어느 행성에 외계인이 살고 있다면 그들도 우리처럼 은하수를 볼 수 있을 것입니다. 지구에서 보면 우리은하가 밤하늘의 은하수로 보이듯, 안드로메다은하도 그들에게는 밤하늘의 은하수처럼 보일 테니까요.

은하가 다양한 빛깔로 빛나는 이유는 무엇인가요?

우주를 담아낸 영상들 중에서 가장 아름다운 것이 은하의 모습입니다. 별과 가스와 먼지가 만들어내는 다채로운 빛깔로 채색된 은하들은 은하를 구성하는 식구들이 내부에서 어떤 형태로 운동하는지에 따라 다양한 모양을 드러냅니다. 별들이 회전운동을 하면서 원반에 집중적으로 분포하고 있으면 은하가 원반처럼 보이기도 하고 별들이 조금 더 많이 모여 있는 곳은 나선팔의 형태로 드러나기도 합니다. 우리은하나 안드로메다은하는 그래서 '나선은하'라고 부릅니다. 반면에 별들이 다양한 방향으로 무작위적으로 운동하는 경우, 은하의 모양은 마치 둥그스름한 타원처럼 보입니다. 이런 은하들은 '타원은하'로 분류합니다. 나선은하나 타원은하와 달리 형태가 일정하지 않고 불규칙한 모양을 갖고 있는 은하들도 많습니다. 이런 은하들은 '불규칙은하'라고 부릅니다.

은하가 드러내는 모습은 은하의 기원과 형성 과정을 담고 있는 중요한 단서가 됩니다. 은하를 연구하는 출발점은 은하의 모습을 살펴서 형태를 분류하는 일입니다. 나선은하나 타원은하로 분류해 보면, 은하 내에서 별들이 언제 생성되었는지, 은하는 어떤 진화 과정을 거쳤는지 추적하는 단서들을 어느 정도 얻을 수 있습니다. 타원은하들은 생성된 지 오래되어서 은하에 담겨 있는 별들도 나이가 많습니다. 새로운 별을 탄생시킬 재료가 되는 가스나 먼지도 그다지 포함하고 있지 않지요. 반면에 나선은하들은 많은 양의 가스와 먼지를 포함하고 있고 가스와 먼지에서 막 태어난 젊은 별들을 거느리고 있습니다. 타원은하에 비하면 훨씬 발랄하고 생동감 있는 은하들입니다.

은하가 아름답게 채색되어 있는 이유는 은하를 구성하는 식구들이 다양한 빛을 내기 때문입니다. 수천억 개의 별들은 각자의 온도에 따라 불그스름한 색에서 희푸르스름한 색까지 다채로운 색깔을 갖고 있습니다. 인터스텔라 공간의 가스는 뜨거운 온도 때문에 전자를 잃은 흥분된 상태로 보이기도 하고, 구성 원소에 따라 다양한 무지개 빛깔을 드러냅니다. 온도가 낮은 가스는 가시광선으로는 보이지 않고 전파를 내기도 합니다. 초미세먼지처럼 작은 알갱이로 되어 있는 우주 공간의 먼지들은 별이나 가스가 내는 빛을 흡수하기 때문에 검은 빛깔을 드러냅니다. 별과 가스와 먼지가 뒤엉킨

은하는 그래서 수채화를 그려놓은 듯 다양한 빛깔을 띱니다.

빛을 내지 않는 물질도 은하의 식구 중 하나입니다. 별이나 가스처럼 중력에 영향을 받지만, 별과 가스와는 다르게 스스로 빛을 방출하지 못하는 암흑물질dark matter은 그 이름 자체에 자신의 정체성을 어느 정도 담고 있습니다. 암흑물질은 별들을 다 합친 것보다 훨씬 많습니다. 별과 가스처럼 우리가 흔히 알고 있는 물질보다 암흑물질의 양이 대략 5배는 많습니다. 하지만 안드로메다은하 사진을 열심히 들여다봐도 암흑물질은 보이지 않습니다. 빛을 내지 않는 물질이니까요. 하지만 보이지 않아도 암흑물질이 존재한다는 사실을 알 수 있고 암흑물질의 양이 얼마나 되는지도 측정할 수 있습니다. 빛은 내지 않지만 중력은 내기 때문입니다. 그래서 천문학자들은 중력의 효과를 측정하여 은하 내 암흑물질의 양을 측정하고 연구합니다.

암흑물질처럼 빛을 내지는 않지만 암흑물질이 아니라 별과 가스를 구성하는 보통의 물질로 구성된 또 다른 식구가 있습니다. 바로 블랙홀입니다. 거대질량 블랙홀이라고 불리는 매우 무거운 블랙홀이 은하 중심에 자리 잡고 있습니다. 블랙홀은 빛을 내지 않으니까 은하를 아름답게 채색하는 데 도움이 되지 않을 듯하지만, 사실 블랙홀 근처에서 일어나는 다양한 현상들이 매우 특이한 빛을 내기도 합니다. 그래서 은하들의 중심이 시퍼트은하처럼 특별히 밝게 빛나기도 하고 우리 눈에는 보이지 않지만 엑스선이나 전파를 방출하며 은하를 더더욱 다채롭게 빛냅니다.

수천억 개의 별과 가스, 먼지 그리고 암흑물질과 블랙홀이 서로

그림 6-2 안드로메다은하. 우리은하와 비슷한 형태를 가진 안드로메다은하는 지구에서 약 250만 광년 떨어진 거리에 있다. 안드로메다은하는 나이가 많은 오래된 별들을 포함하여 막 태어난 젊은 별들과 가스와 먼지로 구성된 거대한 나선팔, 그리고 중심에 '벌지'라고 불리는, 별이 밀집하여 하얗게 빛나는 부분으로 구성되어 있다. 이 은하의 나선팔 어디엔가 있는 행성에서 밤하늘을 올려다본다면 마치 지구에서 은하수를 보는 것처럼(그림 6-1) 별무리를 볼 수 있을 것이다. Credit: GALEX, JPL-Caltech, NASA.

중력에 의해서 묶여 하나의 가족을 이루는 은하들이 하나하나 모여 우주의 거대한 구조를 형성합니다. 우주에는 이런 거대한 은하들이 최소한 1,000억 개 이상 존재합니다. 질량이 작은 은하들까지 포함하면 은하의 수는 수조 개 이상 된다는 연구 결과도 있습니다. 이 은하들 하나하나가 모인 우주 공간이 얼마나 큰지 차분히 생각해보는 것도 좋겠습니다. 우주는 인간의 상상을 초월하는 광대한 공간입니다. 우주의 역사를 연구하는 천문학자들이 풀어야 할 커다란 숙제 중 하나가 바로 은하들이 어떻게 태어나서 어떤 과정을 거치며 성장하고 변화하는지, 그 진화 과정을 밝혀내는 일입니다.

은하들의 모습을 담은 사진 중 최고의 걸작을 꼽으라면 '허블 익스트림 딥필드Hubble Extreme Deep Field' 영상이 강력한 후보가 될 겁니다. 허블 우주망원경으로 촬영한 가장 유명한 영상입니다. 허블 우주망원경은 버스만 한 크기의 관측시설인데 지구 밖 우주 공간에서 우주를 관측합니다. 지구 대기의 영향을 받지 않기 때문에 뛰어난 해상도를 자랑하고 가장 선명한 영상을 얻을 수 있는 최고의 관측시설입니다. 1996년에 '허블 딥필드' 사진이 처음 발표되었을 때 수많은 천문학자들이 감동의 도가니에 빠졌습니다. 허블 우주망원경을 사용해서 1995년 12월에 총 10일 동안 노출을 주고 찍은 사진이 먼저 발표되었던 것이지요. 인간의 눈으로 볼 수 있는 것보다 40억 배나 어두운 은하들이 발견되어 사진에 담겼습니다. 아무것도 보이지 않던 우주의 먼 공간에 약 3,000개의 새로운 은하들이 들어찬 모습을 목격하는 일은 참으로 놀라웠습니다.

2012년에는 장시간의 노출을 주고 찍은 사진들을 합성해서 우주 끝의 가장 어두운 은하들까지 담아낸 새로운 영상이 발표되었습니다. 이 영상은 더 깊은 우주를 담은 사진이기 때문에 '허블 익스트림 딥필드'라고 부릅니다. 노출 시간을 따지면 총 50일이나 됩니다. 우주 끝에 있는 아기은하들을 포함하여 총 5,500개의 은하들이 오색찬란하게 우주를 수놓은 모습이 담겨 있습니다. 이 은하들 하나하나가 안드로메다은하처럼 수많은 별과 가스로 이루어져 있는 소우주입니다. 희고 푸르스름하게 보이는 작은 은하들은 매우 먼 거리에 떨어져 있습니다. 수십억 광년 거리에 있는 은하들이 많습니다. 가장 멀리 있는 은하까지의 거리는 100억 광년이 넘습니다. 거리는 시간을 의미합니다. 이 은하들이 방출하는 빛이 지구까지 오는 데 걸리는 시간이 수십억 년에서 100억 년이나 된다는 뜻입니다. 다시 말하면, 이 은하들은 수십억 년에서 100억 년 전 과거의 모습을 우리에게 보여주고 있습니다. 멀리 볼수록 과거를 보게 됩니다. 빛의 속도에 한계가 있기 때문에 우리는 거리에 따라 시간의 파노라마처럼 막 태어난 아기은하의 모습에서부터 점점 은하가 진화하는 모습을 목격하게 됩니다.

우주가 탄생하던 138억 년 전의 모습은 매우 균일하고 단순했습니다. 그러나 시간이 지나면서 암흑물질들이 뭉치면서 은하들이 생성되기 시작했습니다. 다양한 은하들이 태어나고 진화를 거치면서 우주는 지금처럼 다양한 구조를 갖게 되었습니다. 황무지 같던 광야에 벽돌들이 쌓이고 구조를 이루어 거대한 건축물을 이룬 셈입니다. 은하의 탄생과 진화 과정은 우주의 시작에서부터 현재까지 우주의 역사를 면면히 담아냅니다. 그래서 은하의 기원과 진화

그림 6-3 허블 익스트림 딥필드. 허블 우주망원경으로 찍은, 우주 끝에 존재하는 은하들의 모습. 총 50일에 해당하는 장시간의 노출을 주고 우주의 한 방향으로 허블 우주망원경을 지향하여 찍은 이 영상에는 가까운 우주에 존재하는 현재 은하들의 모습은 물론 100억 광년이나 떨어진 막 생성된 아기은하들의 모습이 담겨 있다. 이 은하들 하나하나에는 안드로메다은하처럼 엄청난 양의 별과 가스, 먼지 등이 포함되어 있다. Credit: Hubble Extreme Deep Field Team and NASA.

연구는 천문학에서 매우 중요한 주제입니다.

　더 흥미로운 사실은, 최근의 연구 결과에 의하면 은하들이 진화하는 과정에 거대질량 블랙홀들이 상당히 중요한 역할을 했을지도 모른다는 점입니다. 시퍼트은하처럼 거대질량 블랙홀은 은하의 중심부에 존재합니다. 은하들 하나하나마다 그 중심에 거대질량 블랙홀을 하나씩 거느리고 있다는 점이 20세기 말에 새로이 발견되었습니다. 1990년대 중반까지만 해도 은하 중심에 거대질량 블랙홀이 존재한다는 사실이 확증되지는 않았지만 지난 20여 년 사이에 거대질량 블랙홀이 실제로 존재한다는 강력한 관측 증거들이 나오기 시작했습니다. 그중에서 가장 확실한 증거는 바로 우리은하의 한복판에 있는 거대질량 블랙홀의 존재입니다. 이 블랙홀은 지구에서 가장 가까운 거대질량 블랙홀이기도 합니다. 거대질량 블랙홀들이 은하의 진화 과정을 어떻게 쥐고 흔들었는지를 다루기 전에, 먼저 우리은하의 중심에 살고 있는 거대질량 블랙홀이 발견된 과정을 살펴보기로 할까요?

우리은하 중심의 거대질량 블랙홀

　밤하늘의 은하수를 죽 따라가다 보면 우리은하 중심 방향을 볼 수 있습니다. 여름 밤 남쪽 지평선 쪽에 사수자리Sagittarius가 있습니다. 바로 이 별자리 방향이 우리은하의 중심부를 향합니다. 사수자리를 넘어 우리은하 중심부를 들여다볼 수 있다면 거기에는 어떤 비밀이 담겨 있을까요? 우리은하는 시퍼트은하도 아니고 퀘이사를 포함하고 있지도 않습니다. 하지만 우리은하의 중심에는 거대질량 블랙홀의 비밀이 담겨 있습니다. 1990년대 중반부터 대형 망원경으로 관측한 결과, 우리은하의 중심부에서 블랙홀이 만들어내는 특징들이 발견되었고, 블랙홀이 존재한다는 증거들이 나오기 시작했습니다. 블랙홀 주변을 회전운동하는 별들을 수년 동안 계속 모니터링해서 연구한 결과, 별들의 운동을 일으키는 블랙홀의 존재가 확인된 것입니다. 그 블랙홀의 질량은 태양질량의 400만 배로 측정되었지요. 우리은하 중심의 블랙홀은 지구에서 가장 가까운 거대질량 블랙홀이며 지금까지 발견된 블랙홀 중에서 가장 확실한 관측적 증거로 입증되는 블랙홀입니다. 물리적으로는 그리 특별한 블랙홀은 아니지만 천문학적으로 특별합니다. 매우 가까이 있어서 자세한 연구가 가능하기 때문입니다. 이 거대질량 블랙홀이 발견된 흥미로운 과정을 살펴보기로 합시다.

태양으로부터 약 2만 6,000광년 떨어진 곳에 위치하는 우리은하의 중심부는 매우 밝게 빛나는 영역입니다. 많은 별들이 좁은 공간에 모여서 별빛이 합쳐져서 보이기 때문입니다. 안드로메다은하처럼 다른 은하들을 관측해도 마찬가지로 은하의 중심 부분이 매우 밝습니다. 하지만 지구에서 우리은하 중심부를 관측하기는 쉽지가 않습니다. 지구가 속해 있는 태양계가 우리은하의 평면에 위치하고 있기 때문이지요. 우리은하의 나선팔과 은하 평면에는 많은 양의 먼지가 분포하고 있습니다. 지구와 우리은하의 중심부 사이에 놓여 있는 먼지들이 은하 중심에서 오는 가시광선을 대부분 흡수하고 막아버립니다. 그래서 지구에서 우리은하 중심부를 보면 오히려 어둡게 보입니다. 어느 아파트 거실에 불이 켜져 있는지 여부는 앞 동에 사는 사람은 쉽게 알 수 있지만, 위층이나 아래층에 사는 사람은 알 수가 없습니다. 층과 층 사이에 있는 콘크리트가 빛을 막아버리기 때문입니다. 은하 중심은 원래 엄청나게 밝지만 은하 중심 방향에 있는 먼지들이 별빛을 흡수하기 때문에 우리은하 중심의 비밀을 풀어내는 일은 쉽지 않습니다. 우리 눈에 보이는 가시광을 주로 검출하는 광학망원경을 가지고는 우리은하의 중심을 연구할 수 없는 셈입니다. 그렇다면 다른 방법은 없는 걸까요?

케이사가 발견되고 10여 년 후, 전파망원경 기술이 조금씩 발전하고 있던 1974년에 브루스 밸릭과 로버트 브라운은 우리은하의 중심 방향에서 나오는 강한 전파를 관측했습니다. 먼 우주에서 발견되는 케이사들처럼 우리은하의 중심부에서도 강한 전파가 뿜어져 나오고 있었던 것입니다. 우리은하 중심에는 케이사가 없습니다. 우리은하는 시퍼트은하도 아닙니다. 그럼에도 불구하고 전파를 내는 어떤 천체가 우리은하 중심부에 존재하고 있다는 걸 알게 된 것입니다. 인간의 눈에 보이는 가시광선은 먼지에 흡수되어버리지만, 파장이 긴 전파는 먼지를 통과해서 지구에 도착합니다. 가시광선과 전파는 둘 다 전자기파로 불리는 빛입니다. 파장이 다를 뿐입니다. 가시광선은 벽을 뚫고 들어올 수 없지만 전파는 가능합니다. 그래서 우리는 벽으로 막혀 있는 집 안에서 텔레비전도 보고 핸드폰도 사용할 수 있습니다. 가시광선과 다르게 전파는 지구와 우리은하 중심 사이에 놓여 있는 먼지들에 흡수되지 않고 은하 중심의 정보를 지구에 전해주었습니다. 전파망원경을 통해 은하 중심의 비밀이 조금씩 드러나기 시작했습니다.

밸릭과 브라운이 발견한 우리은하 중심의 전파원에는 '사지타리우스 ASagittarius A'라는 이름이 붙여졌습니다. 우리은하 중심이 별자리 중에서 사수자리(영어로 '사지타리우스') 영역이었기 때문이었고, 전파를 내는 전파원이 발견되면 알파벳 A를 붙이는 것이 관례였기 때문입니다. 우리은하의 중심부에 전파를 방출하는 천체가 있다는 예측은 그보다 몇 해 전인 1971년에 도널드 린덴-벨과 마틴 리스

그림 6-4 여름밤의 은하수와 우리은하 중심 부분의 별자리들. 왼쪽 위에서 오른쪽 아래로 대각선으로 보이는 검은 띠 모양이 은하수다. 우리은하의 원반에 놓여 있는 많은 별들과 별빛을 흡수하는 먼지들 때문에 검게 보인다. 가운데 가장 밝은 부분에서 약간 오른쪽으로 떨어진 어두운 영역이 우리은하의 중심 방향이며 그곳에 거대 블랙홀이 자리 잡고 있다. Credit: William Keel(University of Alabama).

에 의해서 제기되었습니다. 1960년대에 먼 우주에서 발견된 퀘이사들이 사실은 은하의 중심부에 살고 있는 거대질량 블랙홀일 것이라는 주장이 힘을 얻게 되자, 이 두 사람은 우리은하의 중심에도 거대질량 블랙홀이 존재할 것이라고 예측했던 것입니다. 그리고 거대질량 블랙홀이 존재한다면 퀘이사들처럼 전파를 방출할 것으로 기대했습니다. 린덴-벨과 리스의 예측은 적중했습니다. 밸릭과 브라운의 발견은 우리은하의 중심부에도 거대질량 블랙홀이 있을 가능성을 보여주는 첫걸음이었습니다. 그 후 다양한 연구가 진행되면서 엑스선 망원경으로 우리은하의 중심부를 관측해서 엑스선이 검출됩니다. 우리은하 중심부에는 전파와 엑스선을 방출하는 무언가가 숨겨져 있었던 겁니다. 퀘이사만큼 강한 전파나 엑스선이 방출되는 것은 아니었지만 퀘이사와 비슷한 무언가가 우리은하 중심에 존재하고 있다는 건 분명한 사실이었습니다. 그것이 바로 거대질량 블랙홀일 가능성은 점점 높아지게 됩니다.

거대질량 블랙홀이 우리은하 중심에 존재한다는 사실을 입증하는 데 결정적인 역할을 한 것은 적외선 카메라였습니다. 가시광선보다 파장이 조금 긴 적외선을 검출하는 적외선 카메라들은 1990년대에 들어 본격적으로 개발되기 시작했지요. 액션영화에서 어두운 밤에 특수부대 요원들이 쌍안경 같은 것을 눈에 착용하고 작전에 임하는 장면을 본 적이 있을 겁니다. 이런 장치들이 바로 적외선 검출기 혹은 적외선 카메라입니다. 어두운 밤에는 가시광선을 검출하는 인간의 눈으로는 사물을 구별할 수가 없습니다. 하지만 적외선을 사용하면 가능해집니다. 적외선은 사람이나 동물, 혹은 자동차나 탱크처럼 열을 내는 물체에서 나오는 일종의 빛입니다. 적외선 카메라는 열을 가진 물체에서 나오는 적외선을 검출하는 장치이지요. '열감지 카메라'라고 부를 수도 있습니다. 그래서 적외선을 이용하면 깜깜한 밤에도 사람이나 탱크의 움직임을 파악할 수 있습니다.

마찬가지로 우주관측에서 적외선 카메라는 매우 유용합니다. 왜냐하면 먼지를 뚫고 보이지 않았던 영역을 볼 수 있기 때문입니다. 우주 공간의 먼지는 입자의 크기가 대략 1미크론 정도 됩니다. 종종 한반도를 뒤덮는 미세먼지의 크기가 대략 10미크론 정도이고 초미세먼지는 2.5미크론보다 작습니다. 그러니까 우주 먼지도 대략 초미세먼지보다 작거나 비슷하다고 생각하면 좋습니다. 우주의 먼지는 자신의 크기보다 파장이 짧은 가시광선은 흡수하지만 파장이 긴 적외선은 흡수하지 않습니다. 파장이 짧은 가시광선은 벽을 통과할 수 없지만 파장이 긴 전파는 벽을 통과할 수 있는 것과 같은 원리입니다(그림 8-2 참조). 그래서 우리은하 중심부는 가시광선으로 보면 어둡게 보이지만 적외선으로 보면 자세한 연구가 가능합니다. 적외선 카메라로 찍으면 보이지 않던 별들의 모습이 하나하나 드러나는 것이지요. 이렇게 가려져 있던 별들을 이용해서 블랙홀의 존재를 입증하는 활발한 연구가 시작되었습니다.

적외선뿐만 아니라 전파나 엑스선도 먼지에 흡수되지 않으니 이들을 사용해서 숨어 있던 별들을 연구할 수도 있었을 텐데 왜 적외선이 중요한 역할을 했던 걸까요? 그 이유는 별은 전파와 엑스선을 거의 방출하지 않기 때문입니다. 전파나 엑스선으로 우리은하 중심부를 촬영하면 별들은 보이지 않습니다. 별은 주로 가시광선을 내고 적외선과 자외선을 함께 방출합니다. 별의 대기 온도는 수천에서 수만 도 정도이기 때문에 가시광선 영역대의 빛이 가장 강하게 나옵니다. 반면에 전파나 엑스선은 거의 방출하지 않습니다. 블랙홀 연구에서 중요한 과제는 바로 별들의 운동을 파악하는 일이었고 적외선 관측이 해결책이 되었습니다.

적외선 카메라로 찍은 영상을 보면 우리은하 중심에는 수많은 별들이 밀집해 있다는 사실이 분명해집니다. 은하 전체를 평균적으로 보면 광활한 빈 공간에 별들이 띄엄띄엄 자리 잡고 있지만 우리은하의 중심부는 별 밀도가 매우 높습니다. 크기가 수 광년 정도밖에 되지 않는 상자 안에 1,000만 개나 되는 별이 집중적으로 분포하고 있으니 그야말로 강남역만큼 밀도가 높습니다. 이 별들을 자세히 분석해서 거대질량 블랙홀에 관한 중요한 단서를 얻었던 것이지요.

블랙홀이 존재한다는 사실을 어떻게 알아낼 수 있을까요?

우리은하의 중심부에 거대질량 블랙홀이 존재한다는 사실을 입증하는 방법은 오래전 검은 별을 예측한 미첼이 제안한 것처럼 블랙홀 주위를 도는 별들의 궤도를 연구하는 것입니다. 거대질량 블랙홀이 정말로 존재한다면 그 블랙홀은 엄청난 중력으로 많은 별들을 빠르게 운동시키고 있을 것입니다. 블랙홀 주변 별들의 운동을 분석해서 얼마나 빠르게 블랙홀 주변을 공전하는지 측정할 수 있다면 그 운동에 필요한 중력을 계산할 수 있습니다. 그리고 그 중력을 통해서 중심부에 있는 천체의 질량을 계산할 수 있지요. 그 질량이 엄청나게 크다면 그것이 바로 거대질량 블랙홀의 증거가 됩니다. 미첼이 고안했던 바로 그 방법입니다.

로스앤젤레스 소재 캘리포니아 대학의 한 연구팀은 지난 20여 년간 우리은하 중심에 있는 미지의 대상의 질량을 측정하기 위해서 장고의 노력을 기울여왔습니다. 안드레아 게즈 교수가 이끄는 이 팀은 은하 중심에 분포하는 별들을 뽑아서 별 하나하나의 궤도를 측정하는 프로젝트를 시작했습니다. 세계에서 가장 큰 망원경으로 하와이 빅아일랜드에 위치한 구경 10미터의 켁 망원경과 칠레 북부에 지어진 구경 3.5미터짜리 NTT 망원경에 장착된 적외선 카메라를 이용해서 약 20개의 별의 궤도를 정밀하게 측정하는 작업이 1995년에 시작되었는데 지금도 계속되고 있습니다. 약 5년간 관측한 자료를 토대로 1999년에 첫 번째 결과가 발표되었습니다. 그 후 2014년에는 20년간의 연구 결과를 종합해서 발표했지요.

이 연구팀뿐만 아니라, 라인하르트 겐젤 교수가 이끄는 독일 막스플랑크 연구소의 팀도 독립적으로 연구를 수행해왔습니다. 이들이 사용한 방법을 쉽게 이야기하면 다음과 같습니다. 대형망원경을 이용해서 주기적으로 블랙홀 주변 별들의 사진을 찍습니다. 그러면 시간에 따라 별들이 이동하는 움직임을 추적할 수 있거든요. 20년가량 관측한 자료를 종합해서 보면 약 20개의 별들이 각각 어떻게 운동하는지 정확한 궤도를 얻을 수 있습니다. 이 별들은 매우 빠르게 운동합니다. 시속 500만 킬로미터나 되는 엄청난 속도로 회전운동을 하기 때문에 대략 15~20년이면 은하 중심을 한 바퀴 회전합니다. (참고로 은하 중심에서 멀리 떨어져 있는 태양의 경우는 우리은하의 중심을 한 바퀴 도는 데 약 2억 년의 시간이 걸립니다.) 특히, 중심에서 가장 가까이에 있는 세 개의 별이 흥미롭습니다. SO-1, SO-2, SO-4라는 이름이 붙여진 3개의 별은 블랙홀에 상당히 가깝게 다가갑니다. SO-2의 경우는 블랙홀 주변을 한 바퀴 도는 데 걸리는 시간, 즉 공전주기가 약 16년입니다. 블랙홀에 가장 가까이 접근할 때 블랙홀과의 거리는 약 200억 킬로미터밖에 되지 않습니다. 빛의 속도로 약 20시간 정도 걸리는 거리이고 태양에서 해왕성까지 거리의 다섯 배 정도입니다. 한편 SO-2를 비롯한 여러 별들의 거리와 속도를 바탕으로 계산해보면 중심부에는 약 태양질량의 400만 배에 해당되는 엄청나게 무거운 천체가 존재해야 합니다. 그만큼의 질량이 SO-2가 공전하는 궤도 안쪽에 자리 잡고 있다는 말입니다. 태양계 크기의 몇 배 정도밖에 되지 않는 매우 작은 공간에 태양이 400만 개 정도 채워져 있어야 이 별들의 공전운동이 설명이 됩니다. 그렇다면 이렇게 큰 질량을 가지면서 가시광선으로는 보이지 않는 이 천체의 정체는 무엇일까요? 몇몇 과학자들이 예측한 대로 거대한 질량을 갖는 블랙홀일까요? 아니면 어떤 다른 존재일까요?

블랙홀일까, 아닐까?

블랙홀이 아닌 다른 가능성으로는 먼저, 엄청나게 많은 수의 별들이 좁은 공간에 집중적으로 모여 있는 경우를 생각해볼 수 있습

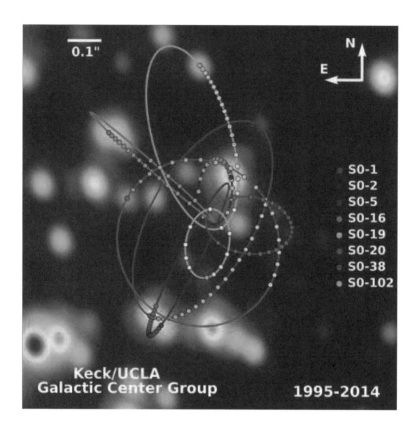

그림 6-5 우리은하 중심 부분의 적외선 영상과 별들의 공전운동. 거대질량 블랙홀의 중력에 의해서 빠른 속도로 공전하고 있는 별들의 공전궤도가 여러 색으로 표시되어 있다. 적외선 영상에서 블랙홀은 보이지 않지만 전파망원경으로 확인된 사지타리우스 A의 위치가 바로 사진의 중앙이고 거대질량 블랙홀의 위치이다. 1995년부터 2014년까지 찍은 사진들을 분석한 결과, 블랙홀 주위를 공전하는 여러 개의 별들의 운동궤도가 결정되었다. 약 20년에 걸쳐 별들의 공전궤도를 분석해보니 우리은하의 중심에는 태양질량의 약 400만 배에 해당하는 질량을 가진 천체가 존재해야 했다. 이 위치에서는 퀘이사들이 뿜어내는 것과 비슷한 전파와 엑스선이 방출된다. 가장 가깝게 블랙홀에 접근하는 별 SO-2의 공전궤도는 태양계 크기의 4~5배 정도에 해당한다. 이처럼 좁은 공간에 거대한 질량이 포함되어 있다는 사실은 우리은하 중심에 거대질량 블랙홀이 존재함을 알려준다. Credit: UCLA Galactic Center Group.

니다. 하지만 SO-2 별의 공전궤도 안쪽에서는 전파와 엑스선이 방출될 뿐, 가시광선이나 적외선으로는 아무것도 보이지 않습니다. 그렇기 때문에 보통의 별들이 밀집해 있다고 볼 수는 없습니다. 일반적인 별들이라면 당연히 가시광선이나 적외선을 방출할 테니까요. 그렇다면 빛을 내는 별을 제외하고 핵융합 반응이 끝나서 더 이상 빛을 내지 못하는 죽은 별들을 생각해볼 수도 있겠지요. 별이 연료를 다 소모하면 더 이상 빛을 내지 못합니다. 그 내용은 7장에서 자세히 살펴보겠습니다. 어쨌거나 더 이상 빛을 내지 못하는 특별한 종류의 별들이 엄청나게 많이 모여 있다면 SO-2를 비롯해서 적외선으로 관측된 별들의 운동을 일으키는 거대한 중력을 설명할 수 있지 않을까요?

그럴듯합니다만 다른 문제가 있습니다. 빛을 내든 내지 않든, 수많은 별들을 SO-2 별의 궤도 안쪽에 밀집되게 넣을 수가 없기 때문입니다. 태양계의 너덧 배 정도밖에 되지 않는 작은 공간 안에 약 400만 개의 죽은 별을 밀어 넣으면, 이 별들은 중력적으로 매우 불안정하기 때문에 오랜 시간이 지나지 않아서 흩어져버리게 됩니다. 좁은 공간에 밀집해 있다 보니 서로 중력의 영향을 받게 되고 안정된 궤도를 가질 수 없습니다. 그래서 더 넓은 공간으로 흩어져버리고 맙니다. '역학적으로 불안정하다'고 표현하기도 합니다만, 요점은 별들의 집단이 좁은 공간 안에 들어 있을 수는 없다는 것입니다.

또 다른 가능성으로는 뉴트리노neutrino라는 작은 입자가 있습니다. 뉴트리노는 물질을 구성하는 입자들 중에서도 매우 작은 입자에 속합니다. 전기적으로는 중성이고 크기가 작아서 '중성소립자'라고 불립니다. 하지만 약 400만 태양질량만큼 뉴트리노 입자들을 모아놓으면 아무리 꽉꽉 채워도 그 크기는 0.06광년쯤 됩니다. 즉, SO-2 별이 돌고 있는 공전궤도보다 훨씬 더 큰 공간을 차지한다는 뜻입니다. 뉴트리노로 채워서 별들의 운동을 설명하기에는 중심부의 영역이 너무나 작습니다.

결국 천문학자들은 매우 좁은 공간에 엄청난 양의 질량이 들어있다는 관측적 사실에 어긋나지 않으려면 중심에 존재하는 천체는 블랙홀일 수밖에 없다는 결론에 도달합니다. 블랙홀이 아니면 그 정도의 밀도를 가질 수 없다는 결론이지요. 사실, 블랙홀이 실제로 눈앞에 존재하더라도 실험이 불가능한 천문학에서 블랙홀의 존재를 입증하기는 쉽지 않습니다. 그러나 블랙홀 근처에 운동하는 별들을 관측해서 비교적 정확하게 질량을 측정할 수 있고 별들의 공전궤도 안쪽의 밀도를 근거로 다른 가능성들을 제거함으로써 천문학자들은 거대질량 블랙홀의 존재를 입증하게 되었습니다. 우리은하 중심에 거대질량 블랙홀이 존재한다는 사실을 검증한 방법은 바로 오래전에 검은 별을 예측한 미첼이 검은 별의 존재를 검증하기 위해 제시했던 그 방법입니다. 미첼의 시대에 검은 별은 검증되지 못했지만, 우리은하 중심의 거대질량 블랙홀은 대형망원경과 최첨단의 적외선 카메라 기술을 통해 면밀하게 입증되었다는 것이 차이점입니다.

2020년 가을, 블랙홀 연구자 세 명이 노벨물리학상을 수상하게 되었다는 반가운 소식이 들려왔습니다. 로저 펜로즈는 일반상대론의 특이점 정리로 블랙홀의 존재가능성을 예측한 이론연구의 공로로 노벨상을 받게 되었고, 상금의 50퍼센트가 그의 몫으로 돌아갔습니다. 그리고 나머지 50퍼센트는 앞에서 소개한 우리은하 중심의 거대질량 블랙홀을 연구한 라인하르트 겐젤과 안드레아 게즈에게 주어졌습니다. 독일과 미국의 연구팀을 각각 이끌어온 이 두 과학자는 지난 20여 년 동안 우리은하 중심의 별들의 운동을 면밀하게 연구하여 발견한 역학적인 증거를 바탕으로 블랙홀이 존재한다는 사실을 입증했으며, 그 공로로 노벨상을 받게 되었습니다. 블랙홀 연구자들의 공로를 과학계가 인정하고 높이 평가했다는 사실은 블랙홀 과학자들에게 큰 힘이 되지 않을까 합니다.

모든 은하가 블랙홀을 소유한다

  퀘이사를 연구하던 과학자들은 퀘이사 현상이 은하의 내부에서 일어난다고 예측했습니다. 우주의 구조를 이루는 기본 단위인 은하 안에 거대질량 블랙홀이 속해 있을 것이라는 기대는 어쩌면 당연했습니다. 은하와 은하 사이, 우주의 빈 공간에 홀로 동떨어진 퀘이사를 상상하는 건 왠지 엉뚱합니다. 엄청난 에너지를 방출하는 블랙홀의 엔진을 가동시키려면 많은 양의 가스를 블랙홀로 공급해주어야 합니다. 그렇다면 가스를 많이 포함하고 있는 은하의 중심부가 거대질량 블랙홀들의 적합한 거처가 됩니다. 거대질량 블랙홀은 은하의 식구들 중에서 가장 몸무게가 많이 나가는 큰형님이기 때문에 은하 내 별들의 운동과 역학을 고려하면 은하 중력장의 중심인 한가운데에 자리 잡고 있을 것으로 예측되기도 합니다.
  하지만 5장에서 살펴본 것처럼 퀘이사는 은하 전체의 별빛을 합한 것보다 훨씬 더 밝게 빛나기 때문에 퀘이사가 과연 은하 내부에 위치하고 있는지 알아내기란 쉽지 않습니다. 퀘이사를 포함하고 있는 먼 우주의 은하들은 매우 어둡고 퀘이사의 빛에 묻혀서 잘 보이지 않습니다. 예를 들어, 다가오는 자동차의 운전자가 담배를 피우고 있다고 해도 자동차 헤드라이트가 너무 밝아서 담뱃불을 보기 어려운 것과 마찬가지입니다. 빛나는 아이돌 옆에 있는 매니저는 잘 보이지 않는 법이지요. 더군다나 퀘이사가 주로 발견된 먼 우주를 관측해보면 은하들의 크기는 너무나 작게 보입니다. 사진에 담기는 은하의 크기는 퀘이사의 크기와 비슷한 정도이기 때문에 퀘이사를 품은 은하를 발견하는 일은 쉽지 않습니다.

그러나 천문학자들이 그대로 물러서는 법은 없습니다. 최상의 해상도를 자랑하는 우주망원경인 허블 우주망원경이 계획되던 1980년대부터 허블 우주망원경의 핵심 과제 중 하나로 꼽힌 것이 바로 퀘이사들이 과연 은하 내부에서 일어나는 현상인지를 밝히는 일이었습니다. 이 과제는 우주의 팽창속도인 허블 상수를 측정하는 임무와 더불어 허블 우주망원경이 아니라면 달성하기 어려운 중대한 임무였지요.

퀘이사를 제거하고 은하를 검출하는 방법은?

별이나 퀘이사는 물리적인 크기가 매우 작습니다. 그래서 아무리 큰 망원경으로 확대해서 봐도 그냥 점으로밖에 보이지 않습니다. 반면에 은하의 경우는 별이나 퀘이사에 비하면 엄청난 크기를 갖

WFPC2

ACS • HRC

Quasar 3C 273
Hubble Space Telescope • ACS HRC Coronagraph

NASA, A. Martel (JHU), the ACS Science Team, J. Bahcall (IAS) and ESA • STScI-PRC03-03

그림 6-6 퀘이사와 퀘이사를 품고 있는 은하. 왼쪽에 보이는 퀘이사는 1963년에 처음 발견된 퀘이사인 3C 273의 모습이다. 허블 우주망원경으로 찍은 사진의 중심 부분에는 매우 밝은 퀘이사가 보인다. 그리고 그 바깥쪽으로는 약간 어둡지만 넓은 면적을 차지하는 은하가 어렴풋이 보인다. 왼쪽 사진의 박스를 확대한 오른쪽 사진을 보면 퀘이사를 품고 있는 은하의 모습을 더 자세히 볼 수 있다. 이 사진은 '코로나그래프'라는 장치를 이용하여 중심부에 있는 밝은 퀘이사의 빛을 가려서 주변에 있는 은하의 모습을 찍은 것이다. Credit: J. Bahcall(IAS), A, Martel(JHU), H. Ford(JHU), M. Clampin(STScI), G. Hartig(STScI), G. Illingworth(UCO), ACS team, NASA, and ESA.

고 있기 때문에 점이 아니라 넓게 퍼진 면적으로 보입니다. 은하의 사진을 보면 주로 원반이나 타원처럼 보이지요. 하지만 실제로 별 사진을 찍어보면 한 점point source이 아니라 약간 퍼진 형태로 보입니다. 그 이유는 빛이 지구 대기를 통과하면서 산란되고 흩어지기 때문입니다. 그래서 빛이 카메라 스크린의 한 점에 떨어지는 대신 약간 퍼진 형태로 찍히게 됩니다. 이렇게 별이 어느 정도 퍼지는지 그 크기를 나타난 값을 천문학에서 '시상seeing'이라고 부릅니다.

　허블 망원경과 같은 우주망원경의 경우는 지구 대기의 영향을 받지 않기 때문에 상황이 달라집니다. 별의 모양이 지구의 대기에 의해서 퍼지지 않고 매우 작게 찍힙니다. 그러나 여전히 점으로 보이지는 않습니다. 그 이유는 양자역학의 효과 때문입니다. 대기권 밖에서 별을 관측하기 때문에 지구 대기에 의해서 별빛이 퍼지는 효과는 방지할 수 있지만 여전히 빛은 파동이기 때문에 양자역학의 효과만큼 퍼질 수밖에 없습니다. 그래도 지구 대기 효과에 비하면 양자역학의 효과는 매우 작습니다. 그래서 허블 우주망원경으로 별이나 퀘이사를 찍으면 거의 점원點圓처럼 빛이 모이게 됩니다. 반면에 퀘이사를 품고 있는 은하는 넓게 퍼진 영역에 그 모습을 드러내게 됩니다. 허블 우주망원경으로 촬영한 그림 6-6을 보면 이해하기가 쉬울 것입니다. 왼쪽에는 퀘이사가 매우 밝게 빛나는 모습이 담겨 있습니다. 그런데 자세히 보면 중심에서 밝게 빛나는 퀘이사보다 조금 더 넓은 면적에서 약한 빛이 나오는 것을 볼 수 있습니다. 이 약한 빛은 바로 은하에서 나오는 것입니다. 물론 퀘이사가 은하보다 훨씬 밝기 때문에 이 영상으로 은하의 존재를 확인하기는 쉽지 않습니다. 그래서 천문학자들은 퀘이사의 빛을 제거하는 방법을 사용합니다.

천문학자들이 취한 방법은 이랬습니다. 우선 퀘이사의 사진을 찍은 뒤에 퀘이사의 빛이 퍼진 정도를 정확한 모델로 만듭니다. 지상의 망원경들과 달리 허블 우주망원경의 이미지는 매우 선명하고 해상도가 높기 때문에 사진에 담긴 퀘이사의 빛이 퍼진 정도도 매우 작습니다. 양자역학의 회절한계로 인해 빛이 한 점에 떨어지지 않고 살짝 퍼진 형태로 보이지만 그 크기가 매우 작고 시간에 따라 변하지도 않기 때문에 정확한 모델을 만드는 일이 가능합니다. 퀘이사는 은하와 함께 찍히지요. 때문에 은하의 빛에 영향을 받아 정확한 모델을 만들기 어렵다면 퀘이사 대신에 별을 사용하기도 합니다. 별이나 퀘이사 둘 다 점원에 해당하기 때문에 똑같은 회절한계를 갖고, 그래서 퍼진 형태도 같기 때문입니다. 퀘이사나 별이 퍼진 형태를 모델로 만들었다면 이제는 퀘이사가 찍힌 영상에서 이 모델을 빼줍니다. 그러면 퀘이사의 모습은 사라지고 숨겨졌던 은하가 모습을 드러냅니다. 퀘이사가 은하 중심에서 발생하는 현상이라면 이 과정을 통해 압도적으로 빛나는 퀘이사의 빛을 제거함으로써 은하의 존재를 확인할 수 있지요. 그림 6-6의 오른쪽은 퀘이사의 빛을 제거하고 남은 영상입니다. 이 영상의 경우는 '코로나그래프coronagraph'라는 기기로 중심에서 밝게 빛나는 퀘이사를 가리고 주변의 은하만 찍은 영상입니다만, 퀘이사의 빛을 모델로 만들어 빼준 영상처럼 퀘이사를 품고 있는 은하의 모습을 명확히 볼 수 있습니다.

퀘이사의 빛을 빼주는 분석 방법은 지상의 망원경으로 얻은 데이터를 사용해도 어느 정도 가능합니다. 그러나 지구 대기 때문에 점원이 퍼지는 정도가 훨씬 클 뿐만 아니라 퍼지는 양상이 시간에 따라 계속 변하기 때문에 지상 망원경을 사용해서는 퀘이사의 빛을 제거하기가 매우 어렵습니다.

허블 우주망원경은 퀘이사의 밝은 빛에 가려 있던 은하들을 명확히 드러냈습니다. 거의 30년 동안 구체적인 답을 얻지 못했던 문제가 허블 우주망원경의 활약으로 깨끗하게 해결된 것입니다. 결국 퀘이사는 은하 내에서 발생하는 현상이었습니다. 시퍼트은하와 마찬가지로 거대한 은하의 중심부에서 강력한 빛이 나오고 있었습니다. 그리고 그 빛의 근원은 바로 거대질량 블랙홀이었습니다. 시퍼트은하와 퀘이사가 모두 '활동성 은하핵'입니다.

그러나 여전히 질문은 남습니다. 왜 모든 은하가 퀘이사를 포함하는 은하나 시퍼트은하는 아닌 걸까요? 어떤 특별한 종류의 은하들만이 그 중심에서 블랙홀이 활발하게 빛을 내는 걸까요? 퀘이사를 품은 은하와 퀘이사를 품지 않은 은하는 어떤 차이가 있는 걸까요? 100개의 은하를 관측하면 그중 한 개의 은하가 퀘이사를 품고 있습니다. 그만큼 퀘이사는 보기 드문 현상입니다. 어떤 천문학자들은 블랙홀의 유무가 답일 거라고 생각했습니다. 100개의 은하 중 하나의 은하만 블랙홀을 갖고 있다면 그 은하는 퀘이사를 품은 은하가 됩니다. 그러나 나머지 99개의 은하는 블랙홀을 소유하고 있지 않기 때문에 퀘이사 현상이 발생할 수 없다는 견해였습니다. 다른 천문학자들은 블랙홀의 활동성의 차이가 원인이라고 생각했습니다. 100개의 은하가 모두 블랙홀을 갖고 있지만 그중 1개의 블랙홀만 가스를 삼키며 블랙홀의 엔진이 가동되면 강렬한 빛이 발생합니다. 그러나 나머지 99개의 은하는 블랙홀을 소유하기는 하지만, 이 블랙홀들은 가스를 집어삼키지 않는 비활성 상태에 있다는 견해였습니다. 즉, 블랙홀의 활동성의 차이로 퀘이사 현상을 이해했습니다.

이 두 가지 시나리오 중에 어느 것이 맞을까요? 은하들 중에는 블랙홀을 소유하고 있는 특별한 종류의 은하가 있는 걸까요? 아니면 모든 은하들이 블랙홀을 품고 있지만 특별한 경우에만 블랙홀이 퀘이사로 변하는 걸까요?

이 질문은 오히려 퀘이사 현상이 관측되지 않는 일반적인 은하들의 연구를 통해 해결되었습니다. 지구에서 가장 가까운 거대질량 블랙홀이 살고 있는 우리은하, 그리고 안드로메다은하를 비롯하여 비교적 가까운 거리에 있는 은하들이 거대질량 블랙홀들을 소유하고 있음이 알려졌기 때문입니다. 우리은하만큼 자세하게 관측할 수는 없더라도 가까운 은하들의 경우는 어느 정도 중심부를 상세히 들여다볼 수 있습니다. 그 중심부의 별이나 가스의 운동을 추적해서 거대질량 블랙홀의 증거들을 발견하게 되었습니다.

은하의 중심에서 블랙홀을 찾아라

약 3억 광년 내에 있는 은하들 중에서 비교적 질량이 큰 은하 100개가량을 자세히 연구한 결과, 대부분의 은하 중심부에서 블랙홀의 증거가 나왔습니다. 이 블랙홀들은 퀘이사와는 달리 막대한 빛과 에너지를 방출하는 활동성 블랙홀이 아닙니다. 잠자는 사자처럼 그저 조용히 암흑 속에서 자신의 존재를 숨기고 있던 보이지 않는 블랙홀들입니다. 블랙홀에 가스가 공급되면 블랙홀의 엔진이 작동하며 퀘이사가 되지만, 반면에 블랙홀에 가스 공급이 없다면 빛을 내지 않는 상태로 남아 있게 됩니다. 그러면 퀘이사처럼 강렬한 빛을 내지도 않는 잠자는 블랙홀의 존재는 어떻게 밝혀진 걸까요?

그 방법은 바로 우리은하 중심의 거대질량 블랙홀의 존재를 밝힌 방법과 원리가 같습니다. 빛을 내지 않는 블랙홀이라고 해도 강력한 중력은 갖고 있습니다. 그렇기 때문에 주위를 도는 별이나 가스의 운동을 연구하면 중력과 질량을 측정할 수 있습니다. 별들이 은하 중심을 얼마나 빨리 도는지를 재면 그 중심에 얼마만큼의 질량이 있어야 되는지를 알 수 있습니다. 그러면 측정된 질량을 바탕으로 중력을 내는 대상이 블랙홀인지 아닌지를 확인할 수 있습니다.

물론 이 방법이 모든 은하에 적용될 수 있는 건 아닙니다. 왜냐하면 멀리 있는 은하들은 너무나 작게 보여 중심부를 자세히 연구할 수 없기 때문입니다. 블랙홀이 중력을 미치는 가까운 거리에 있는 별이나 가스의 운동을 측정해야 하고, 그러기 위해서는 은하 중심부를 충분히 확대해서 관측해야 합니다. 하지만 최첨단의 관측시설이라고 해도 망원경의 공간분해 능력에는 한계가 있기 때문에, 대부분의 은하들의 경우 그 중심 부분의 별이나 가스의 운동을 자세히 관측할 수가 없습니다. 블랙홀의 중력이 영향을 미치는 가까

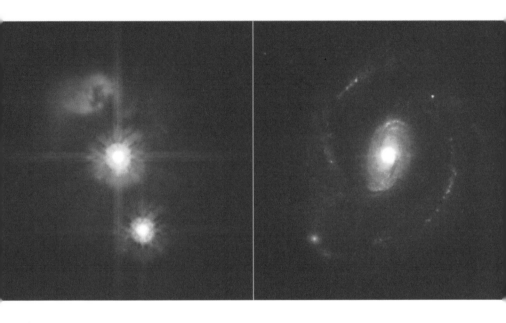

그림 6-7 은하 안에 살고 있지 않는 외톨박이 퀘이사 HE 0450-2958(왼쪽)과 은하 중심부에 살고 있는 보통의 퀘이사 HE 1239-2426(오른쪽). 오른쪽의 퀘이사는 나선팔을 가진 보통의 은하에 살고 있는 반면 왼쪽의 퀘이사는 부서진 은하의 잔해들이 퀘이사 주변에 보인다. 아래쪽의 밝은 부분은 가스와 별들이 뭉쳐 있는 것으로 보이는데, 퀘이사에서 나오는 빛을 받아 이렇게 밝게 보이는 것으로 알려졌다. Credit: NASA, ESA, ESO, Frederic Corbin, Pierre Magain.

운 거리의 별이나 가스를 분석하려면 먼 우주의 은하들이 아닌 가까운 우주의 은하들을 대상으로 삼아야 합니다. 미첼의 질량 측정 방법은 상당히 가까이에 있는 은하들, 그러니까 중심 부분을 자세히 분해해서 연구할 수 있는 소수의 은하들에만 적용 가능합니다.

수천억 개의 별이 모여 있는 방대한 크기를 자랑하는 은하라고 해도 매우 먼 거리에 있다면 그저 작은 원으로 보일 뿐입니다. 이런 은하들의 중심부에 존재하는 별들의 운동궤도를 밝혀낼 수 있는 방법은 없습니다. 수천억 개의 별이 하나의 별처럼 보일 뿐이지요. 그러나 지구에서 충분히 가까운 약 100개의 은하들의 경우에는 미첼의 방법을 사용하는 것이 가능했습니다. 전 세계의 여러 연구자들은 이렇게 가까운 은하들의 중심 부분을 대상으로 삼아 1990년대 중후반부터 정밀한 질량 측정을 시도해왔습니다. 그 연구 결과에 따르면 대부분의 은하들은 그 중심에 블랙홀의 증거를 드러냅니다. 흥미로운 것은 이들이 연구한 은하들은 대부분 평범한 은하였다는 점입니다. 엑스선이나 전파를 방출하는 퀘이사나 시퍼트은하와 달리 보통의 은하들도 거대질량 블랙홀을 갖고 있다는 새로운 사실에 천문학계는 술렁이기 시작했습니다. 특별한 종류의 은하들만 거대질량 블랙홀을 소유하고 있는 것이 아니라 대부분의 은하가 그 중심에 거대질량 블랙홀을 품고 있다는 결론은 은하 진화 연구에 새로운 패러다임을 불러왔습니다. 블랙홀이 은하 진화 연구의 전면에 등장하면서 자신의 중요성을 마치 퀘이사처럼 강렬하게 드러내기 시작한 것입니다.

대부분의 은하 중심에 블랙홀이 존재한다면 블랙홀과 은하 사이에 뭔가 긴밀한 관계가 있지 않을까 하는 생각이 들 수 있습니다. 많은 천문학자들은 블랙홀과 은하가 함께 성장했다고 생각합니다. 그 이유는 블랙홀이 방출하는 에너지가 막대하기 때문입니다. 그 에너지가 은하를 변화시키고 성장시키는 데 모종의 역할을 했을지도 모릅니다. 우주 초기부터 은하들이 자라면서 각각의 은하 중심에 있던 블랙홀들도 함께 성장합니다. 은하와 블랙홀의 성장은 서로 긴밀하게 연결되어 있을 가능성이 큽니다.

물론 모든 은하가 다 블랙홀을 품고 있지는 않습니다. 질량이 작은 은하들 중에서 특히 중앙팽대부의 형태가 없는 은하들은 거대질량 블랙홀을 소유하지 않을 수도 있습니다. 몇몇 은하들의 경우 중심부에서 블랙홀의 흔적을 찾지 못했습니다. 그러므로 '모든 은하가 블랙홀을 갖는다'가 아니라 '질량이 큰 대부분의 은하들이 블랙홀을 갖고 있다'가 보다 정확한 표현입니다. 그렇다면 왜 질량이 작은 은하들은 블랙홀을 소유하지 않는 걸까요? 처음부터 블랙홀이 생성되지 않은 걸까요? 아니면 은하의 중력장이 약해서 블랙홀을 은하 밖으로 잃어버린 걸까요? 흥미진진한 문제들입니다. 블랙홀을 연구하는 과학자들이 열심히 도전하고 있는 주제들이지요.

그렇다면 거대질량 블랙홀은 언제 퀘이사가 되는 걸까요?

우리은하 중심에 있는 거대질량 블랙홀처럼 평소에 조용히 지내던 블랙홀의 경우에도 갑자기 많은 양의 가스가 공급되면 블랙홀 엔진이 작동하기 시작합니다. 강렬한 빛과 에너지를 방출하면서 퀘이사로 변신할 수 있습니다. 그렇다면 언제 어떻게 가스가 블랙홀로 공급되는 걸까요? 가장 쉬운 예는 은하와 은하의 충돌입니다. 만일 우리은하가 가까이에 있는 안드로메다은하와 충돌한다고 가정해봅시다. 그러면 두 은하 간의 중력 때문에 두 은하가 갖고 있던 많은 양의 가스가 중심부로 밀려들어가게 됩니다. 중심부에는 거대질량 블랙홀이 자리 잡고 있으니, 잠자던 사자를 깨우게 되는 셈이지요. 블랙홀의 엔진이 작동하며 블랙홀은 퀘이사로 변할 겁니다.

그러나 꼭 은하 충돌이 아니더라도 다른 원인 때문에 블랙홀 근처의 별이나 가스가 중심부로 밀려들어갈 수도 있습니다. 그래서 블랙홀의 엔진이 점화됩니다. 이 경우에는 아마도 엔진의 작용이 그리 활발하지는 않아서 시퍼트은하 정도의 밝기를 가진 활동성 은하핵이 될 것으로 예측해볼 수 있습니다. 얼마나 많은 양의 가스가 얼마나 효과적으로 공급되는가에 따라 블랙홀의 엔진은 스포츠카의 엔진이 될 수도 있고 털털거리는 오토바이의 엔진이 될 수도 있습니다. 물론 블랙홀에 가스가 공급되는 과정은 아직도 면밀히 밝혀지지 않았습니다. 그러고 보니 블랙홀에 관해서는 모르는 게 참 많습니다. 그래서 더 흥미로운 연구 주제가 됩니다.

그렇다면 거대질량 블랙홀들은 모두 은하 중심부에 살고 있나요?

은하 중심부는 거대질량 블랙홀이 살기에 적절한 장소입니다. 확인된 블랙홀들은 대부분 은하의 중심에 자리 잡고 있습니다. 그러나 최근에는 은하 중심부에 살고 있지 않는 외톨박이 블랙홀에 대한 연구도 진행되고 있습니다. 최근에 발견된 어느 블랙홀도 우주 공간을 혼자 방황하는 그런 블랙홀일지도 모릅니다. 이 블랙홀을 품고 있는 은하가 관측되지 않기 때문에 그렇게 추정됩니다. 은하들이 충돌하는 과정에서 중심부에 있던 블랙홀이 밖으로 밀려나왔을 수도 있습니다. 아니면 블랙홀을 품고 있는 은하가 너무 어두워서 보이지 않는 것뿐일 수도 있지요. 아직은 베일에 싸여 있다고 말하는 것이 좋겠습니다. 그러나 질량이 작은 은하는 중력도 약하기 때문에 우주의 긴 역사를 거치면서 블랙홀이 은하의 중력장을 벗어나 탈출했을 경우도 생각해볼 수 있지요. 집을 나온 고아가 된 블랙홀은 어쩌면 은하와 은하 사이의 빈 공간을 헤매고 있을지도 모릅니다. 그렇게 방황하는 블랙홀을 찾게 된다면 정말 신나겠지요.

은하 중심에 자리 잡고 있는 거대질량 블랙홀들의 존재는 별과 가스의 운동으로 확인되었지만, 더 자세하게 블랙홀을 살펴볼 수는 없을까요? 지구에서 매우 가까운 거리에 있는 거대질량 블랙홀이라면 현존하는 가장 좋은 관측시설로 블랙홀의 사건지평선까지 확인할 수 있지 않을까요? 우주에 존재하는 거대질량 블랙홀의 숫자는 은하의 숫자만큼 많겠지만 그중에서 매우 가까운 거리에 있는 두 개의 블랙홀이 도드라집니다. 사건지평선 근처에서 일어나는 현상을 확인할 수 있는 특별한 블랙홀이기 때문입니다. 자, 그럼 은하 중심의 블랙홀 그림자를 처음으로 직접 촬영한 결과를 소개해볼까요?

블랙홀의 그림자를 목격하다

2019년 4월 10일, 최초로 블랙홀 그림자를 확인했다는 뉴스가 전 세계를 흔들었습니다. 6개국에서 동시 기자회견이 열렸고 공개된 사진은 블랙홀 그림자로 불리는 검은 구멍과 그 바깥쪽으로 밝게 빛나는 고리 형태를 드러내고 있었습니다. 5,500만 광년 거리에 위치하고 있는 M87은하 중심의 블랙홀 주변을 담은 사진이었지요. 블랙홀의 사건지평선을 직접 확인하겠다는 목표로 전 세계 약 100개의 연구기관에 소속된 200명 이상의 과학자들이 참여한 사건지평선 망원경 프로젝트의 획기적인 성공을 알리는 뉴스였습니다. 전 세계 언론들이 앞다투어 블랙홀 그림자 소식을 전했고 우리나라에서도 '블랙홀'이 실시간 검색 1위에 오르면서 블랙홀 그림자가 전국을 뒤덮었습니다.

블랙홀의 사건지평선 내부는 볼 수가 없습니다. 블랙홀에 다가

가서 직접 본다면 가운데가 비어 있는 검은 동그라미 형태의 모습을 보게 될 겁니다. 블랙홀 자체는 직접 볼 수 없지만 그 대신 블랙홀의 중력장에 갇혀서 빛이 나올 수 없는 영역을 확인할 수 있습니다. 이렇게 블랙홀에 의해 빛이 포획된 영역을 '블랙홀 그림자black hole shadow'라고 부릅니다. 태양 빛을 받은 가로수가 그림자를 만들듯, 블랙홀 주변에 빛을 내는 강착원반이나 제트가 있다면 블랙홀이 그 빛을 사로잡아 만들어내는 검은 동그라미가 바로 블랙홀 그림자입니다.

빛이 블랙홀에 가까이 가면 블랙홀에 갇혀버립니다. 블랙홀이 빛을 포획하는 영역의 크기는 '광자 포획 반지름photon capture radius'이라고 부릅니다. 이 반지름보다 안쪽이라면 빛이 블랙홀에 갇혀버리는 반면, 이 반지름의 바깥쪽에서는 빛이 밖으로 탈출할 수 있습니다. 그래서 광자 포획 반지름이 블랙홀 그림자의 크기와 관련됩니다. 앞에서 다루었듯이 빛의 속도를 가진 물질도 블랙홀을 탈출할 수 없는 거리는 슈바르츠실트 반지름입니다. 그 반지름보다 더 블랙홀에 가까운 영역은 볼 수가 없기 때문에 '사건지평선 반지름'이라고 부르기도 하지요. 아마도 여러분은 사건지평선 반지름이 블랙홀 그림자의 크기를 결정한다고 생각할지도 모르겠습니다. 사건지평선 반지름 바깥쪽은 빛이 탈출할 수 있으니까 그림자를 만들지 않을 거라고 생각되니까요. 하지만 정확하게 계산하면 블랙홀 그림자의 크기는 사건지평선 반지름보다 몇 배 더 큽니다. 빛이 블랙홀에 갇혀버리는 광자 포획 반지름은 사건지평선 반지름의 약 2.6배입니다. 빛 알갱이인 광자들은 블랙홀 주변의 휘어진 시공간을 따라 움직이는데 최소한 사건지평선 반지름보다 2.6배 멀리 있어야 블랙홀에 포획되지 않고 탈출할 수 있습니다. 사건지평선까지 가까이 가지 않아도 광자 포획 반지름보다 더 안쪽으로 블랙홀에 다가간다면 블랙홀에 사로잡히고 맙니다. 그래서 블랙홀 그림자의 크기는 사건지평선보다 큰 광자 포획 반지름에 의해서 결정됩니다. 지구에 있는 관측자가 블랙홀 주변을 본다면 바로 광자 포획 반지름 안쪽이 검게 보이게 됩니다. 그 부분이 블랙홀 그림자의 형태를 갖게 되는 것이지요.

블랙홀 그림자 연구가 어떻게 시작되었는지 먼저 살펴볼까요? 우리은하를 비롯한 가까운 은하들의 중심에 거대질량 블랙홀이 존재한다는 사실이 알려지기 시작하자, 블랙홀의 사건지평선을 직접 검증하겠다는 아이디어가 이미 1990년대부터 여러 블랙홀 과학자들의 마음을 사로잡았습니다. 아인슈타인의 일반상대성이론이 예측하는 사건지평선을 직접 확인한다면 블랙홀 주변의 매우 특별한 물리적 조건에서도 일반상대성이론이 입증되는 놀라운 성과가 될 수 있기 때문이었지요. 그렇다면 가장 적합한 후보는 무엇이었을까요? 두 후보가 손에 꼽혔습니다. 첫째는 우리은하 중심에 자리 잡은 거대질량 블랙홀이었고, 둘째는 메시에 카탈로그의 87번째 은하, 줄여서 M87이라고 불리는 거대 타원은하의 중심에 자리 잡고 있는 거대질량 블랙홀이었습니다.

우리은하 중심의 거대질량 블랙홀은 지구로부터 가장 가깝기 때문에 특별합니다. 똑같은 성능을 가진 망원경으로 본다면 멀리 있는 다른 블랙홀들에 비해서 훨씬 더 자세히 더 작은 구조들을 관측할 수 있기 때문입니다.

그다음으로 연구하기 좋은 블랙홀은 M87은하의 중심에 위치한 거대질량 블랙홀입니다. 이번에 발표된 영상은 바로 이 블랙홀을 관측하여 그림자를 처음으로 직접 확인한 결과이지요. 그 존재가 확인된 약 100개의 거대질량 블랙홀 중에서 M87 블랙홀은 특별합니다. 왜냐하면 가장 질량이 큰 블랙홀에 속하기 때문입니다. 별과 가스를 이용해 측정한 블랙홀 질량이 2011년과 2013년에 발표되었는데, 각각 62억 태양질량, 그리고 35억 태양질량입니다. 별과 가스가 조금 다르게 운동하기 때문에 두 개의 결과가 약간 차이가 나지만 대략 태양보다 수십억 배 무거운 블랙홀이 존재한다는 사실은 분명히 밝혀졌습니다.

이렇게 측정된 블랙홀 질량을 가지고 M87 블랙홀의 사건지평선 크기를 계산해보면 어떨까요? 대략 수백억 킬로미터가 됩니다. 태양을 블랙홀로 만들면 사건지평선의 반지름은 3킬로미터가 됩니다. 사건지평선의 크기는 중력에 좌우되고 중력은 블랙홀의 질량에 의해서 결정되기 때문에 블랙홀 질량이 크면 사건지평선의 크기도 비례해서 커집니다. 계산을 편하게 하기 위해서 M87은하의 블랙홀이 태양보다 66억 배 더 질량이 크다고 가정해봅시다. 그렇다면 사건지평선도 66억 배 더 크게 되니까, 사건지평선 반지름은 대략 200억 킬로미터가 됩니다. 이 크기는 태양과 지구 사이의 거리인 1억 5,000만 킬로미터보다 100배 이상 더 큽니다. 우리 태양계만 한 거대한 공간이 바로 M87 블랙홀의 사건지평선의 크기입니다.

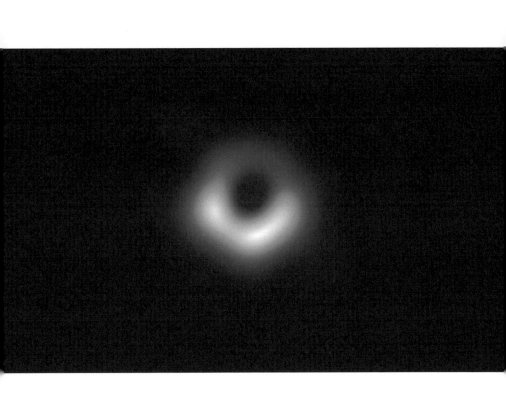

그림 6-8 M87은하 중심의 거대질량 블랙홀의 그림자. 중심의 검은 영역이 블랙홀에 의해 빛이 포획되어 둥근 그림자처럼 보인다. 블랙홀 그림자 바깥쪽에 보이는 광자 고리(photon ring)는 1.3밀리미터 파장의 빛으로 관측되었으며 강착원반 혹은 제트가 내는 빛이 블랙홀 주변의 중력장과 도플러 빔 효과에 의해 비대칭적인 고리 형태를 드러낸다. Credit: Event Horizon Telescope.

하지만 지구에서 M87은하까지 거리가 5,500만 광년이기 때문에 지구에서 M87 블랙홀의 사건지평선을 보면 그 크기는 조그만 점처럼 매우 작게 보일 것입니다. 대략적으로 계산을 해보면 각크기로 10만분의 1초 정도입니다. 추석 명절 저녁에 동쪽에서 떠오르는 보름달의 크기는 각크기로 0.5도입니다. 1도는 60분이고 1분은 60초니까 달의 크기는 대략 2,000초라고 할 수 있습니다.

이렇게 각크기가 작기 때문에 블랙홀의 사건지평선이나 그림자를 확인하기가 쉽지 않은 것이지요. 그렇다면 어떻게 이 작은 블랙홀 그림자를 확인할 수 있었던 걸까요?

지상의 광학망원경을 사용한다면 대략 1초가량의 각크기를 분해해낼 수 있습니다. 우주 공간에 있는 허블 우주망원경을 사용한다고 해도 그보다 10배 작은 0.1초의 각크기를 구별해낼 수 있습니다. 반면에 10만분의 1초를 분해해낼 수 있어야만 M87 블랙홀의 사건지평선을 확인할 수 있습니다. 그래서 블랙홀 과학자들은 광학망원경이 아니라 전파망원경을 사용하기로 결정했습니다. 전파망원경은 전 세계에 흩어져 있는 여러 망원경들을 동시에 사용해서 마치 하나의 망원경처럼 사용할 수 있습니다. 다른 대륙에 있는 전파망원경들을 연결해서 지구 크기의 망원경처럼 사용할 수 있다면 훨씬 더 좋은 분해능을 가질 수 있습니다. 바로 사건지평선 망원경의 원리입니다. 이번 연구에 사용된 사건지평선 망원경은 대략 5만분의 1초를 구별해낼 수 있는 분해능을 선보였습니다. 즉, 사건지평선의 각크기가 5만분의 1초인 블랙홀이 있다면 충분히 구별해낼 수 있다는 뜻이지요. 사건지평선 망원경의 분해능이라면 파리의 어느 카페에서 누군가 읽고 있는 신문을 뉴욕에 있는 사람이 함께 읽을 수 있을 정도라고 말합니다.

사건지평선 망원경과 같이 최고 수준의 분해능을 확보하려면 전세계의 망원경들을 함께 사용해야 합니다. 지구 여러 곳에 있는 천문대의 관측시설을 동시에 사용해서 블랙홀 그림자를 확인하겠다는 목표를 가진 사건지평선 망원경 프로젝트는 2009년에 시작되었습니다. 이 프로젝트가 시작된 지 약 10년 만에 블랙홀 그림자를 관측한 쾌거를 이룬 셈입니다. 물론 2019년 이전에도 여러 번의 시도가 있었지요. 우리은하 중심의 블랙홀과 M87 블랙홀의 사건지평선의 크기는 이미 2008년과 2012년에 각각 측정되었습니다. 하지만 여러 망원경을 동시에 사용하는 간섭계라는 기술을 적용했음에도 분해능은 그리 좋지 않았습니다. 오차가 상당히 컸고 보다 정확한 결과가 요구되었습니다. 그 즈음에 전 세계의 전파천문학자들이 모여서 사건지평선 망원경 프로젝트를 계획하기 시작했고, 긴 세월 끝에 드디어 놀라운 결과를 얻게 된 것입니다.

사건지평선 망원경은 여러 지역의 관측시설을 동시에 사용하기 때문에 마치 지구 크기의 망원경과 같은 효과를 만들 수 있습니다. 칠레에 위치한 거대한 전파망원경 간섭계인 ALMAAtacama Large Milimeter/submilimeter Array를 비롯하여 멕시코와 남극, 스페인, 미국과 태평양 한복판의 하와이에 위치한 8개의 시설을 한꺼번에 사용합니다. 거대한 시설들을 동시에 운용해야 하기 때문에 200명이 넘는 과학자들이 함께 참여했습니다. 물론 전파 관측시설들은 다른 많은 관측 연구 프로그램들도 수행해야 하기 때문에 사건지평선 망원경 프로젝트에 아주 많은 시간을 할애할 수 있는 것은 아닙니다. 이번에 발표된 M87 블랙홀 그림자는 2017년 4월에 관측이 이루어졌는데, 남극에 있는 시설을 제외한 7개의 천문대 시설을 함께 사용한 결과입니다. 총 5일의 시간을 할당받았지만 번개와 폭풍 그리고 강풍으로 인해 몇 개의 관측시설을 활용할 수 없었던 날도 있었지요. 그래서 나머지 4일 동안 M87 블랙홀 그림자를 확인하는 관측이 진행되었습니다. 4일 동안 얻은 각각의 자료가 서로 일치하는 결과를 보였지요. 수백 명의 과학자가 함께한 공동연구라는 것이 참 의미심장합니다. 서로 다른 나라, 서로 다른 연구팀들이 경쟁하기보다 공동의 목표를 위해 협력할 때 이렇게 대단한 결과를 얻는 일이 가능한 것이지요. 천문학 관측 연구 역사에 남을 만한 흥미로운 프로젝트입니다.

왜 M87 거대질량 블랙홀을 선택했나요? 우리은하 중심의 블랙홀이 훨씬 가까이 있으니까 사건지평선을 더 잘 분해해서 연구할 수 있지 않나요?

물론 우리은하 중심의 블랙홀이 훨씬 가까이 있습니다. M87은하까지 거리는 5,500만 광년이고 우리은하 중심의 블랙홀까지 거리는 2만 6,000광년밖에 되지 않으니까요. 우리은하 블랙홀이 대략 2,000배나 더 가까이 있습니다. 하지만 우리은하 중심의 블랙홀은 사건지평선 크기가 훨씬 작습니다. 블랙홀 질량이 400만 태양질량이니까, 슈바르츠실트 반지름의 크기는 1,200만 킬로미터밖에 되지 않습니다. M87 블랙홀의 사건지평선의 크기에 비하면 대략적으로 2,000배쯤 작은 셈입니다. 흥미롭게도 이 두 가지 효과가 서로 상쇄됩니다. 거리는 2,000배 가깝지만 사건지평선의 크기는 2,000배쯤 작으니까 지구에서 관측하면 사건지평선의 각크기가 서로 비슷합니다. 우리은하 중심의 블랙홀이나 M87 중심의 블랙홀이나 비슷한 각크기로 보인다는 말입니다. 그래서 사건지평선 망원경으로 관측할 주요한 후보로 이 두 블랙홀이 꼽히는 것이지요.

하지만 우리은하 중심의 블랙홀은 두 가지 단점을 가지고 있습니다. 그중 하나는 블랙홀 질량이 작기 때문에 그만큼 빠르게 변한다는 점입니다. 블랙홀 주변에서 나오는 빛의 양은 시간에 따라 변합니다. 별처럼 안정된 구조가 아니어서 밝기가 변하는 것인데 그 변하는 시간time scale이 짧습니다. 우리은하 블랙홀의 경우는 수 분 정도의 단위로 변합니다. 문제는 사건지평선 망원경으로 관측할 때, 보통 3분에서 7분 정도 노출을 주고 관측을 하기 때문에 관측하는 동안 빛의 밝기가 달라질 수 있다는 점입니다. 이 경우에는 빛이 변하는 점까지 고려해서 분석해야 하기 때문에 매우 어려운 작업이 됩니다. 반면에 M87 중심의 블랙홀은 블랙홀 질량이 1,000배 이상 더 크기 때문에 빛이 변하는 타임 스케일도 그만큼 더 깁니다. 결국 블랙홀의 질량에 따라 크기와 시간이 정해지기 때문입니다. M87 블랙홀은 대략 수일 정도의 시간 동안 변하지 않기 때문에 관측하기가 훨씬 쉽지요. 이번에 발표된 결과를 통해서도 확인되었습니다. 3일 동안 관측한 각각의 결과가 서로 일치했지요.

우리은하 블랙홀이 불리한 두 번째 이유는 위치 때문입니다. 남반구와 북반구에 있는 천문대가 동시에 관측하기 위해서는 적도 근처에서 가장 잘 관측되는 대상이 좋습니다. 남반구에서만 보이거나 북반구에서만 보인다면 동시 관측이 불가능하기 때문이지요. M87 은하는 남반구와 북반구에서 동시에 관측하기에 딱 좋습니다. 반면에 우리은하 중심의 블랙홀은 남반구의 하늘 쪽으로 치우쳐 있어서 북반구에서는 관측하기가 쉽지 않지요. 바로 이 두 가지 이유 때문에 사건지평선 망원경 프로젝트는 M87 블랙홀을 선택했답니다. 자, 그럼 블랙홀 그림자를 구체적으로 살펴보기로 할까요?

블랙홀 그림자는 왜 생길까요?

블랙홀 주변에 아무것도 없다면 그림자도 생기지 않습니다. 블랙홀이나 그 주변이 그저 검게 보일 뿐입니다. '보인다'는 표현도 맞지 않군요. 빛이 나오지 않으니까요. 하지만 블랙홀 주변에 빛을 내는 대상이 있다면 어떨까요? 블랙홀은 그 빛을 포획해서 그림자를 만들어냅니다. M87 블랙홀의 그림자는 바로 블랙홀 근처에서 나오는 빛을 가려서 만들어진 현상입니다.

그렇다면 블랙홀이 사로잡은 빛은 어디서 방출되는 것일까요? 사건지평선을 넘어서 블랙홀로 흡수되기 전의 가스는 블랙홀 주변에서 빠르게 회전운동하면서 빛을 냅니다. 원반을 이루는 고온으로 가열된 기체가 강렬한 빛을 방출합니다. 앞에서 다룬 '강착원반'입니다. 또한 블랙홀의 회전과 관련된 것으로 알려진 제트도 빛을 방출합니다. M87 블랙홀은 퀘이사보다는 훨씬 광도가 낮은 활동성 블랙홀low-luminosity active galactic nucleus 중 하나입니다. 이런 블랙홀들은 주로 제트 현상을 드러내는 특징을 갖지요. M87 블랙홀이 레이저 빔처럼 방출하는 제트는 이미 잘 관측되어 알려져 있습니다. 하지만 블랙홀에 매우 가까운 영역은 블랙홀이 빛을 포획하기 때문에 그림자처럼 검은 영역이 생깁니다. 반면에 블랙홀 그림자 바깥쪽은 밝은 영역이 고리 형태로 나타나게 됩니다. 그래서 광자 고리가 블랙홀 그림자를 둘러싼 형태로 관측되는 것이지요. 광자 고리는 블랙홀 주변의 빛이 중력의 효과로 휘어서 고리처럼

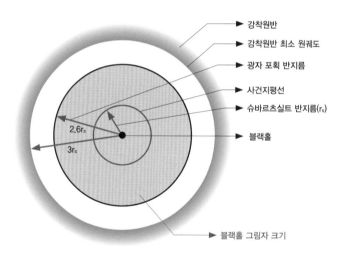

그림 6-9 블랙홀 사건지평선과 그림자. 사건지평선 반지름보다 3배 큰 반지름이 가스가 안정된 원운동을 할 수 있는 최소 궤도에 해당된다. 이 반지름 바깥쪽으로 가스가 빠르게 회전하는 강착원반이 형성된다. 빛이 블랙홀에 포획되는 영역의 크기를 나타내는 광자 포획 반지름은 사건지평선 반지름의 2.6배다.

보이는 것이라고 이해하면 좋습니다.

블랙홀 그림자의 크기는 예측 가능한가요?

그림자의 크기는 블랙홀의 질량에 비례합니다. 블랙홀은 부피를 갖지 않고 그림자의 중심에 점원point source으로 존재합니다. 중력은 거리에 따라 약해지기 때문에 블랙홀에서 거리가 멀어지면 빛이 블랙홀의 중력을 이기고 탈출할 수 있습니다. 4장에서 자세히 다룬 것처럼 이 거리를 '사건지평선 반지름'이라고 부르고, 3차원에서 보면 사건지평선을 마치 공의 표면처럼 생각할 수 있습니다. 한 방향에서 보면 물론 사건지평선 반지름을 반지름으로 갖는 원처럼 보이겠지요. 이것이 바로 블랙홀 그림자의 크기를 결정하는 첫 번째 조건입니다.

하지만 블랙홀 그림자의 크기는 사건지평선의 크기보다 조금 더 큽니다. 일반상대성이론의 계산에 따르면 사건지평선까지 다가가지 않더라도 더 바깥쪽에서부터 빛이 블랙홀에 포획되어버리는 현상이 일어납니다. 슈바르츠실트 반지름보다 두 배쯤 멀리 있는 빛도 블랙홀에 사로잡힌다는 말입니다. 그래서 블랙홀에 포획되는 거리를 '광자 포획 반지름'이라고 부릅니다. 일반상대론에 따라 광자 포획 반지름을 계산하면 사건지평선 반지름의 2.6배입니다. 그러니까 블랙홀 그림자의 크기는 사건지평선 반지름보다 2.6배 크다는 뜻이 되지요. 이번에 관측된 M87 블랙홀 그림자의 크기는 태양질량 66억 배에 해당되는 블랙홀의 사건지평선 크기의 2.6배였습니다. 다시 말하면 블랙홀 그림자의 크기를 측정해서 블랙홀의 질량이 태양질량의 66억 배라고 알아낸 셈입니다.

한 가지 더 생각해볼 것은 강착원반의 크기입니다. 블랙홀이 회전하지 않는다고 가정하면 계산이 쉽습니다. 블랙홀로 유입되는 가스는 강착원반을 형성해서 빠르게 회전하는데 사건지평선 반지름의 3배까지 블랙홀에 가까이 가서 안정된 원 궤도를 그리며 회전할 수 있습니다. 만일 퀘이사의 블랙홀 그림자를 본다면 강착원반이 두꺼운 고리처럼 보일 겁니다. 고리의 안쪽 반지름은 사건지평선 반지름의 3배가 되겠지요. 하지만 그보다 더 안쪽인 사건지평선 반지름의 2.6배 되는 곳에 광자 포획 고리가 보일 것입니다. 뜨거운 고리 안에 얇은 고리가 보이는 형태가 되겠지요. 하지만 퀘이사가 아닌 M87 블랙홀의 경우는 강착원반의 성질이 다르기 때문에 강착원반과 광자 포획 고리가 하나의 고리처럼 보입니다. 그래서 사건지평선 반지름의 2.6배가 되는 블랙홀 그림자가 생기고 그 바깥쪽으로는 밝은 고리 형태가 블랙홀 그림자를 둘러싼 모양을 만들어내는 것이지요.

블랙홀 그림자 밖의 링은 왜 아래쪽이 더 밝나요?

블랙홀 그림자를 둘러싼 고리는 아래쪽이 밝고 위쪽은 어두운 형태입니다. 도플러 빔 효과Doppler beaming effect 때문이지요. 강착원반에서 가스가 회전하면서 빛을 낸다고 가정하면 쉽게 이해할 수 있습니다. 우리 쪽으로 다가오는 가스가 내는 빛은 도플러 효과를 받아서 밝기가 훨씬 강하게 되고, 반대로 멀어지는 가스가 내는 빛은 약하게 관측되지요. 관찰자에게 다가오는지 혹은 멀어지는지에 따라 빛의 세기가 다르게 측정되는 도플러 빔 효과가 발생합니다. 그렇다면 고리의 아래쪽이 밝다는 사실로부터 고리 아래쪽의 가스가 우리 쪽으로 다가오고 있고, 반면에 고리 위쪽의 가스는 우리로부터 멀어지는 방향으로 운동하고 있다고 결론 내릴 수 있습니다.

가스는 원반을 형성하며 회전운동하고 있는데 어떻게 우리 쪽으로 혹은 반대로 멀어지는 방향으로 운동을 한다는 걸까요? 그 이유는 원반이 약간 기울어져 있기 때문입니다. 마치 피자가 벽에 붙어 있듯이 원반이 우리가 보는 방향에 수직하게 놓여 있다면 도플러 빔 효과는 일어나지 않습니다. 하지만 실제로는 고리의 왼쪽이 살짝 우리 쪽에 가깝게 들려 있고 반대로 오른쪽은 살짝 더 먼 방향으로 기울어져 있습니다. 블랙홀 그림자 영상에서 고리 왼쪽은 벽면 앞으로 살짝 들려 있고 고리 오른쪽은 벽면 뒤로 살짝 내려가 있다고 상상해보면 좋겠군요. 자, 이렇게 기울어진 원반에서 가스가 만일 시계방향으로 회전한다면 어떨까요? 고리의 아래쪽은 우리 쪽으로 살짝 다가오는 운동을 하고 반대로 위쪽은 우리로부터 멀어지는 방향으로 운동을 하겠지요. 가스가 회전하는 속도가 워낙 빠르기 때문에 원반이 조금만 기울어져 있어도 우리가 보는 시선 방향으로 운동하는 효과가 나타나고 그래서 도플러 빔이 작용하게 됩니다. 그래서 아래쪽은 밝게 위쪽은 어둡게 관측됩니다.

원반이 기울졌다는 사실은 어떻게 알 수 있나요?

블랙홀 그림자 영상만으로 원반의 기울기와 가스의 회전방향을 동시에 알아낼 수는 없습니다. 하지만 이미 수행된 전파관측을 통해서 원반이 어떻게 기울어져 있는지 알려져 있었지요. M87 중심의 블랙홀은 제트를 방출합니다. 퀘이사처럼 강한 제트를 만들지는 못하지만 충분히 밝고 큰 제트가 블랙홀에서 나오고 있습니다. 제트는 광선 검처럼 원반에 수직한 방향으로 나옵니다. 동그란 피자 한복판에 젓가락을 똑바로 꽂는다면 그것이 바로 제트의 방향입니다. 그런데 제트는 우리가 보는 시선 방향에서 살짝 기울어져 있습니다. 만일 제트가 지구 방향으로 똑바로 날아온다면 제트는 점으로 관측될 것입니다. 피자 위에서 내려다보면 젓가락도 점으로 보이는 것처럼 말입니다. 하지만 전파 영상을 보면 제트는 오른쪽으로 길게 뻗은 형태를 나타냅니다. 바로 이 관측을 통해서 제트는 우리가 보는 시선 방향에서 17도가량 오른쪽으로 기울어져 있다는 것을 알아냈습니다.

제트는 팽이의 심처럼 강착원반에 수직한 방향으로 방출됩니다. 그러니 제트가 우리가 보는 시선 방향으로 똑바로 나오지 않고 오른쪽으로 살짝 기울어서 방출되고 있다면, 마찬가지로 원반도 같은 각도만큼 기울어져 있어야 합니다. 즉, 원반의 왼쪽이 17도가량 들려서 우리쪽에 더 가깝게 놓여 있어야 합니다. 반대로 원반의 오른쪽은 17도가량 반대 방향으로 기울어져 있어야 하지요.

그럼 반대로 고리의 위쪽이 더 강하게 보일 수도 있지 않나요?

만일 원반의 가스가 반시계방향으로 회전하고 있다면 어떻게 될까요? 왼쪽이 우리 쪽으로 기울어져 있는 원반에서 가스가 반시계방향으로 회전한다면, 원반 아래쪽의 가스가 우리로부터 멀어지는 방향으로 운동합니다. 반대로 위쪽 가스는 우리 쪽 방향으로 운동합니다. 그렇다면 도플러 빔 효과에 의해 아래쪽이 어둡게 그리고 위쪽이 밝게 보일 겁니다. 하지만 실제 관측에 따르면 아래쪽이 더 밝게 나타났습니다. 그래서 원반을 회전하는 가스의 운동 방향이 시계방향이라는 결론을 내리게 된 것입니다.

블랙홀이 회전하는 건가요, 원반이 회전하는 건가요?

위에서 도플러 빔 효과를 설명할 때는 원반에서 빠르게 회전하는 가스가 빛을 내는 것으로 가정해서 간단하게 설명했습니다. 하지만 실제는 그보다 훨씬 복잡합니다. 광자 고리의 빛은 강착원반이나 제트에서 나올 수도 있고 강착원반이 안정되게 회전운동할 수 있는 최소 궤도보다 더 안쪽인 광자 포획 반지름에서도 빛이 나옵니다. 그래서 원반의 회전보다 블랙홀의 회전이 더 중요합니다. 원반과 블랙홀은 서로 같은 방향으로 회전할 수도 있고 반대 방향으로 회전할 수도 있습니다. 또한 원반은 회전하지만 블랙홀은 회전하지 않을 수도 있지요. 그러나 이번 관측을 통해서 회전하지 않는 블랙홀의 경우는 퇴출된 셈입니다. 이번 관측 결과를 이론적으로 설명하기 위해 아인슈타인의 중력이론을 포함한 자기유체역학을 사용한 시뮬레이션 연구가 동시에 진행되었습니다. 블랙홀의 회전과 자기장의 세기 등 다양한 물리량을 가정한 420개의 시나리오를 만들었고, 각각의 경우에 블랙홀 그림자와 고리가 어떤 모양으로 관측될지 예측해본 연구였습니다. 수백 개의 관측 시뮬레이션을 수행해서 총 6만 2,000개의 블랙홀 그림자 영상을 만들어냈습니다. 그리고 각각의 시뮬레이션 영상과 사건지평선 망원경으로 관측된 결과를 세밀히 비교했답니다. 이 결과에 따르면 회전하지 않는 블랙홀의 경우는 관측된 블랙홀 그림자를 제대로 설명할 수가 없었습니다. 그래서 M87 블랙홀은 회전하는 블랙홀이라는 결론을 내리게 된 것이죠. 그리고 이 블랙홀은 시계방향으로 회전한다고 결론을 내렸습니다. 보다 자세하게 들어가면 원반은 반시계방향으로 회전하고 블랙홀이 시계방향으로 회전해도 관측된 블랙홀 그림자를 잘 설명할 수 있습니다. 블랙홀의 회전이 훨씬 중요하게 영향을 미친다는 뜻입니다. M87 블랙홀 주변에서 나오는 전파 파장의 빛이 블랙홀의 회전에 의해서 만들어진다면 블랙홀의 회전방향이 도플러 빔 효과를 결정하는 가장 중요한 조건이 되기 때문입니다.

블랙홀을 직접 볼 수는 없지만 블랙홀이 빛을 가리는 그림자를 최초로 확인한 사건지평선 망원경 프로젝트의 결과는 블랙홀 주변처럼 매우 독특한 조건을 가진 상황에서도 일반상대성이론이 잘 적용된다는 사실을 보여주었습니다. 사건지평선 바로 바깥쪽의 물리현상을 처음으로 관측하여 밝혀냈다는 중요한 의미도 있습니다.

하지만 여전히 불확실성이 남아 있습니다. 블랙홀의 회전이 은하 바깥쪽으로 뻗어나가는 제트와 일치하지 않을 경우라든가, 혹은 제트가 내는 전파 영역의 빛의 특성을 더 고려해야 한다든가, 시뮬레이션 결과와 실제 관측의 구체적인 차이점을 밝히는 일 등 아직 풀어내야 할 비밀은 많습니다.

은하 중심에 블랙홀이 존재한다는 사실은 다양한 증거들을 통해 입증되었습니다. 그렇다면 거대질량 블랙홀들은 도대체 어떻게 태어났을까요? 우주 초기에 은하들과 함께 태어난 것일까요? 어떤 과정을 거쳐서 태양보다 100만 배 이상 무거운 거대한 질량을 갖게 된 것일까요? 다음 장에서는 블랙홀의 기원을 탐구하기로 합시다.

7

블랙홀의 기원

별, 그 긴 일생을 시작하다
별의 죽음, 블랙홀 탄생의 길을 열다
무거운 별의 최후
중성자별의 발견, 블랙홀 이름을 낳다
블랙홀의 다이어트
거대한 가스 구름, 중간질량 블랙홀을 만들어라

거대질량 블랙홀들이 주변의 가스를 삼키며 만들어내는 물리현상들이 경이롭습니다. 인간의 이성에 도전하는 멋들어진 현상들을 만들어내는 이 블랙홀들은 과연 어디에서 기원했을까요? 우주의 탄생과 더불어 블랙홀들이 탄생한 것일까요? 아니면 다른 무언가로부터 블랙홀이 만들어진 걸까요? 은하 중심에 있는 거대질량 블랙홀들은 은하가 형성되는 과정에서 별들과 함께 태어난 걸까요? 아니면 어디선가 태어난 블랙홀이 은하 중심으로 이동해 온 것일까요? 블랙홀의 기원이 이번 장의 주제입니다.

거대질량 블랙홀의 출발점이 된 초기 우주의 첫 블랙홀을 '블랙홀 씨앗black hole seed'이라고 부릅니다. 모든 나무들이 처음에 씨앗에서 출발해서 나무가 되었듯이, 블랙홀도 뭔가 출발점이 있었을 테니까요. '블랙홀 씨앗 문제'라고 불리는 이 흥미진진한 주제를 연구하면서 과학자들은 블랙홀의 기원에 관해서 조금씩 베일을 벗겨내고 있습니다.

거대질량 블랙홀들은 어디서 시작되었는지 한번 추측해볼까요? 거대질량 블랙홀이 처음 블랙홀이 되었을 때는 질량이 매우 작았을 거라는 생각은 쉽게 해볼 수 있습니다. 100억 년이 넘는 우주의 역사 동안 은하들이 다양하게 변하는 진화 과정을 거쳤습니다. 그 긴 과정 동안 은하 중심의 블랙홀들도 가스를 흡수하면서 점점 더 커져서 거대한 질량에 이르게 되었을 테니까요. 하지만 이 그림에는 여전히 풀리지 않는 질문이 담겨 있습니다. 작은 블랙홀이 점점 자라서 거대질량 블랙홀이 되었다면, 그럼 씨앗이 되는 그 작은 블랙홀은 처음에 어디서 기원했을까 하는 질문입니다.

거대질량 블랙홀의 씨앗, 즉 블랙홀의 기원을 설명하는 시나리오는 두 가지로 나눠 볼 수 있습니다. 첫 번째 시나리오는 가벼운 씨앗light seed 모델입니다. 별의 죽음에서 태어난 별 블랙홀stellar black hole들이 거대질량 블랙홀들의 씨앗이었다는 견해를 담고 있습니다. 별 블랙홀은 별에서부터 태어나는 블랙홀을 지칭합니다. 별은 질량이 작기 때문에 별 블랙홀도 질량이 작습니다. 이 시나리오를 살펴보려면 어떻게 별에서 블랙홀이 생겨날 수 있는지부터 알아봐야겠습니다. 블랙홀은 별의 진화 과정의 마지막 단계에서 자연스럽게 탄생합니다. 죽음은 끝이 아니라 또 다른 시작입니다. 먼저, 별의 일생에 대해 살펴볼까요?

별, 그 긴 일생을 시작하다

20세기가 되면서 별이 과연 어떻게 빛을 내는지 그 원리를 밝히는 흥미로운 연구들이 펼쳐졌습니다. 양자역학과 핵물리학이 발전하면서 별의 내부구조와 진화 과정이 서서히 밝혀지는 흥미로운 역사가 20세기 전반부에 전개되었지요. 태양이 빛을 내는 원인을 밝히는 일은 오랫동안 과학계의 숙제였습니다. 그런데 20세기가 되면서 새로운 에너지의 원천이 발견됩니다. 바로 핵융합 에너지였습니다. 별들이 수십억 년 동안 빛을 낼 수 있는 비밀은 원자들을 융합하며 에너지를 만들어내는 핵융합 반응에 숨겨져 있었던 것이지요. 별은 핵융합 반응을 시작하며 태어나고 마치 심장이 뛰듯이 핵융합 반응을 지속합니다. 핵융합 반응으로 만들어진 에너지가 빛으로 방출되어 별은 찬란히 빛나게 됩니다.

그러나 별은 크기가 유한하고 별 내부에 있는 가스의 양도 한정되어 있기 때문에 무한히 오랫동안 핵융합 반응을 지속할 수는 없습니다. 핵융합 반응의 원료를 다 사용하고 나면 더 이상 핵융합 반응을 일으킬 수가 없습니다. 그 시점에 이르면 별은 심장 박동을 멈추고 죽음을 맞이합니다. 별의 일생이 상세하게 밝혀진 20세기 전반부는, 동시에 별의 죽음에 대한 서사시가 구체적으로 쓰인 시기입니다. 바로 그 서사시의 마지막 단락에 블랙홀이 등장합니다.

환한 대낮에도 별을 볼 수 있을까요? 제가 대학을 다닐 때 있었던 일화입니다. 전공과목을 처음 접하던 1학년 2학기 어느 가을날이었지요. 무섭기로 소문이 자자했던 어느 노 교수님이 강의를 듣던 학생들에게 질문을 던졌습니다. 지구에서 가장 가까운 별의 이름을 맞춰보라고. "지구에서 가장 가까운 별은 4광년 정도 떨어진 프록시마 센타우리가 아닌가요?"라며 여러분 중 누군가가 답하고 있을지도 모르겠습니다. 센타우루스 별자리에서 가장 밝은 별인 알파 센타우리는 실제로는 3개의 별로 구성되어 있습니다. 지구에서 가장 가까운 별들입니다. 그중에서 가장 가까운 별의 이름이 '프록시마 센타우리'입니다. 최근에는 이 별에 속해 있는 외계행성이 발견되어서 뉴스가 되기도 했지요. 교수님의 질문을 들으며 저도 그때 속으로는 센타우루스 자리에 있는 별을 생각하고 있었습니다. 별 이름들을 헤집으며 기억을 더듬던 우리들에게 교수님은 귀에까지 걸리는 환한 미소를 띠며 이렇게 말했답니다. "가장 가까운 별은 바로 태양입니다." 프록시마 센타우리가 아니라 태양이 바로 가장 가까운 별입니다. 그러니까 아무리 환한 대낮에도 우리는 최소한 별 하나는 볼 수 있는 겁니다.

태양도 별입니다. 간단하게 정의한다면 '별'은 핵융합 반응을 통해서 스스로 빛을 내는 천체를 일컫는 말입니다. 스스로 빛을 내지는 못하는 천체들도 있습니다. 밤하늘에 보이는 행성들이 그렇습니다. 지구와 무척 가까운 거리에 있기 때문에 웬만한 별들보다 더 밝게 보이는 금성, 목성, 화성, 토성 같은 행성들은 사실 태양으로부터 받은 빛을 반사할 뿐 스스로 빛을 낼 수는 없습니다. 그래서 행성은 별이 아닙니다. 태양은 핵융합 반응을 통해서 엄청난 양의 에너지를 만들어내고 그 에너지를 빛의 형태로 끝없이 쏟아내고 있습니다. 태양이 내는 에너지는 실로 엄청납니다. 태양 빛을 잃어버린다면 죽음이 연상됩니다. 태양이 빛을 내지 않는다면 지구는 죽음의 세계로 변하고 말 것입니다. 제대로 눈을 뜨고 쳐다볼 수도 없을 만큼 찬란히 빛나는 태양. 이 태양을 고대인들이 신으로 여긴 것은 어쩌면 너무나 당연한 일이 아니었을까요?

1930년대에 과학자들은 태양이 어떤 원리로 빛을 내는지 여전히 논쟁을 벌이고 있었습니다. 태양이 석탄으로 만들어졌다고 가정해봅시다. 그 석탄을 태워서 열과 빛을 낸다면 태양은 그리 오랫동안 빛을 낼 수가 없습니다. 태양의 질량 전체에 해당하는 만큼의 석탄을 죄다 소모하는 데 그리 오래 걸리지 않기 때문입니다. 1930년대에는 지구를 비롯하여 태양 혹은 별들의 나이가 매우 오래되었다는 것이 잘 알려져 있었기 때문에 석탄과 같은 화학에너지는 태양 빛의 근원에 대한 답이 될 수 없었습니다. 석탄과 같은 화학에너지가 아니라면 도대체 태양이 빛을 내는 비밀은 무엇일까요? 드디어 핵물리학이 등장하면서 핵융합을 통해서 엄청난 양의 에너지를 만들 수 있다는 새로운 사실이 알려지게 됩니다. 태양을 비롯한 모든 별들이 빛을 내는 비밀은 바로 핵융합 반응이었습니다.

핵융합 반응이란?

핵융합 반응이 과연 무엇일까요? 핵발전소 혹은 원자력발전소가 떠오를지도 모르겠습니다. 핵발전소에서 사용하는 원리는 별의 내부에서 에너지가 발생하는 원리와 비슷하지만, 조금 다릅니다. 간단히 말해서 핵융합nuclear fusion이란 핵이 융합한다, 즉 핵이 뭉쳐진다는 뜻입니다. 물질을 구성하는 기본 단위라고 할 수 있는 원자가 뭉쳐져서 다른 원자가 되는 과정을 '융합'이라고 부르지요. 더 정확하게는 원자의 핵이 여러 개 뭉쳐지면서 더 무거운 다른 원자의 핵으로 변하는 과정을 말합니다. 바로 이 과정에서 빛이 방출됩니다.

가장 간단한 핵융합 반응은 가장 간단한 원소인 수소의 원자가 서로 뭉칠 때 발생합니다. 우주에 존재하는 가장 간단한 원소는 수소 원자입니다. 수소는 우주에서 가장 많은 원자이기도 하지요. 우주를 구성하는 보통 물질의 75퍼센트 정도가 수소입니다. 수소의 핵은 양성자로 되어 있고 바깥쪽에는 전자가 회전하고 있습니다. 그래서 수소의 핵이라고 말하면 양성자를 말합니다. 전자는 양성자에 비해 매우 가볍기 때문에 핵융합 반응에서 슬쩍 무시해도 좋습니다.

수소의 핵 4개, 즉 양성자 4개가 뭉치는 반응이 가장 간단한 핵융합 반응입니다. 네 개의 수소 원자가 뭉치면 새로운 원소로 변합니다. 수소보다 대략 네 배 무거운 헬륨입니다. 수소 다음으로 간단한 원소이지요. 그런데 이 과정에서 흥미로운 일이 발생합니다. 새로 생긴 헬륨의 무게는 수소 4개를 합한 무게보다 약간 가볍지요. 그렇다면 원래 존재하던 수소 4개의 질량과 새로 만들어진 헬륨 1개의 질량 차이에 해당하는 질량은 어디로 사라진 것일까요? 질량이 그냥 없어질 수는 없습니다. 어떤 물리적 과정이 일어나더라도 질량은 마음대로 없어지거나 생겨날 수가 없거든요. 질량은 항상 똑같이 유지된다는 질량보존의 법칙에 위배되기 때문입니다.

이 사라진 질량은 바로 에너지로 형태가 바뀌어서 열과 빛의 형태로 밖으로 방출됩니다. 아인슈타인의 유명한 방정식 $E=mc^2$에 따라 질량이 에너지로 바뀐 것이지요. 수소가 헬륨으로 바뀌는 핵융합 반응에서 사라진 질량은 에너지로 바뀌어서 빛의 형태로 방출되는 것이지요.

사라진 질량이 에너지로 바뀐다는 사실이 바로 핵융합 에너지의 기본 원리이며, 별이 엄청난 빛을 낼 수 있는 비밀입니다. 물론 헬륨 원자 하나가 만들어질 때 나오는 에너지는 그리 크지 않습니다. 하지만 수많은 헬륨 원자들이 핵융합 반응으로 생성된다면 그 위력은 대단하지요. 태양이 눈부신 이유가 바로 거기에 있습니다. 예를 들어볼까요? 흔히 쓰는 건전지 크기로 1그램짜리 수소 핵융합 건전지를 만들었다고 가정해봅시다. 이 건전지는 내부에서 수소 원자 네 개가 융합하여 헬륨 원자 하나를 만드는 핵융합 반응이 일어나도록 설계되었습니다. 하나의 핵융합 반응이 일어나는 과정에서 수소 원자 4개의 질량을 합친 양에서 약 0.7퍼센트가 손실됩니다. 그만큼의 질량이 전기에너지로 바뀌는 것이지요. 이 건전지를 모두 사용해서 수명이 다했다고 해봅시다. 그럼 1그램의 수소가 전부 헬륨으로 바뀌어서 건전지의 수명이 다된 것이겠죠. 그럼 수소 대신에 헬륨으로 채워진, 수명이 다된 건전지의 무게를 측정해보면 어떨까요? 1그램이었던 건전지의 무게는 0.7퍼센트의 손실이 생겼기 때문에 0.993그램이 될 것입니다. 사라진 질량이 전기에너지로 바뀐 겁니다. 그렇다면 1그램의 수소가 모두 헬륨으로 바뀔 때까지 이 건전지가 낼 수 있는 에너지의 총합을 계산해볼까요? 그 에너지는 석탄 20톤을 태울 때 나오는 에너지와 맞먹습니다. 수소 1그램은 2,000만 배나 되는 석탄과 비슷한 효율을 내는 것이지요. 효율만 따진다면 대체에너지로 손색이 없겠습니다. 이렇게 핵융합 반응을 이용한 건전지가 실용화되면 좋겠지만 핵융합을 경제적으로 실용화할 기술은 아직 개발되지 못했습니다. 핵융합은 매우 조심스럽게 다루어야 하는 상당히 위험한 기술입니다. 우리에게 익숙한 핵발전소(혹은 원자력발전소)는 우라늄 같은 원자의 핵분열 nuclear fission을 이용하기 때문에 핵융합과는 개념이 다르지만, 똑같이 위험하고 조심스럽게 다루어야 하는 기술이지요.

'수소', '헬륨', '원자', 이런 말들이 혹시 생소한 분들도 계시겠지요. 원자는 물질을 구성하는 기본 단위입니다. 사과를 반으로 자르고, 또 반으로 자르고, 다시 반으로 자르고, 계속 자르다 보면 매우 작은 크기까지 자를 수 있습니다. 물론 여러분이 갖고 있는 칼로는 불가능하지만 실험실에서는 가능하지요. 사과든 지우개든 돌덩

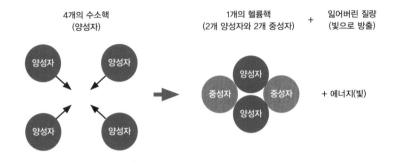

그림 7-1 가장 간단한 핵융합 반응. 4개의 수소 핵(양성자)이 융합되면 하나의 헬륨 핵이 생성된다. 헬륨의 핵은 2개의 양성자와 2개의 중성자로 구성되어 있고 수소의 핵보다는 약간 질량이 작다. 즉, 수소 4개가 헬륨이 되는 과정에서 약간의 질량이 사라진다. 손실된 질량은 빛의 형태로 밖으로 방출된다.

이든 모든 물체는 원자 크기까지 잘게 쪼개어볼 수 있습니다. 물론 원자를 이루는 양성자는 '쿼크'라는 더 작은 단위들로 구성되어 있지만 일단 원자까지만 생각해보는 게 좋겠군요. 원자의 핵이 얼마나 무거우냐에 따라 다양한 종류의 원자들이 존재합니다. 그중에서 수소는 가장 가볍고 간단한 원자이고 헬륨은 수소 다음으로 가볍고 간단한 원자입니다. 헬륨의 핵 2개를 융합하면 베릴륨이 되고 헬륨의 핵 3개를 융합하면 탄소가 됩니다. 우리 인간의 몸을 비롯해서 생명체를 구성하는 가장 중요한 원소인 탄소는 바로 별들이 내부에서 일으킨 핵융합 반응의 결과로 만들어졌습니다. 탄소뿐만 아니라 화학 시간에 배우는 대부분의 원소들은 다 별들이 만들어낸 원소들입니다. 핵융합 반응이 없었더라면 우주는 수소와 헬륨을 비롯한 단지 몇 개의 원소들만 존재하는 재미없는 곳이 되어버렸을 겁니다. 그랬더라면 화학 공부도 훨씬 쉬웠을 거라는 생각이 들겠지만, 별의 핵융합 반응이 없었으면 그렇게 생각하는 여러분도 존재할 수 없지요. 별의 내부에서 일어난 핵융합 반응은 우주에 화학적 다양성을 가져다주었습니다.

별의 탄생

별의 내부에서는 어떻게 핵융합 반응이 일어나게 되는지 살펴봐야겠군요. 핵융합 반응이 일어나려면 특별한 조건이 필요합니다. 핵융합이 너무 쉽게 일어난다면 여기저기서 핵폭탄이 터지는 상황이 되어버릴 테니 우주는 매우 살기 위험한 곳이 되고 말 겁니다. 그런 살벌한 우주는 여러분도 피하고 싶겠지요. 별은 핵융합 반응이 일어날 적합한 조건을 갖추고 있습니다. 그것도 별의 표면이나 별의 대기에서가 아니라 깊숙한 중심부에서만 핵융합 반응이 일어날 수 있습니다. 그 적합한 조건은 바로 충분히 뜨거운 온도입니다.

별의 일생은 핵융합 반응이 일어나면서 시작됩니다. 별은 핵융합 반응을 하면서 탄생하고 핵융합 반응이 끝나면서 죽음을 맞이합니다. 핵융합 반응은 별의 심장박동입니다. 그렇다면 별의 내부에서 어떻게 처음 핵융합 반응이 시작되는 걸까요? 이것은 바로 별이 어떻게 탄생하는가 하는 질문과 같은 맥락의 질문입니다. 인터스텔라 공간에는 차가운 가스가 많이 존재합니다. 우주 공간은 거의 진공에 가깝지만 곳곳에 매우 차가운 분자 형태의 가스 덩어리들이 있습니다. 보통 '분자 구름molecular cloud'이라고 부릅니다. 태양질량의 100만 배나 되는 엄청난 양의 가스가 모여 있는 분자 구름이 존재하기도 하지요. 그런데 이 정도의 질량을 갖는 거대한 분자 구름이라면 당연히 기대되는 현상이 있습니다. 무엇일까요?

어떤 중력작용이 일어날 거라고 생각해볼 수 있겠지요. 중력은 가스 분자들을 서로 끌어당기는 인력만 작용합니다. 밀어내는 척력은 없으니까요. 분자 구름을 이루는 분자들이 서로 중력에 의해서 점점 뭉쳐지기 시작합니다. 그러면 분자 구름의 크기는 줄어드는데, 이를 중력수축이라고 부릅니다. 중력에 의해서 거대한 분자 구름이 점점 압축되면 크기와 부피가 작아지고 밀도가 높은 덩어리들이 여기저기 생겨나지요. 분자 구름이 완벽하게 균일하지는 않을 테니까요. 그 과정에서 중력수축이 심화되면 분자 구름이 많은 조각으로 나눠지면서 별이 될 수 있는 작은 덩어리들이 만들어집니다. 태아를 담은 자궁처럼 앞으로 태어날 별들이 담긴 이 덩어리를 '원시별protostar'이라고 부릅니다. 아직 별은 아니지만 별이 되기 직전의 상태라고 할까요. 중력 때문에 점점 수축하는 원시별은 마치 풍선이 압박되듯이 압력이 강하게 작용합니다. 그 결과 중심부의 온도는 점점 올라가게 됩니다. 중력에너지가 열에너지로 바뀌는 것입니다. 그러다가 중심부의 온도가 충분히 뜨거워지면 드디어 핵융합 반응이 시작됩니다.

원시별에서 핵융합이 시작되려면 매우 높은 온도가 필요합니다. 중심부가 약 1,000만 도에 도달해야 드디어 수소의 핵 네 개가 뭉쳐지는 가장 간단한 핵융합 반응이 시작될 수 있습니다. 하지만 웬만한 온도에서 수소의 핵인 양성자들은 따로따로 움직입니다. 서로 뭉쳐질 수가 없다는 말입니다. 극히 고온의 상태가 되어야만 수소 핵이 서로서로 가까이 뭉쳐서 융합할 수 있는 조건이 마련되는 것이지요. 그 온도가 바로 1,000만 도가량입니다. 원시별의 중심 온도가 1,000만 도가 되면서 수소의 핵융합 반응이 시작되는 바로 이 시점, 이때가 바로 별이 탄생하는 순간입니다. 드디어 별의 심장이 뛰기 시작합니다.

하지만 원시별 중에는 온도가 충분히 높지 않아서 핵융합 반응을 시작하지 못하는 경우도 있습니다. 충분한 양의 가스가 모여 있지 않으면 원시별이 중력에 의해 수축되더라도 그 중력에너지가 충분하지 않습니다. 다시 말하면 중심부의 온도가 1,000만 도까지 올라갈 수 없다는 뜻입니다. 그러면 핵융합 반응이 시작될 수 없지요. 즉, 심장이 뛰기 시작할 수 없는, 스스로 빛을 내지 못하는 운명이랍니다. 우리 태양계 내에 있는 목성도 그런 경우라고 볼 수 있어요. 목성은 지구에 비해서 질량이 훨씬 크지만 핵융합 반응을 할 수 있을 만큼 질량이 크지는 않습니다. 그래서 처음부터 핵융합 반응을 할 수 없었고 심장박동을 하지 않는 행성으로 남게 되었습니다.

그렇다면 별은 언제까지 핵융합 반응을 유지할 수 있을까요? 핵융합에 쓰이는 원료가 소진되면 핵융합 반응은 멈추게 됩니다. 가령, 수소를 다 써버리고 나면 더 이상 핵융합 반응이 일어날 수 없고, 이런 별들은 심장박동을 멈춘 죽은 별들이라고 할 수 있습니다. 별은 태어나기도 하지만 죽음을 맞이하기도 합니다. 핵융합 연료의 양이 무한하지는 않기 때문입니다. 장작이 다 타면 불이 꺼지

듯, 중심부의 수소가 모두 헬륨으로 바뀌어버리면 더 이상 핵융합 반응에 사용할 연료가 남지 않게 되고 자연스레 핵융합 반응은 멈춥니다. 조금 더 자세히 이야기하면, 수소를 다 사용한 뒤에는 헬륨을 융합하여 탄소를 만드는 새로운 핵융합 반응이 시작됩니다. 그리고 헬륨마저 다 소모되면 탄소를 융합하기 시작하지요. 수소와 헬륨보다 더 무거운 원소들을 핵융합하는 과정은 중심부의 온도가 더 높게 올라갈 수 있는 환경을 가진 질량이 매우 큰 별에서만 일어납니다. 하지만 질량이 큰 별들도 여러 핵융합 단계를 거쳐서 결국에는 더 이상 핵융합 반응이 이루어질 수 없는 연료 고갈 상태에 이르는 것을 피할 수 없습니다. 연료가 고갈된 별은 더 이상 빛과 에너지를 낼 수 없는 상태에 이르지요. 핵융합을 멈춘 별은 죽음을 맞이합니다.

별의 죽음

별은 가스와 먼지에서 태어나서 핵융합 반응을 일으키며 평생을 살다가 연료가 다 떨어지면 더 이상 빛을 내지 못하고 죽음을 맞이합니다. 심정지가 되면 인간이 죽음을 맞이하듯 별의 핵융합 반응이 끝나면 별의 일생도 마감됩니다. 우주에서 영원한 것은 아무것도 없습니다. 질량은 에너지가 되고 에너지는 질량이 되면서 그 모습이 계속 바뀌고 있을 뿐입니다. 별도 예외는 아닙니다.

별이 죽어가는 과정은 얼마나 오래 걸릴까요? 핵융합 반응을 끝낸 별이 천천히 차갑게 식어가는 건 아닙니다. 그보다 훨씬 장렬한 죽음을 맞이하게 되지요. 박진감 넘치는 죽음의 운명이 기다리고 있습니다. 특히 질량이 매우 큰 별은 조용히 죽음을 맞이할 수 없습니다. 바로 자기 자신의 강한 중력 때문입니다.

예를 들어, 태양과 지구를 비교해볼까요? 태양 표면에서 떨어트린 사과는 지구의 표면에서 떨어트린 사과와는 비교할 수 없이 강한 중력을 받아 매우 빠른 속도로 떨어지면서 태양 중심으로 끌려들어갑니다(물론 태양 대기의 뜨거운 온도에 의해 사과가 녹아내리지 않는다고 가정한다면 말입니다). 딱딱한 표면을 유지하는 지구와 달리 태양은 거대한 가스 덩어리지요. 그래서 중력만 생각하면 태양은 그 거대한 크기를 유지할 수가 없습니다. 왜냐하면 태양의 바깥쪽 가스를 구성하는 원소들이 중력에 의해서 중심으로 다 끌려들어가기 때문입니다. 중력 때문에 태양의 반지름은 점점 작아질 수밖에 없을 테지요. 하지만 태양을 비롯한 대부분의 별들은 자신의 크기를 그대로 유지하고 있습니다. 어떻게 된 일일까요?

뭔가 그 중력을 상쇄하는 힘을 내고 있기 때문입니다. 그래서 별이 수축되지 않고 그 크기를 유지하는 것입니다. 핵융합 반응에서 나오는 에너지가 바로 그 역할을 합니다. 별의 크기가 줄어들지 않고 유지되는 이유는 바로 핵융합 반응을 통해 나오는 에너지가 밖으로 밀어내는 압력으로 작용하기 때문입니다.

별의 중심에서 일어나는 핵융합 반응은 엄청난 에너지를 밖으로 방출합니다. 핵융합 에너지가 밖으로 나오면서 압력처럼 작용하면서 가스를 밀어냅니다. 중력은 원소들을 중심으로 끌어당겨 태양의 반지름을 줄이려고 하는 반면 핵융합 에너지는 압력으로 작용하면서 원소들을 밖으로 밀어내고 태양의 반지름을 키우려고 하지요. 그래서 중력과 압력 사이에 팽팽한 균형이 유지됩니다(이렇게 균형을 이루는 상태를 '정역학적 평형hydrostatic equilibrium'이라고 부릅니다). 즉, 중력과 압력이 평형을 이루기 때문에 별의 크기는 변하지 않고 일정하게 유지될 수 있는 셈이지요.

그래서 핵융합 반응이 중요합니다. 핵융합 반응은 별이 빛을 내는 원천일 뿐만 아니라 별이 자신의 덩치를 지탱하기 위해서도 꼭 필요하니까요. 중력과 압력이 서로 반대방향으로 작용해서 별이 그 크기를 유지할 수 있다는 사실이 참 오묘하게 들릴 수도 있습니다. 거대한 덩치를 가진 태양과 같은 별들이 이런 다양한 물리법칙을 통해서 빛을 내기도 하고 그 커다란 덩치를 유지하기도 하는 것입니다.

그런데 여기서 우리는 별이 죽음을 맞이하는 운명에 관하여 매우 심각한 문제를 엿볼 수가 있습니다. 핵융합 반응이 멈추면 별의 심장박동이 멈출 뿐만 아니라 별은 자신의 덩치를 유지할 수 없게 될 테니까요. 바로 이 점 때문에 별은 강렬한 죽음을 맞이하게 되는 것입니다. 핵융합 반응이 멈추면 압력이 더 이상 나오지 않으니까 평형상태가 깨어지면서 중력이 득세를 하게 됩니다. 별은 더 이상 자신의 크기를 유지할 수 없습니다. 더 이상 빛을 내지 못하고 죽음을 맞이하면서 동시에 자신의 덩치를 유지할 수 없으니까 안으로 무너져버립니다. 즉, 핵융합 반응이 멈추면 중력수축이 폭발적으로 일어나면서 별은 매우 장렬한 죽음을 맞이합니다.

핵융합 에너지를 통해 일생 동안 자신의 몸무게를 지탱해왔지만 핵융합 반응이 멈추며 죽음을 맞이하는 순간이 되면 이제는 안으로 내리누르는 자기 자신의 중력을 상쇄할 길이 없기 때문에 별은 붕괴하고 맙니다. 자신의 중력 때문에 안으로 폭파되어버리는 셈이라고 할까요. 그렇게 폭발한 별은 산산조각이 나서 우주 공간으로 흩어집니다. 이 과정에서 별은 내부에서 융합한 새로운 원소들을 우주 공간에 퍼트립니다. 그리고 그 후 긴 세월이 지나면 인터스텔라 공간에 퍼진 별의 먼지들, 즉 핵융합 반응으로 새로 생겨난 다양한 원소들을 포함해서 별을 구성하던 가스가 새롭게 분자 구름을 형성하며 다음 세대의 별들로 태어나게 됩니다.

별의 죽음은 우주에 새로운 영양분을 공급하는 과정입니다. 그전에는 존재하지 않았던 새로운 원소들이 별의 내부에서 만들어지고 별의 죽음을 통해 인터스텔라 공간으로 퍼져나가면 우주는 다양성을 얻게 됩니다. 이 과정을 '별에 의한 화학 진화'라고 부릅니다. 우주에서 지구처럼 생명이 탄생할 수 있는 조건을 갖춘 행성들이 생성되는 환경이 조성된 것도 다 별들의 죽음 덕택입니다.

지구가 만들어지기 위해서 별들의 죽음이 필요했다고 말할 수도 있습니다. 별들이 핵융합 반응을 하지 않았더라면 우리 몸을 구성하는 탄소는 우주에 존재하지 않았을 테니까요. 수십억 년 동안 별들이 핵융합을 하면서 탄소 원자 하나하나를 만들어냈습니다. 우주 초기에는 탄소가 존재하지 않았고 수소와 헬륨이 우주 전체를 메우고 있었습니다. 하지만 별들이 생성되고 별의 내부에서 핵융합 반응을 통해 탄소가 만들어지면 드디어 우주는 탄소가 존재하는 우주로 진화하게 됩니다. 생명체의 화학적 재료가 되는 탄소와 산소를 비롯한 다양한 원소들이 별의 죽음을 통해 공급된 것이지요. 그래서 천문학자들은 인류가 별의 먼지에서 기원했다고 농담처럼 말하기도 합니다. 여러분 몸을 구성하는 탄소나 산소 원자 하나하나가 모두 별의 내부에서 만들어진 것입니다. 그렇게 보면 우리 인간들은 별에게 빚을 지고 있는 셈입니다. 우주의 한 구성원으로서 지구를 망가뜨리지 않고 보호하고 보존한다면 아마도 인류는 별에게 진 빚을 충분히 갚는 셈이 될 겁니다.

별의 수명

마지막으로, 별의 일생이 얼마나 길지 살펴봅시다. 한 번 태어난 별이 죽음을 맞기까지의 일생은 참으로 장구합니다. 태양보다 무거운 큰 별들의 경우, 핵융합 반응을 하는 수명이 1,000만 년 정도 됩니다. 별의 일생을 100년의 시간에 비유한다면 인간의 수명은 고작 몇 분에 해당될 뿐입니다. 하루살이의 입장에서 보면 인간의 수명이 매우 길어 보이겠지만, 인간의 입장에서 별의 일생을 보면 하루살이가 인간의 일생을 보는 것보다 100배에서 만 배나 더 길게 느껴집니다. 그 긴 세월 동안 밤하늘의 별들은 그렇게 변함없이 찬란하게 빛나고 있습니다.

태양보다 훨씬 무거운 별의 수명이 1,000만 년 정도라면, 태양과 같은 별의 수명은 얼마나 될까요? 비슷할까요, 아니면 별마다 수명이 다를까요? 별도 덩치에 따라서, 즉 질량에 따라서 일생의 길이가 달라집니다. 그러면 질량이 큰 별이 더 오래 살까요, 아니면 질량이 작은 별이 더 오래 살까요? 질량이 큰 별이 더 많은 양의 수소를 가지고 있을 테니까 핵융합 반응도 더 오랫동안 할 수 있을 거라 생각하기 쉽지만, 반대로 질량이 큰 별이 훨씬 빠르게 일생을 마감합니다.

모든 인간의 수명이 딱 100년이 아니듯 별의 수명은 다양합니다. 별의 수명은 어떻게 결정되는 걸까요? 간단히 말하면, 첫째, 심장박동과도 같은 핵융합 반응에 사용할 연료를 얼마나 많이 가지고 있느냐와, 둘째, 얼마나 빠르게 연료를 소비하느냐에 달려 있습니다. 이 두 가지 요인 중에서 더 중요한 것은 후자입니다. 질량이 큰 별이 연료를 더 많이 갖고 있으니 더 오래 살 듯하지만 사실은 반대입니다. 큰 별일수록 더 효율적으로 연료를 빠르게 소모하기 때문에 수명이 짧아집니다. 그 이유는 온도 때문입니다. 큰 별이 탄생할 때는 마치 큰 풍선을 누르듯이 중력수축의 효과가 더 큽니다. 그래서 별 중심부의 온도가 더 높아지고 처음부터 효율이 좋고 연료 소모가 훨씬 큰 종류의 핵융합 반응을 시작하게 됩니다. 짧은 시간에 더 많은 연료를 소모하다 보면 수명이 짧아지게 마련이지요. 예를 들어, 태양보다 10배 무거운 별은 태양보다 300배가량 수명이 짧습니다. 물론 질량이 큰 별은 같은 시간 동안 더 많은 연료를 소모하기 때문에 더 많은 에너지를 방출하고, 훨씬 더 밝습니다. 예를 들어, 태양보다 10배 무거운 별은 태양보다 3,000배 정도 더 밝습니다. 질량이 큰 별은 짧고 굵게 사는 겁니다.

태양의 수명은 구체적으로 얼마나 될까요? 우리 인류가 태양의 죽음 때문에 멸망할 가능성도 있을까요? 아닙니다. 별로 걱정할 필요가 없습니다. 태양 정도의 질량을 가진 별은 대략 100억 년 동안 핵융합 반응을 하면서 안정되게 빛을 냅니다. 현재 태양의 나이가 대략 50억 년쯤 되었습니다. 그러니까 앞으로 50억 년 정도는 문제 없이 빛을 낼 겁니다. 자, 그렇다면 죽음을 맞이하면서 별들은 구체적으로 어떻게 변하는지, 그 과정을 살펴보기로 하지요. 별의 죽음에서 블랙홀이 탄생합니다.

별의 죽음, 블랙홀 탄생의 길을 열다

별의 심장박동인 핵융합 반응이 멈춰 죽음에 이르는 별들은 어떤 사후 세계를 맞이할까요? 우선 분명한 사실은, 생물의 몸이 죽음 이후에 흙으로 돌아가듯, 별을 구성하던 대부분의 가스도 우주 공간으로 돌아간다는 점입니다. 그러나 별의 질량에 따라 그 수명이 변하듯이 별이 맞이하는 최후의 운명도 몸무게에 따라 달라집니다. 지난 20세기의 전반부는 별의 최후에 관한 비밀이 차례차례 밝혀진 시기였습니다. 가벼운 별은 백색왜성으로, 그보다 무거운 별은 중성자별로, 그리고 매우 질량이 큰 별은 블랙홀로 다시 태어납니다. 별의 죽음을 통해 블랙홀이 탄생한다는 사실은 찬드라세카르와 오펜하이머를 비롯한 선구적인 과학자들의 연구를 통해 조금씩 밝혀지게 되지만 아인슈타인이나 에딩턴과 같은 당대 최고의 권위자들에게 신랄한 비판을 받습니다. 블랙홀이란 아이디어가 탄생하는 길에는 혹독한 시련이 기다리고 있었습니다.

별의 운명을 결정짓는 열쇠는 역시 질량입니다. 태양 정도의 질량을 갖는 별과 태양보다 훨씬 무거운 별로 나누어서 살펴보면 별의 일생을 이해하기에 좋습니다. 얼마나 무거워야 질량이 큰 별로 볼 수 있을까요? 정량적으로 얘기하면 태양질량의 8배를 기준으로 삼으면 좋습니다. 별의 질량을 다룰 때는 태양과 비교해야 이해하기 쉬우니 '태양질량'이라는 단위를 사용합니다. 태양의 질량을 1로 표현하는 것이죠. 태양보다 10배 더 무거운 별의 질량은 '10태양질량'이라고 말하면 비교가 쉬울 테니까요. 태양질량의 8배보다 더 큰 질량을 갖는 별들과 그보다 질량이 작은 별들은 진화 과정도 다르지만 맞이하는 죽음도 다릅니다.

먼저 질량이 작은 별들을 살펴볼까요? 이 별들은 비교적 조용한 최후를 맞습니다. 우선, 핵융합 반응이 끝나면 중력수축이 폭발적으로 일어나면서 별의 바깥쪽은 우주 공간으로 퍼져나갑니다. 별의 질량의 약 50퍼센트 이상이 우주 공간으로 방출되지요. 그리고 별에서 떨어져나간 가스는 미래에 태어날 차세대 별들의 재료가 됩니다. 별의 바깥 부분이 우주 공간으로 퍼져나가는 반면, 별의 중심부는 여전히 별의 형태를 유지하며 수축하게 됩니다. 이것이 바로 백색왜성white dwarf입니다.

1등급의 별이 많아서 유난히 아름다운 겨울철 밤하늘에서 가장 밝게 빛나는 별은 시리우스sirius입니다. 오리온 별자리가 이루는 커다란 사각형 안에 놓여 있는 세 개의 별을 한 줄로 이어서 왼쪽 아래로 가면 개자리를 만나게 됩니다. 개자리에서 가장 밝은 별이 하나 보이는데 이 별이 바로 시리우스입니다. 서양 사람들은 이 별을 '도그 스타dog star'라고 불렀죠. 개의 모양을 가진 별자리에서 가장 빛나는 별이었으니까요. 시리우스는 지구로부터 10광년보다 가까운 거리에 있어서 밤하늘에서 인간의 눈으로 직접 볼 수 있는 가장 밝은 별입니다. 겨울밤 남쪽 하늘에서 아주 밝은 별이 보인다면 십중팔구 시리우스입니다.

하지만 성능이 좋은 쌍안경으로 보면 이 별은 사실 두 개의 별이 서로 공전하는 쌍성계binary system임을 확인할 수 있습니다. 맨눈에는 보이지 않는 어두운 두 번째 별이 바짝 붙어 있는데, 이 별의 공식적인 명칭은 '시리우스B'입니다. 이 별이 바로 대표적인 백색왜성이지요. 백색왜성이란 이름은 무슨 이유로 붙여진 걸까요? 별이 하얗게 보이기 때문에 '백색'이라는 말이 붙었겠지요. 하지만 '왜성'이란 말은 무슨 뜻일까요?

조금 복잡한 얘기지만 간단히 알아봅시다. 별은 일생의 대부분을 핵융합 반응으로 수소를 태우면서 보냅니다. 나이가 들어서 중심의 수소가 다 소진되면 별의 중심부가 약간 축소됩니다. 핵융합 반응이 만들어내는 압력이 없으니 중력 때문에 조금 수축하는 것이지요. 그런데 그 수축 때문에 온도가 다시 올라갑니다. 그래서 아직 수소가 남아 있는 중심의 바깥쪽에서 수소 핵융합 반응이 일어나게 됩니다. 그러면 갑자기 시작된 핵융합 반응과 거기서 나오는 압력 때문에 별의 크기가 급격히 팽창하게 됩니다. 이런 상태의 별을 '거성giant star'이라고 부릅니다. 태양도 50억 년 정도가 지나면 거성이 될 예정입니다. 중심부의 수소가 다 소진되고 죽음을 맞이하기 직전이 될 테니까요. 이에 반하여 '왜성'이란 말은 크기가 작은 별을 일컫는 말입니다. 시리우스B의 경우는 태양보다 훨씬 크기가 작은 별이고 거성이 아니라는 의미로 '왜성'이라고 불렸습니다. 물론 웬만한 별보다는 무척이나 작았지요. 그리고 별표면의 온도가 매우 높아서 우린 눈에는 흰색으로 보이기 때문에 '백색왜성'이라

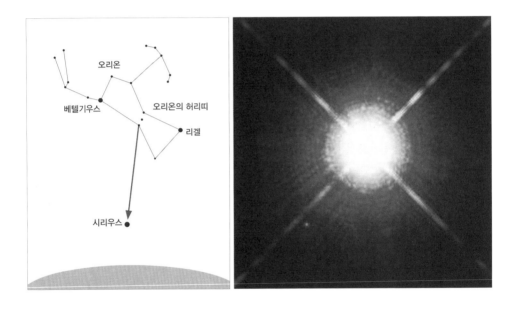

그림 7-2 왼쪽: 시리우스와 오리온자리. 겨울철 저녁에 동쪽 하늘을 보면 오리온자리를 쉽게 찾을 수 있다. 오리온자리의 삼태성(일렬로 나란히 있는 3개의 별들을 삼태성이라고 한다. 오리온의 허리띠에 해당한다)에서 아래쪽으로 내려오면 매우 밝게 빛나는 시리우스를 찾을 수 있다.

오른쪽: 시리우스 A와 시리우스 B의 모습. 허블 우주망원경으로 관측된 이 영상에는 중앙에서 밝게 빛나는 시리우스 A의 왼쪽 아래로 작은 점처럼 시리우스 B가 보인다. 시리우스 B는 핵융합 반응을 끝내고 죽음을 맞이한 별이 중력수축으로 지구 크기만큼 작아진 백색왜성이다. Credit: NASA, ESA, H. Bond(STScl) and M. Barstow(University of Leicester).

는 이름이 붙여진 겁니다. 별의 색깔이 빨주노초파남보 등으로 다르게 보이는 이유는 별 표면의 온도차이 때문이지요. 즉, 백색왜성은 '하얀 작은 별'이라는 뜻입니다. 시리우스B처럼 백색왜성은 왠지 하얀 눈이 내리는 겨울철에 잘 어울리는 별이라는 생각도 들지요. 시리우스B는 백색왜성이라 불렸지만, 이후에 발견된 백색왜성들은 온도에 따라 다양한 색을 갖는다는 것이 알려졌습니다.

어쨌거나 시리우스B의 정체를 밝히는 흥미진진한 일이 20세 초에 벌어졌습니다. 그때는 아직 별의 진화 과정과 최후가 면밀히 밝혀지지 않았던 시절입니다. 그래서 백색왜성인 시리우스B가 과연 어떤 비밀을 간직하고 있는지, 그 정체를 밝히는 일이 천문학계의 퍼즐이었지요. 태양에서 일곱 번째로 가까운 별인 시리우스B를 관측하여 자세히 연구한 결과, 이 별은 보통의 별이 아니라는 증거가 나오기 시작했습니다. 시리우스B의 질량을 측정해보니 태양과 비슷했지만, 크기를 재어보니 태양과는 비교할 수 없을 정도로 작았습니다. 시리우스B의 크기는 지구 크기 정도밖에 되지 않았거든요. 도대체 어떻게 이런 일이 가능한 걸까요? 마치 태양이 질량은 그대로 갖고 있으면서 지구만큼 조그맣게 축소되어버린 셈이었지요. 시리우스B의 질량과 반지름을 측정한 결과가 발표되었을 때 천문학자들이 깜짝 놀랐던 건 당연했습니다.

시리우스B는 태양 같은 일반적인 별과는 다른 특별한 종류의 별이라는 건 분명했습니다. 크기가 너무나 작았으니까요. 하지만 어떻게 지구만큼 작은 크기의 별이 존재할 수 있는지 도무지 알 수가 없었습니다. 당대의 이론으로는 이렇게 고밀도를 갖는 별이 어떻게 생성될 수 있는지 설명할 길이 없었지요. 그 실마리는 20세기 초에 새로 등장한 양자역학에서 나왔습니다. 원자와 같은 미시 세계를 다루는 양자역학이 발전하면서 별의 일생을 연구하는 별의 진화 이론에 응용되기 시작했습니다. 그래서 결국 백색왜성의 정체가 밝혀지게 됩니다. 백색왜성은 다름 아닌 죽음을 맞이하는 별의 최후의 모습이었던 것이지요.

질량이 태양의 8배보다 작은 별들은 중심부의 연료가 고갈되어 핵융합 반응이 끝나면 별의 외부는 우주 공간으로 날아가고 지구 크기 정도밖에 되지 않는 핵만 남게 됩니다. 심장박동이 멈춰버린 다음에도 별의 핵은 다행히 중력에 의해서 붕괴되지는 않습니다. 왜냐하면 자신의 무게를 지탱할 수 있을 만큼 전자가 빽빽이 들어찬 고밀도 상태가 되기 때문입니다. 다시 말하면 중력수축 때문에 별의 크기가 아무리 작아져도 전자가 서로 맞부딪힐 만큼 빽빽하게 모여 있는 상태가 되면 더 이상 중력수축이 일어나지 않게 됩니다. 양자역학 연구를 통해서 고밀도의 전자들이 내는 압력이 중력을 상쇄할 수 있다는 사실이 알려집니다. 그래서 시리우스B처럼 작은 크기의 별이 어떻게 존재할 수 있는지 그 비밀이 밝혀지게 되었습니다. 백색왜성은 바로 질량이 작은 별이 맞이하는 최후의 모습이었습니다. 별의 죽음 후에 중력수축 때문에 작아졌지만 전자의 압력(전문 용어로 '축퇴압'이라고 부릅니다)에 의해 붕괴되지 않고 지구만 한 크기로 남아 있는 상태가 바로 백색왜성의 정체였습니다.

모든 별이 백색왜성으로 최후를 맞는 것은 아닙니다. 대략 태양

그림 7-3 헬릭스 성운(Helix nebula)의 모습. 질량이 작은 별은 죽음을 맞이하면서 별의 바깥 부분이 인터스텔라 공간으로 퍼져나간다. 별을 구성하는 가스들이 넓은 공간을 차지하며 만들어내는 현상을 행성상 성운(planetary nebula)이라고 불렀다. 멀리 있어 점으로 보이는 별과 달리 가까운 태양계의 행성처럼 면적을 차지하는 것처럼 보였기 때문이다. 그러나 행성상 성운은 행성이 아니라 별의 최후를 보여주는 현상이었다. 약 700광년 거리에 있는 이 성운의 중심에는 폭발하고 남은 별의 중심부가 보인다. 별의 핵은 중력에 의해 수축해서 전자의 축퇴압으로 크기가 유지되는 백색왜성이 된다. Credit: NASA, NOAO, ESA, the Hubble Helix Nebula Team, M. Meixner (STScI), and T.A. Rector (NRAO).

보다 8배 이상 질량이 큰 별들의 운명은 사뭇 다릅니다. 핵융합이 끝나는 순간, 별을 이루는 대부분의 가스는 무지막지한 폭발을 통해 우주 공간으로 퍼져나가는데, 이것이 바로 과학 기사에 가끔 등장하는 초신성 폭발입니다. 폭발을 통해 엄청난 에너지가 방출되기 때문에 이 순간의 별의 밝기는 핵융합 반응을 하던 시절보다 1억 배나 더 밝아집니다. 그래서 아무것도 보이지 않던 밤하늘에 갑자기 밝은 별이 나타난 것처럼 보입니다. 그래서 이렇게 새롭게 나타난 별들을 '신성nova'이라고 불렀고 그중에서도 밝은 별은 '초신성 super nova'이라고 불렀습니다. 갑자기 나타난 초신성은 시간이 지나면서 점차 사라집니다. 1억 배나 밝아졌던 것이 시간이 지나면서 점점 어두워지기 때문입니다. 하지만 별의 중심은 어떻게 될까요? 별의 바깥쪽은 우주 공간으로 날아가는 반면, 별의 중심부인 핵은 중력수축을 하게 됩니다. 중심부의 질량이 충분히 작다면 백색왜성이 되지만 매우 크다면 중성자별이나 블랙홀이 될 수도 있습니다. 중성자별에 대해서는 조금 뒤에 알아보기로 합시다. 어쨌거나 무거운 별들이 블랙홀이 될 수 있다는 생각을 열어준 사람은 바로 인도 출신의 저명한 천체물리학자 찬드라세카르였습니다. 먼저 찬드라세카르에 대해 간단히 알아볼까요?

20세기 초, 아인슈타인의 일반상대성이론이 예견하는 블랙홀을 물리학자들이 못마땅해했음에도 불구하고 블랙홀에 대한 새로운 관심이 천체물리학에서 새롭게 일어나기 시작합니다. 별의 죽음에 관한 연구를 통해서 블랙홀이라는 엽기적인 존재가 다시 한 번 등장하게 되지요. 심장박동 같은 핵융합 반응이 끝나 최후를 맞는 별의 죽음에서 블랙홀이 예견되었기 때문입니다. 열아홉 살의 학생에 불과했던 찬드라세카르는 인도에서 영국으로 유학을 떠나며 배를 타고 인도양을 가로지르는 동안 그 유명한 '찬드라세카르 한계'에 대한 계산을 완성합니다. 그 연구는 별이 블랙홀로 변할 수 있는 길을 열어놓은 중요한 결과를 담고 있었습니다. 별의 죽음에 대한 서사시는 그렇게 하나씩 쓰여지기 시작했습니다.

인도 태생의 수브라마니안 찬드라세카르는 블랙홀 연구 역사에서 빼놓을 수 없는 중요한 천체물리학자입니다. 20세기가 낳은 위대한 천체물리학자인 찬드라세카르는 젊은 시절에 이미 위대한 업적을 만들어냈지요. 블랙홀 연구뿐만 아니라 천체물리학의 발전에도 중요한 역할을 했습니다. 과학 분야에서 논문은 매우 중요한 도구가 됩니다. 논문으로 출판되지 않는 연구 결과는 사장된다는 유명한 이야기도 있지요. 논문으로 발표되지 않는다면 연구하지 않은 것이나 마찬가지라는 뜻입니다. 현대 과학은 논문을 통해서 연구 과정과 결과가 발표되고 알려지기 때문에 논문은 소통의 도구인 셈입니다. 그래서 연구논문의 질을 높이고 훌륭한 논문이 생산되도록 노력하는 일이 중요합니다.

과학 논문은 심사 과정을 거쳐서 통과되어야 출판할 수 있습니다. 그래서 심사자의 역할이 중요하지요. 흔히 '동료 심사'라고 부릅니다. 그 분야의 전문성을 가진 다른 연구자들이 논문을 심사하게 됩니다. 심사 과정이 잘 작동해야 엉터리 결과들은 걸러내고 좋은 논문은 더 좋은 논문으로 수정되고 향상될 수 있지요. 여러 논문을 모아서 출판하는 논문집을 '저널'이라고 부릅니다. 보통 신뢰성이 높고 뛰어난 논문들이 실리는 저널들이 분야마다 정해져 있지요. 그래서 과학자들은 자기 분야의 최고 저널에 논문을 출판하고 싶어 합니다. 천체물리학 분야에서 가장 좋은 저널로 알려진 것 중에 〈천체물리학 저널The Astrophysical Journal〉이 있지요. 이 분야에서 가장 많이 인용되는 연구 결과들이 주로 발표되는 저널입니다.

블랙홀 연구의 선구자였던 찬드라세카르가 바로 〈천체물리학 저널〉을 오늘날 이 분야 최고의 저널로 만든 장본인이었습니다. 찬드라세카르는 거의 20년 동안 〈천체물리학 저널〉의 편집장 역할을 했습니다. 편집장은 투고된 논문을 심사할 적합한 연구자를 찾아 심사를 부탁하고 저널의 논문 출판을 최종 책임지는 중요한 역할을 합니다. 사실 미국의 시카고 대학이 출판하던 〈천체물리학 저널〉은 별 볼일 없던 저널이었어요. 영국을 비롯한 유럽 국가들의 저널이 훨씬 영향력이 강했었거든요. 하지만 찬드라세카르가 에디터 역할을 하면서 〈천체물리학 저널〉을 세계 최고 권위의 저널로 끌어올렸습니다. 찬드라세카르는 수학과 물리학에 천재적인 능력을 보인 것으로도 유명하지만 철저하게 원칙에 입각한 삶을 통해 많은 에피소드를 남겼어요. 특히 〈천체물리학 저널〉의 편집장을 하면서 혹이라도 개인적인 친분 관계 같은 것이 논문 심사와 논문 출판에 영향을 미칠까 봐 오랫동안 다른 학자들과의 개인적인 교제를 피할 정도로 객관적이고 학문적인 기준에 충실했답니다. 찬드라세카르는 모든 과학자들이 본받을 만한 귀감이 되는 인물이지요.

일흔이 넘은 노인이 된 찬드라세카르는 별의 진화에 관한 연구

공로로 1983년에 노벨상을 수상했습니다. 하지만 그의 업적의 중요한 연구 내용은 사실 반세기 전, 그가 영국으로 유학을 떠나던 길에서 이루어졌지요. 열아홉 살이 되던 1930년, 어려운 시험을 통과해서 인도 정부에서 지원하는 국비장학생이 된 찬드라세카르는 영국의 케임브리지 대학으로 유학을 떠나기 위해 인도에서 베네치아로 가는 배에 몸을 실었습니다. 뱃멀미로 고생하던 며칠이 지나고 맑은 날이 계속되자 그는 다시금 자신의 마음을 사로잡고 있던 문제에 몰두하기 시작했습니다.

핵융합 연료를 다 써버린 별은 백색왜성이 되어 식어간다는 1920년대의 이론을 공부하던 그는 백색왜성의 중심부는 매우 밀도가 높을 것이라는 점에 착안했습니다. 밀도가 높은 중심부는 중력이 강할 것이므로 아인슈타인의 특수상대성이론 효과가 발생할 것이라는 예측이 가능했기 때문에, 그 진위를 가리기 위해서 열심히 계산에 임했던 것이죠. 독일어를 잘했다고 알려진 찬드라세카르는 1905년과 1915년에 각각 출판된 아인슈타인의 논문들을 이미 읽어서 상대성이론의 내용을 알고 있었습니다. 기본적인 물리상수들을 가지고 풀어가던 계산이 끝나자 그는 예상치 못한 결과에 눈이 휘둥그레졌습니다. 그 결과는 별의 질량이 어떤 한계보다 크면 백색왜성이 될 수 없음을 보여주고 있었거든요. 그의 계산에 따르면, 별이 핵융합 반응을 멈추고 폭발하는 과정을 거치면서 별의 외곽 부분이 날아가면 자신이 지니고 있던 반 이상의 가스를 우주 공간에 잃어버립니다. 그리고 별의 중심부는 백색왜성으로 변하게 됩니다. 그런데 남아 있는 중심부의 질량이 태양질량의 1.4배보다 작은 경우에는 백색왜성이 되는 데 문제가 없지만, 중심부의 질량이 태양질량의 1.4배 이상이 된다면 백색왜성이 될 수 없습니다. 그 이유는 다음과 같습니다. 태양질량보다 1.4배 이상 크면 중력이 너무 커서 중심부가 계속 수축하게 됩니다. 백색왜성을 지탱하는 전자의 압력(축퇴압)으로도 중력을 버텨낼 수가 없기 때문입니다. 그래서 별의 중심부는 중력수축을 계속해서 그 크기가 0으로 줄어들게 됩니다. 크기가 0인 백색왜성은 당연히 물리적으로 존재할 수 없습니다. 시리우스B처럼 우주에서 발견되는 백색왜성들은 모두 질량이 태양의 1.4배보다 작다고 예측할 수 있는 반면, 중심부의 질량이 큰 별들은 백색왜성이 될 수 없다는 결론이 나온 것이었지요. 이 결론은 찬드라세카르 자신을 어리둥절하게 만들었습니다. 백색왜성은 태양질량의 1.4배보다 더 무거울 수 없다니, 도대체이 계산 결과가 의미하는 바는 무엇이었던 걸까요?

찬드라세카르의 계산 결과는 백색왜성의 질량은 태양질량의 1.4배보다 작아야 한다는 걸 보여주었고, 그래서 태양질량의 1.4배를 '찬드라세카르의 한계Chandrasekhar limit'라고 부르게 되었습니다. 그래서 백색왜성들을 발견해서 질량을 측정해보면 태양질량의 1.4배보다 작습니다.

하지만 질량이 매우 큰 별이 최후를 맞이하는 경우를 생각해봅시다. 이를테면 태양질량의 20배쯤 되는 별이 핵융합 반응을 멈추면 어떻게 될까요? 핵융합 반응이 끝나면서 별은 폭발하고 별을 구성하던 가스들이 인터스텔라 공간으로 날아가면서 별의 중심부만 남게 됩니다. 그런데 별의 질량이 원래 매우 크다면 우주 공간으로 날아간 별의 외부를 제외하고 남아 있는 별 중심부의 질량도 꽤나 클 수 있겠지요? 가령, 중심부에 남아 있는 질량이 태양질량의 2배쯤 된다면 별의 중심부는 찬드라세카르의 계산 결과가 제시하는 찬드라세카르 한계, 즉 태양질량의 1.4배보다 크게 됩니다. 즉, 별의 중심부가 백색왜성이 될 수는 없다는 뜻이죠.

그럼 별의 중심부가 백색왜성이 되지 않는다면 어떻게 되는 걸까요? 중심부가 태양질량의 1.4배가 넘는다면 계속 수축해서 반지름이 0이 될 수도 있겠지요. 즉, 부피가 무한히 작고 밀도가 무한히 큰 블랙홀이 될 수도 있다는 뜻입니다. 찬드라세카르의 계산 결과는 바로 질량이 매우 큰 별의 경우는 블랙홀이 될 수 있음을 암시한 것이었지요. 핵융합 반응이 끝나는 마지막 단계에서 별의 중심부가 자신의 중력에 의해 내부로 붕괴해서 무한대의 밀도와 질량을 갖는 한 점이 되는 겁니다. 바로 15년 전에 슈바르츠실트가 예견했던 특이점입니다.

하지만 찬드라세카르가 별의 최후에서 블랙홀을 직접 예측한 것은 아닙니다. 찬드라세카르는 그 이후에 블랙홀 연구에서 멀어지게 됩니다. 그리고 별의 죽음에 관한 서사시에는 한 단계가 더 있지요. 백색왜성이 되지 않는 무거운 별이 모두 블랙홀이 되는 건 아니랍니다. 별의 중심부가 태양질량의 2배 정도라면 실제로는 블랙홀이 아니라 중성자별이 되지요. 블랙홀이 되려면 중심부의 질량이 태양보다 3배 이상 무거워야 됩니다. 일단 찬드라세카르가 블랙홀 연구에서 멀어지게 된 이야기를 조금 더 다뤄보기로 하지요.

영국에 도착해서 유학 생활을 시작한 찬드라세카르가 영국으로 오는 선상에서 계산한 결과를 정리해서 논문으로 집필하는 데는 1년의 시간이 걸렸습니다. 찬드라세카르는 영국의 저널에 논문을 투고하는 대신 미국의 저널에 발표하기로 결정하고 논문을 투고했지요. 그러나 학계의 반응은 영 신통치 않았습니다. 실망한 찬드라세카르는 일단 박사학위 연구에 집중하고자 찬드라세카르의 한계에 관련된 연구는 일단 제쳐두기로 결심합니다. 그리고 박사학위를 마친 후에 다시 한 번 자신이 이미 얻었던 결과를 입증하기 위해 도전합니다. 이번에는 영국으로 오는 배에서 파도에 시달리며 손으로 계산했던 과정을 넘어서 당대의 저명한 천문학자인 아서 에딩턴의 계산기를 이용하여 보다 복잡한 계산을 수행할 수 있는 기회도 마련되었습니다.

에딩턴은 태양 근처의 빛이 휜다는 사실을 측정해서 아인슈타인의 일반상대성이론이 예측한 결과를 입증했던 천체물리학자입니다. 그는 대중적으로 유명하기도 했지만 우주를 대상으로 직접 물리량을 측정하는 관측천문학과 양자역학이나 상대성이론 같은 이론 천체물리학을 함께 연구할 수 있는 당대의 뛰어난 과학자였지요. 그가 바로 찬드라세카르를 지도한 케임브리지 대학의 교수였습니다. 찬드라세카르는 에딩턴 교수의 도움을 받아서 그의 계산기를 이용할 수 있게 되었어요. 그동안 손으로 풀 수 없었던 다양한 밀도를 갖는 별들에 대해서 상대성이론과 양자역학을 적용하여 연구하기 시작했습니다. 찬드라세카르가 케임브리지 대학에서 훌륭한 지도교수를 만나서 훌륭한 결과를 내게 되었을까요? 연구 결과는 좋았지만 문제는 다른 데서 터졌습니다.

넉 달 만에 나온 결과를 흥분된 마음으로 런던의 학회에 발표했을 때 찬드라세카르의 마음이 어땠을까요? 하지만 찬드라세카르는 뜻밖의 적을 만났습니다. 지난 몇 주 동안 자신의 연구 결과를 물끄러미 지켜봐왔던 에딩턴이 자신의 결과를 정면으로 부정하고 나왔던 것이죠. 찬드라세카르의 발표가 끝난 뒤에 강단에 오른 에딩턴은 찬드라세카르가 상대성이론과 양자역학을 잘못 혼합했다면서 신랄하게 비판했습니다. 별이 점점 축소되어 빛조차도 빠져나올 수 없을 만큼 중력이 강해지는 엉터리 같은 일은 자연법칙이 허락하지 않을 거라며 일침을 가했던 것이지요. 그 대신 자신의 방식에 따라 상대성이론과 양자역학을 이용하면 모든 별이 블랙홀이 되는 운명을 피할 수 있음을 설명하기 시작했습니다.

에딩턴은 영국에서 가장 권위 있는 과학자로 꼽혔습니다. 아인슈타인의 상대성이론을 개기일식 현상을 통해 관측적으로 입증하기도 했고 영국을 비롯해 전 세계에서 존경받는 거물이었던 에딩턴의 반대는 결국 찬드라세카르의 위대한 결과를 몇 년 동안 사장시키고 말았습니다. 찬드라세카르가 지도교수인 에딩턴에게 배신을 당했던 걸까요? 그렇게 볼 수도 있습니다. 사실 에딩턴은 찬드라세카르가 긴 시간을 들여서 계산하는 과정을 하나하나 지켜보고 있었으니까요. 찬드라세카르의 계산이 틀렸다고 주장한 에딩턴의 비판 앞에서 그 누구라도 찬드라세카르의 편을 들기는 쉽지 않겠지요. 물론 양자역학과 상대성이론에 정통했던 몇몇 이론물리학자들이 나중에 찬드라세카르의 편에 섰습니다. 하지만 양자역학과 같은 새로운 이론물리학에 아직 익숙하지 않았던 천문학계가, 일반상대성이론이 발표된 초기에 그 이론을 이해했던 몇 안 되던 사람 중 하나였고 학계의 거물이었던 에딩턴의 권위에 따를 수밖에 없었던 것은 매우 불행한 일이었습니다.

하지만 에딩턴의 반대로 찬드라세카르의 연구가 영원히 사장된 것은 아닙니다. 1930년대 후반이 되면서 에딩턴의 실수가 천문학자들 사이에서 인식되기 시작했습니다. 그리고 그로부터 약 50년이 지난 1983년이 되면 찬드라세카르는 이 연구 결과를 인정받아 드디어 노벨 물리학상을 받게 됩니다. 어떻게 과학계에서 이런 억

그림 7-4 '태양보다 1.4배 이상 무거운 백색왜성은 만들어질 수 없다'는 한계점(찬드라세카르의 한계)을 발견한 공로로 1983년에 노벨 물리학상을 수상한 인도 태생 찬드라세카르의 젊은 시절 모습. 사진: 게티이미지코리아

울한 일이 일어날 수 있는지 의아하게 생각하는 이들이 있을 것입니다. 과학자들은 가장 합리적이고 과학적인 증거에 따라 결론을 내리는 사람들이어야 하는데 말이지요.

에딩턴이 찬드라세카르를 반대했던 이유는 아인슈타인을 비롯한 물리학자들이 슈바르츠실트의 특이점을 반대했던 이유와 그리 다르지 않습니다. 에딩턴은 찬드라세카르를 비판하면서 별이 그런 말도 안 되는 최후를 맞지 못하게 막는 자연법칙이 있을 거라고 말했습니다. 별을 연구하던 당대의 유명한 천문학자들이 대부분 그런 생각을 갖고 있었던 것이지요. 그렇다면 그들은 찬드라세카르의 한계도 받아들이지 않았던 걸까요? 질량이 매우 큰 별이라면 중심부의 질량이 태양의 1.4배보다 무거울 수도 있을 텐데, 찬드라세카르를 반대했던 사람들은 이 문제를 어떻게 설명했을까요? 그들은 질량이 매우 큰 별이라고 해도 최후를 맞기 전에 질량을 충분히 많이 잃어버리거나, 혹은 별이 최후를 맞으면서 많은 양의 가스가 우주 공간으로 나가게 되면 중심부에 남는 질량이 매우 작아질 거라고 생각했습니다. 즉, 질량이 아무리 큰 별이라고 해도 최후를 맞을 때는 중심부의 질량이 태양의 1.4배 미만이 될 거라고 생각했던 것이지요. 그러니까 질량이 큰 별이라고 해도 어떻게 해서든 최후에 남는 중심부의 질량은 찬드라세카르의 한계보다 작아질 것이라고 예측했습니다. 그들은 중력수축이 계속되어 블랙홀이 되는 길보다, 찬드라세카르 한계를 어기지 않고 백색왜성이 되는 길을 선택한 겁니다. 별이 무한대의 밀도를 갖는 한 점으로 붕괴한다는 결론은 도저히 받아들일 수가 없었기 때문에 그보다는 아무리 질량이 큰 별이라고 하더라도 외부로 질량을 많이 잃어버려서 최후에는 백색왜성이 된다고 생각하는 게 더 이치에 맞다고 판단한 것이지요.

에딩턴을 비롯한 당대의 과학자들이 블랙홀이 되는 과정을 받아들이기에는 아무래도 시기상조였나 봅니다. 위대한 자연법칙이 이런 엽기적인 블랙홀이 탄생하도록 그냥 내버려둘 리가 없다는 것이 그들의 생각이었거든요. 블랙홀이 물리적 존재로 인정받기에는 아직 더 긴 시간이 필요했던 겁니다. 블랙홀은 받아들여지기 힘든 존재였습니다. 그래도 과학은 이런 선입견들을 넘어 맞는 방향으로 나아가기 마련입니다. 찬드라세카르의 아이디어는 반대에 부딪혔지만, 그래도 블랙홀이 탄생하는 길을 막을 수는 없었지요. 찬드라세카르의 뒤를 이어 오펜하이머가 새로운 출구를 열었습니다.

무거운 별의 최후

찬드라세카르가 예측했던 것처럼 별의 중심부 질량이 태양의 1.4 배보다 더 크면 모두 블랙홀이 되는 운명이었던 걸까요? 그렇진 않습니다. 찬드라세카르의 연구 이후에 이어진 다양한 연구 결과들을 바탕으로 별이 죽음을 맞이하는 방식에 대해서 보다 자세한 그림이 나오게 됩니다. 무거운 별의 운명은 중성자별이 되는 경우와 블랙홀이 되는 경우로 나누어집니다.

백색왜성으로 죽음을 맞이하는 태양급의 가벼운 별들과는 달리 태양질량의 8배 이상이 되는 무거운 별들은 초신성 폭발로 죽음을 맞이합니다. 폭발로 인해 대부분의 질량을 외부로 잃어버리는 반면, 중심부의 핵은 중력에 의해 점점 수축해서 블랙홀이 될 수 있습니다. 그러나 찬드라세카르가 예측한 것처럼 핵의 질량이 태양질량의 1.4배보다 크다고 해서 모두 블랙홀이 되는 것은 아니었습니다. 찬드라세카르의 예측과는 달리 전자들의 압력으로 버틸 수 없을 만큼 강한 중력수축이 일어나 백색왜성이 될 수 없다고 해서 크기가 0으로 붕괴하는 건 아니었습니다. 전자의 압력보다 더 강한 중성자들의 축퇴압을 통해 엄청난 중력을 견뎌내고 크기가 0이 되지 않게 버텨내는 별들이 존재할 것으로 예측되었지요. 그 별이 바로 중성자별입니다.

1920년대에 세계에서 가장 구경이 큰 망원경은 윌슨산 천문대의 지름 2.5미터짜리 망원경이었습니다. 이 망원경은 새로운 우주의 모습을 천문학자들에게 선사했으며 매력적인 천체물리학으로 이론물리학자들의 관심을 끌어당겼지요. 특히 초신성의 폭발이 목격된 사진들은 캘리포니아 공대의 이론물리학자였던 프리츠 츠비키와 세계적인 관측천문학자였던 발터 바데의 공동연구를 끌어냈습니다. 관측천문학 전반에 조예가 깊었던 바데와의 토론을 통해 츠비키는 초신성에 관심을 가지고 그 원인을 연구하기 시작했습니다. 츠비키는 그 즈음에 핵물리학 분야에서 새로 발견된 '중성자 neutron'라는 새로운 입자에 주목합니다. 그래서 중성자로 구성된 고밀도의 중성자별이 존재할 거라고 제창합니다.

중성자는 양성자와 함께 물질의 기본 단위라고 할 수 있는 원자를 구성하는 입자입니다. 양성자와 질량은 거의 같지만, 전기적인 성질이 양성인 양성자와 달리 전기적으로 중성이기 때문에 '중성자'라고 불립니다. 츠비키는 이런 중성자들이 빽빽이 들어찬 고밀도의 별이 만들어질 가능성을 탐구했는데, 무거운 별들이 심장박동을 멈추면 초신성 폭발이 일어나고, 그러고 남은 핵은 중성자별이 된다는 시나리오를 제시했던 것이지요. 핵의 질량이 태양질량의 1.4배를 넘으면 백색왜성이 될 수 없습니다. 고밀도의 전자가 내는 압력도 중력수축을 막을 수 없기 때문입니다. 하지만 전자 대신에 중성자들이 꼭꼭 뭉쳐진 고밀도의 핵이 만들어진다면 안으로 밀고 들어오는 중력을 상쇄시켜서 별의 형태를 유지할 수 있다는 것이 핵심 아이디어입니다. 백색왜성의 전자들이 견뎌낼 수 없는 강한 중력을 중성자들이 버텨낸다는 것이지요. 이것이 바로 중성자별입니다. 그래서 중성자별은 질량이 큰 별이 중력수축으로 붕괴되지 않고 고밀도의 핵을 유지하며 남아 있는 상태입니다. 백색왜성보다 더 밀도가 높은 상태가 되는 것이지요.

츠비키의 연구는 백색왜성과 비슷하지만 그보다 더 높은 밀도를 갖는 중성자별에 대한 관심을 증폭시켰습니다. 그러나 핵의 질량이 태양보다 1.4배 이상 무거운 백색왜성이 만들어질 수 없는 것처럼, 중성자별의 경우에도 중성자들이 중력을 버틸 수 있는 질량에 한계가 있다는 생각이 로버트 오펜하이머를 휘어잡았습니다. 오펜하이머는 질량이 훨씬 더 큰 별의 경우에는 초신성으로 최후를 맞이할 때 남아 있는 별의 중심부 질량도 훨씬 크고 중력이 너무나 강하기 때문에, 중성자로 구성된 고밀도의 핵조차도 그 중력을 상쇄시킬 수 없을 것이라는 아이디어를 탐구했습니다.

오펜하이머는 자신의 박사과정 학생이었던 조지 볼코프와 하틀랜드 스나이더와 함께 중성자별의 한계를 밝히는 자세한 연구를 진행했습니다. 볼코프는 별 중심부의 질량이 백색왜성이 될 수 있

그림 7-5 허블 우주망원경으로 찍은 초신성의 잔해. 흔히 '게성운'이라고 불린다. 역사에 보면 1054년에 밝은 별이 나타났다는 기록이 있는데, 바로 연료가 고갈되어 핵융합 반응이 끝난 별이 폭파되는 순간이 목격된 것이다. 새로운 별이 나타났다고 해서 '초신성'이라고 하지만 사실은 별의 최후를 일컫는다. 별 내부를 구성하던 가스들이 터져나와 장관을 이루고 있다. 중심부에는 별의 핵에 해당했던 부분이 중성자별로 남아 있다. 별이 최후를 맞은 지 아직 1,000년밖에 지나지 않았기 때문에 초신성의 잔해가 선명하게 남아 있다. Credit: J. Hester & A. Loll(ASU), NASA, ESA.

는 한계인 태양질량의 1.4배를 넘으면 중성자별이 된다는 연구 결과를 도출했지요. 하지만 별 중심부의 질량이 매우 크다면 그 중력은 중성자들도 버텨낼 수 없고 별의 중심은 계속 수축하여 크기가 0이 될 수밖에 없다는 것도 알아냈습니다. 그 한계 질량은 대략 태양질량의 3배였습니다. 즉, 죽어가는 별의 중심부가 태양의 1.4배에서 3배 사이가 되면 중성자별이 되지만, 그보다 더 큰 별은 중성자별이 될 수 없다는 걸 알아낸 것이지요.

오펜하이머는 질량이 매우 큰 별은 초신성 폭발과 더불어 중심부가 끝없이 수축하여 블랙홀이 될 것이라고 확신했습니다. 1939년, 결국 오펜하이머는 별이 죽음을 맞이할 때 핵의 질량이 태양질량의 약 3배 이상이 되면 수축해 들어오는 중력을 막을 힘이 없기 때문에 무한히 작은 크기와 무한한 밀도를 갖는 점으로 붕괴해버린다는 계산 결과를 얻었고 그 결과를 제자였던 볼코프와 함께 발표했습니다.

오펜하이머가 발견한 것처럼 태양질량의 3배 이상이 되는 핵이 붕괴하면 수학적 계산이 불가능합니다. 과학적으로 정의할 수 없는 이런 경우를 물리학에서 주로 '특이점'으로 부릅니다. 슈바르츠실트의 특이점과 같은 개념입니다. 매우 무거운 별의 최후에서 예측되는 무한대의 질량을 갖는 이 점은 '얼어붙은 별frozen star', 혹은 '붕괴된 별collapsed star'이라고 불리기 시작했습니다. 아직 '블랙홀'이라는 말이 사용되기 전이었기 때문에 다양한 이름들이 나왔습니다. 결론적으로 말하면 가장 무거운 별들이 죽음을 맞이하면서 블랙홀이 됩니다.

찬드라세카르와 츠비키, 그리고 오펜하이머로 이어지면서 별이 최후에 어떤 운명을 맞게 되는지 상세히 보여주는 드라마가 완성된 것입니다. 하지만 안타깝게도 별의 죽음에 관해서 활발하게 진행되던 연구는 제2차 세계대전 때문에 중단되었습니다. 오펜하이머가 중성자별 연구논문을 발표하던 1939년은 독일이 전쟁을 일으킨 해였습니다. 세계대전이 발발하자 많은 과학자들이 전쟁과 관련된 연구에 종사하게 되었지요. 특히 별의 진화와 죽음을 연구하던 천체물리학자들도 핵물리학의 전문성을 갖고 있었기 때문에 국가의 부름을 받았습니다. 오펜하이머는 미국이 원자폭탄을 개발하기 위해 추진한 맨해튼 프로젝트의 책임자가 되었습니다.

과학자들이 모두 핵폭탄 만드는 일에 참여했다는 건 아닙니다. 과학자들 중에는 세계대전 중에 자기 나라를 지키기 위해 핵폭탄을 만드는 일에 참여한 사람들도 있지만, 전쟁을 반대하며 핵폭탄 개발 참여를 거부한 사람들도 있었습니다. 과학연구를 통해 발견된 지식이 무기를 만드는 데 사용되는 건 안타까운 일입니다. 그러나 적의 침략에서 나라를 지켜야 한다는 논리도 만만치 않았지요. 아인슈타인은 반전 운동을 펼친 반면, 오펜하이머는 조국을 위해 핵폭탄을 만드는 프로젝트를 맡았습니다.

가만 생각해보면, 핵폭탄처럼 살상도구를 만든 책임을 핵물리학에 돌릴 수는 없습니다. 핵물리학을 무기에 이용한 인간의 욕심이 잘못이라고 해야 할 것입니다. 그래도 결국 핵물리학을 연구한 과학자들이 핵무기를 만들었다는 역사적 사실은 무시할 수 없지요.

자, 그럼 정리를 해볼까요? 결국, 별의 죽음에 관한 서사시는 3편으로 구성된다고 할 수 있습니다. 태양보다 그리 크지 않은 별들은 장구한 세월 동안 핵융합 반응을 하다가 연료를 다 소모하게 되면 자기 질량의 반 이상을 우주 공간에 잃어버리고 찬드라세카르 한계(그러니까 태양질량의 1.4배)보다 가벼운 중심의 핵만 남게 되죠. 그 핵은 백색왜성으로 변합니다. 조금 더 정량적으로 말하면 태양질량의 8배 이하로 질량이 작은 별들은 백색왜성이 되는 길을 걷게 됩니다. 두 번째, 태양질량의 8배에서 25배 정도 되는 별들은 중성자별이 되는 운명을 맞이합니다. 이 별들은 질량이 크기 때문에 핵융합 반응의 효율이 매우 높아서 수명이 훨씬 짧습니다. 그 짧은 일생의 끝에 핵융합 반응이 멈추면 초신성 폭발로 불리는 막대한 폭발을 거쳐 대부분의 질량을 잃어버립니다. 그러나 원래 질량이 컸기 때문에 폭발 이후에 남은 중심부의 질량도 찬드라세카르의 한계보다 무거워서 백색왜성이 될 수는 없습니다. 그 대신 중성자들의 압력이 중력을 상쇄하는 중성자별이 되면서 최후를 맞이합니다. 정량적으로 말하면 초신성 폭발 뒤에 남은 중심부의 질량이 대략 태양의 1.4배에서 3배 사이가 되면 중성자별이 됩니다. 세 번째, 태양질량의 25배보다 훨씬 더 무거운 별들은 훨씬 더 강력한 초신성 폭발을 거치게 됩니다. 그리고 중심부에 남는 질량도 태양질량의 3배를 넘기 때문에 빽빽한 중성자로 채워진 중성자별의 밀도와 축퇴압으로도 자신의 중력을 막을 수 없습니다. (중성자별 이외에도 쿼크별 같은 새로운 별들이 이론적으로 제시되기도 했지만 엄밀하게 확증된 내용이 아니니 다루진 않겠습니다.) 결국 질량이 큰 별들은 초신성 폭발 후에

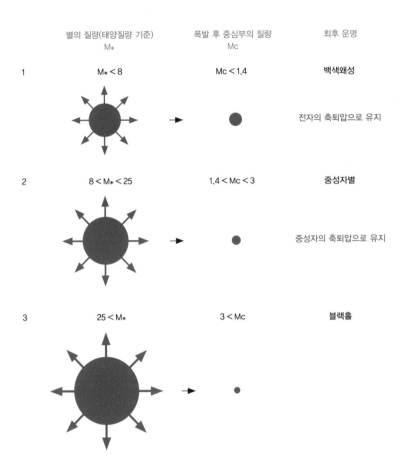

별의 질량(태양질량 기준) M∗	폭발 후 중심부의 질량 Mc	최후 운명
1 M∗ < 8	Mc < 1.4	**백색왜성** 전자의 축퇴압으로 유지
2 8 < M∗ < 25	1.4 < Mc < 3	**중성자별** 중성자의 축퇴압으로 유지
3 25 < M∗	3 < Mc	**블랙홀**

그림 7-6 별의 죽음의 서사시 3부작. 1) 백색왜성: 태양질량의 8배보다 작은 별이 맞이하는 최후는 백색왜성이다. 중심부의 질량이 찬드라세카르 한계를 넘지 않기 때문에 전자의 축퇴압으로 지구 크기 정도의 반지름을 유지하는 백색왜성이 된다. 2) 중성자별: 별의 질량이 태양의 8배에서 25배 사이에 해당되면 초신성 폭발 후에 별의 중심부는 중성자별이 된다. 폭발 후 별 중심부의 질량은 태양질량의 1.4배를 넘기 때문에 전자의 축퇴압으로도 중력수축을 막을 수 없고 중심부는 더 작게 수축된다. 그러나 반경 10킬로미터 정도의 구로 축소되면 이번에는 중성자들이 압력을 내며 더 이상 중력수축이 일어나지 못하게 별의 크기를 유지한다. 3) 질량이 매우 커서 태양질량의 25배를 넘는 별들은 초신성으로 폭발하고 남는 중심부의 질량이 태양의 3배보다 크다. 이 경우에는 중성자의 압력으로도 중력수축을 막을 수 없기 때문에 중심부는 계속 중력수축을 하게 되고 결국에는 반지름이 0인 블랙홀로 붕괴하게 된다.

중심부가 내부로 붕괴하여 블랙홀이 되는 운명을 맞이합니다.

별의 질량에 따라 백색왜성, 중성자별, 그리고 블랙홀로 3가지 운명이 결정되는 거라면, 질량만 충분히 크면 별의 최후에서 얼마든지 블랙홀이 만들어질 수 있다는 뜻이 됩니다. 자, 지금까지 논한 별의 3가지 운명에 관한 이론적 연구를 넘어서, 직접적인 관측 증거가 발견되었는지 물어야 할 때가 되었습니다. 별의 최후에 관한 시나리오는 모두 이론적 연구라고 할 수 있습니다. 아무리 계산 결과가 훌륭하다고 해도 실제로 블랙홀이 존재한다는 관측적 증거를 발견해야 합니다. 관측적 증거가 있어야 별이 블랙홀이 되는 시나리오가 맞는지 확인할 수 있기 때문입니다.

자, 그럼 중성자별이 발견된 이야기를 먼저 해볼까요? 시리우스 B 별이 백색왜성이라고 밝혀진 이야기는 이미 앞에서 다루었으니까요.

중성자별의 발견, 블랙홀 이름을 낳다

전파천문학이 한창 발전하던 1960년대 후반이었습니다. 1967년 여름, 영국 케임브리지 대학의 박사과정 학생이던 조슬린 벨은 우주의 한 방향에서 주기적으로 전파를 내보내는 이상한 천체를 발견했습니다. 2년 동안 공들여 만든 케임브리지 대학의 전파망원경이 마침 그해 여름에 드디어 완성되었습니다. 그 시설을 사용하여 관측연구를 시작한 벨은 규칙적인 전파를 내는 특이한 대상을 우연히 목격하게 되었습니다. 기계 신호처럼 매우 규칙적인 주기를 갖고 일정한 양의 전파가 우주의 한 방향에서 날아오고 있었던 것이지요. 그 주기는 정확하게 1.3373011초였습니다. '이상한 일이군. 마치 누군가가 일부러 전파를 쏘아 보내고 있는 것 같아. 도대체 이 전파의 정체는 무엇일까?' 그런 질문을 던지며 그녀는 고민하기 시작했습니다. 이렇게 짧은 주기로 매우 규칙적인 신호가 온다는 것은 자연적인 현상이 아니라 지성을 가진 어떤 존재가 보내는 신호가 아닐까요? 괴상한 전파 신호를 발견한 벨과 그녀의 보고를 들은 동료들은 여지없이 외계인을 떠올렸습니다.

몇 초밖에 되지 않는 짧은 주기로 매우 규칙적인 전파를 내보내는 현상을 자연이 만들어낸 것이라고 생각하기는 어려웠지요. 지금까지 그런 신호는 발견된 적이 없었거든요. 벨과 그녀의 동료들이 이 규칙적인 전파를 우주의 어느 이름 모를 행성에서 과학기술 문명을 이룬 외계인들이 보내는 신호가 아닐까 의심해본 건 어쩌면 당연한 일이었습니다. 조슬린 벨의 회고를 들어보면 그녀는 이 규칙적인 신호가 '작은 녹색인'이라는 뜻을 가진 LGMLittle Green Man들이 보내는 거라고 생각했다고 합니다. 외계인이 보내는 신호를 검출한 것이었다면 물론 훨씬 더 흥미로울 수도 있었겠지만 기대는 어긋났습니다. 몇 달이 채 안 되어서 이 신호는 외계인이 보내는 것이 아니라 자연적으로 발생하는 현상이라는 걸 알게 되었습니다. 우주의 다른 영역에서도 비슷한 현상들이 많이 발견되었기 때문입니다. 규칙적인 전파 신호가 외계인들이 보내오는 거라면, 서로 다른 지역에 살고 있는 외계인들이 약속이나 한 것처럼 한꺼번에 지구로 신호를 보내올 리는 없기 때문이지요. 새로 발견된 대상들은 주기적으로 박동한다는 의미에서 영어의 '펄스pulse'에 접미어를 붙인 '펄사pulsar'라고 불리게 됩니다. 바로 펄사를 발견한 일화입니다.

외계인을 발견한 것이 아니었다는 사실에 신문과 방송 기자들은 실망스러워했을 수도 있겠습니다. 외계인이 쏘아 보내는 신호가 아니라 어떤 특이한 별에서 오는 신호라면 대중이 관심을 가질 리도 없겠지요. 하지만 천체물리학자들에게는 이 펄사가 무척이나 흥미로운 존재였습니다. 도대체 펄사의 정체는 무엇이란 말인가? 어쩌면 이렇게 짧은 주기로 규칙적인 신호를 보낸단 말인가? 새롭게 발견된 이 미지의 대상이 과학자들을 흥분시킨 건 당연했습니다. 정교한 시계처럼, 그리고 매우 짧은 주기로 전파를 내보내는 펄사에는 무슨 비밀이 숨겨져 있는 것일까요? 끝없는 질문들이 이어졌습니다.

천체물리학자들은 전파 신호가 나오는 원인으로 진동하는 백색왜성이라든가 회전하는 중성자별 같은 대상을 후보로 꼽았습니다. 왜냐하면 백색왜성이나 중성자별은 크기가 매우 작아 스스로 한 바퀴 도는 자전 속도가 빠르고 주기가 짧기 때문에 마치 등대가 회전하듯이 우리에게 규칙적으로 전파가 전달되는 것으로 생각할 수 있기 때문이었지요. 지구 정도의 크기를 갖는 백색왜성이나 혹은 지구보다 더 작은 중성자별들이라면 자전주기가 매우 짧아, 벨이 발견한 펄사의 전파 신호의 주기와 맞아떨어질 수 있을 테니까요.

그렇다면 블랙홀은 어떨까요? 물론 벨이 발견한 전파의 정체가 백색왜성이나 중성자별이 아니라 블랙홀일 가능성도 대두되었습니다. 일반상대성이론과 양자역학에 크게 기여한 존 휠러는 그해 가을에 미 항공우주국의 한 연구소의 초청으로 참석한 학회에서 새로 발견된 펄사의 중심에 블랙홀이 있을 가능성에 대해서도 연구해야 한다고 제안했지요. 20세기 초와는 달리 1960년대에는 이미 일반상대성이론의 연구가 충분히 진전되었습니다. 블랙홀이 존재할 가능성에 관한 이론에도 상당한 진전이 있었고 많은 사람들이 블랙홀의 존재를 심각하게 받아들이고 있었습니다. 휠러도 그 중 한 사람이었지요. 하지만 휠러가 처음부터 '블랙홀'이라는 말을 사용한 것은 아니었습니다. 그는 '중력적으로 완전히 붕괴된 물체 gravitationally completely collapsed object'라는 표현을 사용하며 펄사에 관해서 설명했습니다. 하지만 이 긴 표현을 사용하기가 영 불편했기 때문에 대신 사용할 짧은 이름을 찾고 있는 중이었습니다. 마침 그 학회에서 휠러의 강연을 듣던 청중 한 사람이 '블랙홀'이라고 부르면 어떻겠냐고 제안했다고 합니다. 귀가 번쩍 뜨인 휠러는 '블랙홀'이라는 표현이 바로 자기가 기다렸던 이름임을 깨닫습니다. 휠러 박사는 그해 12월의 강연에서 '블랙홀'이라는 이름을 처음으로 사용했지요. 이 강연 내용이 그다음 해인 1968년에 출판되면서 '블랙홀'이라는 명칭이 정식으로 탄생하게 된 것입니다.

결국 펄사의 발견을 통해서 '블랙홀'이라는 이름이 멋지게 생겨난 것입니다. 휠러는 블랙홀 연구의 대가입니다. 사실 그는 처음에는 블랙홀이 존재한다는 주장에 찬성하지 않는 입장이었습니다. 아인슈타인이나 에딩턴처럼 말이지요. 오펜하이머와 볼코프가 중성자별의 한계가 태양질량의 3배라는 연구 결과를 발표했을 때, 휠러는 그들의 연구 결과가 뭔가 잘못되었다고 생각했답니다. 중성자별이 될 수 없다면 중력수축을 계속해서 반지름이 0이고 밀도가 무한대가 되는 한 점으로 붕괴해야 되는데 이런 특이점을 휠러는 처음에 받아들일 수 없었거든요. 그래서 그는 특이점을 피하기 위해서 특이점이 생겨나지 않는 경우들을 차례로 연구했습니다. 하지만 결국 다른 길이 불가능하다는 것을 알게 됩니다. 특이점이 되는 길을 피할 수 없고 블랙홀이 존재할 수밖에 없다는 걸 알게 된 휠러는 제2차 세계대전과 함께 뒷전으로 밀려났던 질량이 큰 별의 최후에 관한 연구를 부활시켰습니다. 일반상대성이론이 양자역학에 비해 인기가 없었던 그 당시에 블랙홀 연구를 흥미진진한 주제로 다시금 부활시킨 장본인이 바로 휠러였습니다.

그렇긴 해도 펄사가 블랙홀일지도 모른다는 휠러의 주장은 틀린 것으로 드러납니다. 벨이 발견한 펄사의 정체는 블랙홀이 아니라 중성자별임이 밝혀집니다. 펄사는 중성자별이 빠르게 회전하기 때문에 몇 초에 한 번씩 전파 신호를 내보내는 현상입니다. 중성자별은 크기가 매우 작습니다. 백색왜성인 시리우스B가 지구만 한 크기라고 했지만, 중성자별은 훨씬 더 작아서 지름이 10킬로미터 정도밖에 되지 않습니다. 그러니까 매우 빠르게 회전할 수 있지요. 1초에 수십 번에서 수백 번까지 회전하는 펄사들도 발견되었습니다.

백색왜성도 많이 발견되었고 중성자별도 많이 발견되었으니 별의 죽음에 관한 서사시는 상당히 입증이 되었습니다. 하지만 블랙홀은 어떨까요? 질량이 매우 큰 별이 죽으면서 블랙홀이 된 경우도 직접 관측되어 확인되었을까요?

블랙홀의 경우는 빛을 내지 않기 때문에 직접 관측하기는 어렵습니다. 물론 최근에는 중력파 검출을 통해서 블랙홀과 블랙홀이 충돌하는 사건을 관측하게 되었지요. 중력파를 검출하면 충돌한 두 블랙홀의 질량을 각각 구할 수 있습니다. 중력파를 통해서 구한 블랙홀의 질량은 태양보다 훨씬 큽니다. 다시 말하면 중성자별의 한계를 넘는 블랙홀이라는 말이지요. 물론 중력파는 최신 기술을 통해 최근에야 관측하기 시작했습니다. 지금까지는 주로 빛을 내는 대상들을 발견하는 방법을 사용했지요. 하지만 이미 배운 대로 블랙홀이 혼자 외톨이로 존재한다면 발견하기가 매우 어렵습니다. 왜냐하면 블랙홀은 아무런 빛도 내지 않으니 망원경으로 보일 리도 없으니까요.

하지만 퀘이사의 경우와 마찬가지로 블랙홀 주변에서 어떤 현상들이 일어난다면 충분히 발견될 수 있습니다. 별의 최후에서 탄생한 블랙홀에 누군가가 가스를 공급해준다면, 거대질량 블랙홀이 퀘이사로 빛나는 것처럼 별에서 탄생한 블랙홀도 매우 밝은 빛을 낼 수 있을 테니까요.

다행히도 많은 별들이 혼자 존재하지 않고 둘 혹은 그 이상의 별이 하나의 그룹을 이루고 있습니다. 두 개의 별이 서로의 중력에 의해 묶여 있는 경우를 '쌍성계'라고 부릅니다. 쌍성계는 별의 진화 과정에서 매우 특별한 일이 일어날 수 있는 좋은 실험장이 됩니다. 가령, 두 별의 질량이 다르다면 별의 진화 속도가 다르고, 질량이 큰 별이 먼저 죽음을 맞이하게 됩니다. 예를 들어, 두 개의 별 중에서 질량이 큰 별의 질량이 태양질량의 30배였다면 그 별은 블랙홀이 되어서 아직 진화하지 않은 별과 함께 쌍성계를 이루게 됩니다. 물론 지구에서 이 쌍성계를 관측한다면 별 하나만 관측되기 때문에 우리는 쌍성계라고 생각하지 않겠지요. 블랙홀은 검출이 되지 않을 테니까요. 그러나 시간이 지나면 두 번째 별도 진화하게 됩니다. 두 번째 별이 태양 정도의 질량을 가졌다면, 진화하면서 백색왜성으로 죽음을 맞이하기 전에 크기가 매우 커지는 단계를 거치게 됩니다. 태양을 비롯한 질량이 작은 별들은 백색왜성이 되기 전에 크기가 엄청나게 커지는 거성 단계를 거치거든요. 그리고 이 과정에서 질량이 작은 별의 크기가 너무 커지면 가까이 있는 블랙홀로 별의 가스가 끌려들어가는 일이 발생합니다. 즉, 나중에 진화하는 별이 먼저 진화한 블랙홀의 가스 공급처가 되는 셈이지요. 블랙홀과 단짝인 별에서 가스가 방출되어 블랙홀로 들어가게 되면 이 블랙홀은 퀘이사처럼 매우 밝은 빛과 제트를 뿜어내게 되지요. 그래서 이런 블랙홀은 '마이크로 퀘이사micro quasar'라고 불리기도 합니다. '작은 퀘이사'라는 뜻입니다.

마이크로 퀘이사들이 꽤나 많이 발견되었습니다. 물론 가시광선이 아니라 엑스선 관측으로 마이크로 퀘이사가 처음 발견되었지요. 엑스선이라면 병원에서 뼈나 폐 사진을 찍을 때 사용하는 에너지가 높은 전자기파입니다. 엑스선이나 전파도 모두 빛입니다. 우주를 수놓는 천체들은 우리 눈으로 볼 수 있는 가시광선만 방출하는 게 아닙니다. 전파나 엑스선도 방출하지요. 블랙홀은 엑스선을 내는 주요한 천체입니다.

엑스선은 위험합니다. 그래서 병원에서 엑스선 촬영을 할 때도 주의가 필요하지요. 다행히도 우주에서 오는 엑스선은 지구 대기에서 모두 흡수되기 때문에 별로 걱정할 필요는 없답니다. 다만 그래서 지상에서는 엑스선 관측이 불가능하지요. 우주 공간에 관측위성을 쏘아 올리거나 지구 대기를 벗어나는 로켓 엑스선 관측기기를 실어 쏘아 올려야 합니다. 1960년대에 처음으로 엑스선 관측이 시작되면서 엑스선을 내는 천체들이 알려지기 시작했습니다. 별의 죽음에서 탄생한 블랙홀도 엑스선 관측을 통해서 처음 발견되었지요. 별 블랙홀은 가스를 유입하면서 매우 강하게 엑스선을 방출합니다. 엑스선으로 관측된 천체들은 퀘이사와 비슷하지만 훨씬 약하기 때문에 '마이크로 퀘이사'라고 불리기 시작했습니다.

전파 관측이 시작되면서 퀘이사가 발견된 것과 비슷하게 엑스선 관측이 시작되면서 인간의 눈으로 볼 수 없는 세계에 새로운 창문이 열린 셈이지요. 전파의 창이 열리자 퀘이사가 발견되었고 엑스선의 창이 열리고 나서 마이크로 퀘이사가 발견되었죠. 자, 그럼 마이크로 퀘이사인 시그너스 엑스-1이 발견된 스토리를 살펴볼까요?

우주에서 엑스선을 내는 천체들을 탐구하기 위해 1964년에 미국 뉴멕시코에서 쏘아올린 로켓에 실린 엑스선 검출기는 엑스선을 내는 새로운 천체를 여러 개 검출했습니다. 그중 하나가 바로 백조자리에서 발견된 시그너스 엑스-1입니다. 시그너스 별자리에서 발견된 첫 번째 엑스선 천체라는 뜻으로 이런 이름이 붙여졌습니다. 엑스선 연구의 필요가 증가하면서 미 항공우주국은 1970년에 첫 번째 엑스선 위성인 우후루Uhuru 탐사선을 우주로 쏘아 올렸고 수백 개의 엑스선 천체들을 새로 발견했습니다. 백조자리에서 발견된 엑스선의 정체를 탐구하다가 천문학자들은 엑스선이 나오는 위치에서 전파가 방출된다는 것을 알아냈지요. 그리고 결국 엑스선이 나오는 곳은 바로 초거성으로 불리는 별 근처임을 확인했습니다.

하지만 문제는 초거성은 엑스선을 낼 수가 없다는 점이었지요. 그렇다면 도대체 엑스선은 어디서 방출되는 것일까요? 엑스선 천문학자들은 이 문제에 도전했습니다.

초거성은 질량이 큰 별이 진화해서 크기가 매우 커진 상태를 말합니다. 하지만 초거성은 가시광선을 주로 방출하기 때문에 엑스선은 이 별에서 나오는 것은 아니었지요. 자세히 연구를 해보니 이 초거성은 공전운동을 하고 있었습니다. 바로 옆에 매우 작은 별이 하나 더 있었던 것이지요. 이 별이 바로 엑스선을 뿜어내고 있었습니다.

사실 별은 엑스선을 방출하지 않습니다. 그러니까 이 작은 별은 별이 아니었습니다. 보다 정확하게 말하면 죽은 별이었습니다. 엑스선과 전파를 내보내고 있는 이 천체의 질량은 바로 옆에서 돌고 있는 초거성의 운동을 측정해서 잴 수 있었고, 그 질량은 대략 태양의 10배였습니다. 그렇다면 가시광선으로는 보이지 않고 엑스선과 전파를 내는 이상한 이 천체는 과연 무엇이었을까요? 바로 블랙홀이었습니다. 시그너스 엑스-1은 바로 무거운 별이 죽음을 맞이해서 블랙홀이 된 것이었지요.

아마도 이 별의 원래 질량은 태양의 40배였을 것으로 추정됩니다. 하지만 핵융합 반응이 끝나자 75퍼센트 정도의 질량이 가스 형태로 우주 공간으로 날아가고 중심부만 남았습니다. 하지만 그 중심부는 여전히 태양질량의 10배 정도 되니까 찬드라세카르 한계도 넘고 중성자별의 최대 질량인 태양질량의 3배보다도 큽니다. 그러니까 전자나 중성자의 축퇴압으로는 중력에 의한 수축을 이겨낼

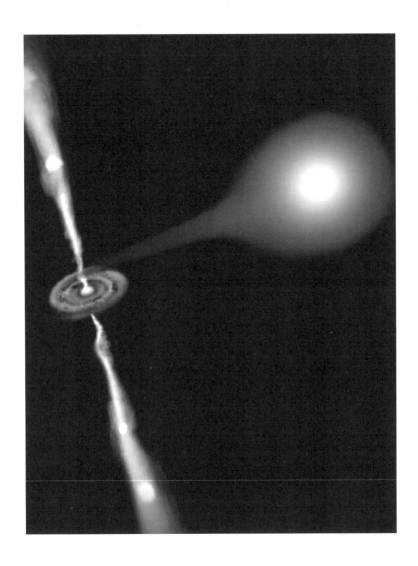

그림 7-7 별의 죽음에서 탄생한 블랙홀 SS 433(왼쪽)과 이 블랙홀에 가스를 공급하는 별(오른쪽)의 상상도. 지구에서 1만 6,000광년 떨어진 곳에 존재하는 블랙홀 SS 433은 태양보다 16배 무거운 블랙홀이며, 퀘이사처럼 고도로 가열된 가스들이 빠른 속도로 회전하는 원반과 위아래로 뻗어나가는 제트를 갖고 있다. 오른쪽에 보이는 푸른색의 별은 블랙홀로 가스를 빼앗기고 있다. Credit: NASA/CXC/M. Weiss.

수 없는 상태입니다. 중력수축을 막아낼 수가 없다면 반지름이 0이 되도록 계속 수축되고 붕괴되어 블랙홀이 된 것이지요.

이 블랙홀이 혼자 쓸쓸하게 죽음을 맞았다면 아무도 발견할 수 없었을 거예요. 보이지 않았을 테니까 말이죠. 하지만 이 블랙홀은 두 개의 별이 함께 있는 쌍성계에 있었기 때문에 발견될 수 있었습니다. 짝을 이루고 있던 초거성이 블랙홀에게 가스를 공급해준 것이지요. 초거성은 광도도 매우 높아서 가스가 끊임없이 밖으로 방출됩니다. 이것을 보통 '항성풍stellar wind'라고 부릅니다. 쉽게 말하면 별 바람인 것이지요. 그래서 많은 양의 가스가 옆에 있던 블랙홀로 흘러 들어가게 되지요. 가스가 블랙홀에 유입되고 블랙홀로 빨려 들어가기 전에 고온으로 가열되면서 빛이 나옵니다. 마치 퀘이사처럼 빛을 내는 것이지요.

그렇다면 왜 엑스선을 방출하고 가시광선은 내지 않는 걸까요? 그 이유는 블랙홀 질량이 태양의 10배 정도밖에 되지 않아서 그렇습니다. 퀘이사와 같은 거대질량 블랙홀은 주로 자외선을 강하게 내는 반면 질량이 작은 별 블랙홀은 주로 엑스선을 많이 냅니다. 블랙홀 질량에 반비례하여 긴 파장의 빛이 나온다고 생각하면 됩니다. 그 이유는 블랙홀로 가스가 유입될 때 가스의 온도가 어떻게 결정되는가와 관련됩니다. 그 온도는 대략 블랙홀 질량에 따라 결정된다고 간단히 얘기하고 넘어가는 게 좋겠습니다.

결국, 시그너스 엑스-1은 별의 최후에서 탄생한 블랙홀임이 확인되었습니다. 시그너스 엑스-1뿐만 아니라 그 이후에도 엑스선을 방출하는 천체들이 발견되었고 질량도 측정되었습니다. 측정된 값

들을 보면 중성자별이 될 수 없는 큰 질량입니다. 그 별들은 바로
블랙홀이 될 운명이었던 것입니다.

블랙홀의 다이어트
– 빨리 먹을 수는 없다

    별의 죽음을 통해서 블랙홀이 될 수 있는 길이 있음은 분명했습니다. 태양질량보다 25배 이상 무거운 별들은 일생을 끝내면서 많은 양의 가스를 우주공간에 잃어버리더라도 여전히 중심부에는 많은 양의 가스가 남습니다. 그 질량이 태양질량보다 3배 이상 크다면 중성자별이 될 수는 없기 때문에 중력수축이 계속되어 반지름이 0이 되어 블랙홀로 변합니다. 별 블랙홀이라 불리는 이런 작은 블랙홀들은 기껏해야 태양질량의 수십 배밖에 되지 않습니다. 반면에 은하 중심에 있는 거대질량 블랙홀들은 과연 어떻게 기원한 것일까요? 혹시 별 블랙홀들이 점점 커져서 거대질량 블랙홀로 성장한 것일까요? 별 블랙홀들이 은하 중심에서 퀘이사 현상을 일으키는 거대질량 블랙홀의 씨앗이었을까요? 거대질량 블랙홀의 기원은 현재 풀리지 않는 수수께끼로 남아 있습니다.

물론 별 블랙홀이 계속 자라면 거대질량을 가질 수도 있습니다. 블랙홀은 영원히 배부르지 않으니까요. 하지만 블랙홀의 성장이 무한히 빠르지는 않습니다. 크게 두 가지 조건에 의해 블랙홀의 성장이 제한됩니다. 첫째, 블랙홀의 식사 시간은 우주의 나이보다 길 수는 없습니다. 우주의 나이가 1억 년이라면 블랙홀이 가스를 먹고 성장하는 시간은 1억 년을 넘을 수 없습니다. 둘째, 블랙홀의 식사 속도가 제한됩니다. 짧은 시간 동안 엄청나게 많은 가스를 집어삼킬 수는 없다는 뜻입니다. 블랙홀은 비교적 천천히 식사를 하는 편입니다. 빠르게 먹을 수 없다면 몸무게가 늘어나는 속도도 빠를 수 없습니다. 블랙홀이 빨리 먹을 수 없는 이유는 뭘까요? 많은 양의 가스가 블랙홀로 들어가는 동안 일부는 다시 밖으로 나옵니다. 대부분의 음식은 입안으로 들어가지만 약간은 입 밖으로 흘린다고 생각해도 좋습니다. 블랙홀로 들어가지 못한 가스는 빛의 형태로 바뀌어서 밖으로 방출됩니다. 바로 이 빛이 블랙홀의 식사 속도를 제한하는 요인입니다.

블랙홀의 식탁, 강착원반

블랙홀로 유입되는 가스는 사건지평선을 넘어 그대로 블랙홀에 떨어지지 않습니다. 높은 빌딩에서 땅으로 떨어지는 물건처럼 가스가 블랙홀로 곧바로 들어가지는 않습니다. 그 대신 블랙홀로 다가오는 가스는 블랙홀 주변을 빠르게 회전하면서 원반을 형성합니다. 흔히 '강착원반'이라고 부릅니다. 마치 토성의 고리나 별들이 생성될 때 생기는 원반처럼 블랙홀 주변에 원반 같은 구조가 있다고 생각해도 좋습니다. 이 강착원반은 블랙홀의 식탁입니다. 강착원반은 블랙홀의 중력을 겨우 버틸 수 있는 사건지평선 근처까지 이어져 있습니다. 강착원반에서 빠르게 회전하는 가스는 점점 중심 쪽으로 들어가면서 결국 사건지평선을 넘어서 블랙홀로 빨려 들어갑니다. 블랙홀의 입안으로 삼켜지는 질량만큼 블랙홀의 질량은 늘어납니다.

하지만 식탁에 차려진 모든 가스가 블랙홀로 들어가지는 않습니다. 강착원반의 가스는 빛의 속도에 가깝게 빠르게 회전하기 때문에 마찰을 일으켜 매우 뜨겁게 가열됩니다. 그리고 그 열에너지만큼 빛이 밖으로 방출됩니다. 이 과정에서 일부 가스가 손실됩니다. 가스의 질량에너지가 열에너지로 바뀌어서 빛의 형태로 밖으로 나오는 것이지요. 그래서 사건지평선을 넘어 블랙홀로 들어가는 가스의 총량은 처음에 블랙홀 근처로 공급된 가스의 총량보다 작습니다. 가령, 열 공기의 밥이 블랙홀의 식탁에 차려졌다면, 아홉 공기는 사건지평선을 넘어 블랙홀을 살찌우지만 나머지 한 공기는 빛으로 변해 밖으로 방출됩니다. 퀘이사로 빛나는 강력한 빛이 바로 이 강착원반에서 나오는 빛입니다. 빛이 공짜로 생길 수는 없습니다. 가스가 빛으로 변해서 밖으로 방출되기 때문에, 그만큼 블랙홀이 삼키는 가스의 양은 줄어듭니다. 블랙홀이 식탁 위의 음식을 다 먹지 못하고 조금 빼앗기는 셈입니다. 블랙홀이 식사하다가 흘린 것으로 봐도 좋고 식사를 위해 어쩔 수 없이 치르는 비용이라고 봐도 좋습니다. 강착원반이라는 구조를 통해서 식사를 하다 보니까 10퍼센트의 상차림 비용이 발생합니다.

만일 블랙홀이 남김없이 가스를 집어삼키면 어떻게 될까요? 블랙홀이 성장하는 속도도 그만큼 빨라졌겠지요. 반면에 강착원반에서 빛이 나오지 않을 테니 블랙홀을 발견할 수도 없습니다. 영 재미없는 블랙홀이 되어버립니다. 자, 그렇다면 블랙홀이 빠르게 식사할 수 없는 이유를 살펴볼까요? 그 이유는 바로 강착원반에 숨겨져 있습니다.

복사압은 중력보다 클 수 없다-에딩턴 한계

블랙홀 밖으로 나오는 가스는 빛으로 바뀌어서 방출됩니다. 빛이 나오면 빛을 구성하는 광자들이 밀어내는 힘을 발휘합니다. 보통 '복사압radiation pressure'라고 부르지요. 태양을 쬐고 있으면 태양에서 나오는 광자들이 내 볼을 살짝 때리는 느낌을 받습니다. 지구 표면에서 내 볼을 때리는 복사압은 별로 세지 않지만, 태양 가까이 다가가서 빛을 쬐면 복사압이 엄청 커서 견딜 수 없게 됩니다.

이 복사압이 바로 블랙홀의 식사를 제한하는 조건입니다. 여러분이 가스 입자가 되어서 강착원반에 놓여 있다고 가정해봅시다. 여러분은 곧 블랙홀로 끌려들어가 식사감이 될 운명입니다. 그런데 강착원반에서 빛이 나오면 복사압에 의해서 가스 입자가 밖으로 밀려납니다. 만일 복사압이 너무나 강해서 중력보다 커진다면 어떻게 될까요? 그렇다면 여러분은 블랙홀로 빨려 들어가지 않게 됩니다. 블랙홀이 당기는 힘보다 복사압이 미는 힘이 더 세니까요.

그렇게 되면 강착원반도 존재할 수 없습니다. 가스 입자들이 죄다 밖으로 밀려나서 블랙홀의 식탁이 그 형태를 유지할 수 없게 됩니다. 블랙홀도 아무것도 먹을 수 없습니다. 복사압이 중력보다 커지면 블랙홀은 가스를 먹지도 못하고 성장하지도 못하고 강착원반도 사라지고 더 이상 빛도 나오지 않게 됩니다. 그래서 복사압이 중력과 같아지는 한계상황을 에딩턴 한계라고 부릅니다. 복사압이 가장 커질 수 있는 경우를 일컫는 말입니다. 백색왜성의 한계를 발견한 찬드라세카르의 지도교수였던 바로 그 에딩턴의 이름이 붙여졌습니다. 에딩턴 한계는 복사압이 중력보다 크면 시스템이 유지될 수 없다고 가르쳐줍니다. 블랙홀의 강착원반도 너무 많은 빛을 발생시키면 복사압이 커져서 존재할 수 없게 되어버립니다. 식탁이 있어야 식사를 할 텐데 에딩턴 한계보다 커지면 식탁이 없어지니까, 결국 에딩턴 한계가 블랙홀의 식사를 제한하는 조건이 됩니다. 블랙홀이 낼 수 있는 빛의 최대량은 바로 에딩턴 한계에 의해서 결정됩니다. 복사압이 중력보다 크지 않을 정도로만 빛을 낼 수 있기 때문이지요.

복사압은 어떻게 결정될까요? 빛의 양에 비례합니다. 그 양은 블랙홀이 먹지 못하고 뱉어내는 가스의 양에 비례합니다. 즉, 블랙홀이 많이 뱉어낼수록 더 많은 가스가 에너지로 변해서 더 많은 빛이 나오고, 더 많은 빛이 나오면 복사압도 증가합니다. 하지만 복사압이 에딩턴 한계보다 커질 수는 없지요. 즉, 에딩턴 한계에 의해서 최대로 낼 수 있는 복사압이 결정되면 블랙홀이 뱉어낼 수 있는 가스의 최댓값도 정해진다는 말입니다.

그렇다면 에딩턴 한계가 블랙홀의 식사 속도와는 무슨 관계가 있는 걸까요? 주어진 시간 동안 블랙홀의 식사량은 블랙홀이 뱉어내는 양과 비례합니다. 블랙홀에 공급되는 가스 중에서 블랙홀이 먹는 양과 뱉어내는 비율이 9 대 1 정도로 일정하기 때문입니다. 블랙홀이 뱉어내는 최댓값이 결정되면 블랙홀이 먹는 최댓값도 결정된다는 말이니까요. 즉, 에딩턴 한계에 따라 블랙홀이 뱉어내는 양과 먹는 양이 모두 제한됩니다. 만일 블랙홀이 식사량을 늘리면 뱉어내는 양도 늘어나고 그러면 빛이 더 많이 방출되어 복사압도 세집니다. 그러나 복사압은 중력보다 클 수는 없고 복사압을 만드는 빛의 양이 제한되어 있으니 블랙홀이 뱉어내는 양도 제한되어 있고, 그렇다면 블랙홀의 식사량도 제한됩니다. 결국, 에딩턴 한계 때문에 주어진 시간 동안 블랙홀로 유입되는 물질의 양이 제한됩니다.

블랙홀이 먹는 양과 뱉어내는 양이 9 대 1의 비율이라는 건 어떻게 알려졌을까요? 블랙홀이 더 많이 뱉어내거나 더 적게 뱉어낸다면 식사량도 달라질 텐데 말입니다. 그 답은 바로 강착원반에 있습니다. 천체물리학자들이 강착원반의 성질을 계산해보니 빛에너지를 내는 복사효율이 10퍼센트가량 된다는 결론이 나왔습니다. 물론 블랙홀의 회전에 따라 복사효율이 달라집니다. 가령, 슈바르츠실트의 회전하지 않는 블랙홀은 복사효율이 6퍼센트입니다. 식사량 중에 6퍼센트는 빛으로 방출된다는 뜻입니다. 반면에 최대로 빠르게 회전하는 블랙홀은 복사효율이 50퍼센트에 가깝습니다. 밥 두 공기를 식탁에 차려주면 한 공기는 밖으로 흘려버리는 셈입니다. 블랙홀이 빛을 내는 복사효율은 평균적으로 대략 10퍼센트라고 말할 수 있습니다. 즉, 에딩턴 한계에 의해서 최대로 뱉어낼 수 있는 양이 밥 한 공기라면 먹을 수 있는 양은 아홉 공기입니다. 블랙홀의 식탁, 강착원반에 차려진 열 공기의 밥 중에서 아홉 공기는 블랙홀이 집어삼키고 한 공기는 빛의 형태로 밖으로 나옵니다.

만일 에딩턴 한계가 매우 커서 블랙홀이 뱉어낼 수 있는 양이 매우 크다면, 블랙홀의 식사량도 매우 커질 테니까 식사 속도가 빨라질 수 있습니다. 그렇다면 에딩턴 한계는 어떻게 결정될까요? 에딩턴 한계는 중력과 복사압이 평형을 이루는 상태이기 때문에 블랙홀 질량에 따라 달라집니다. 질량이 크면 클수록 더 큰 복사압을 견뎌낼 수 있기 때문이지요. 그래서 질량이 커지면 에딩턴 한계가 커지고, 에딩턴 한계가 커지면 뱉어낼 수 있는 양도 커지고, 그렇다면 먹을 수 있는 식사량도 커집니다. 다시 말하면 식사 속도는 자신의 질량에 따라 결정됩니다. 질량이 큰 블랙홀이 질량이 작은 블랙홀에 비해서 주어진 시간 동안 먹을 수 있는 식사량이 더 많아지는 것이지요.

그렇게 보면 블랙홀의 다이어트는 참 공평합니다. 질량이 큰 블랙홀이나 작은 블랙홀이나 자기 질량에 맞게 주어진 시간 동안 먹을 수 있는 최대 식사량이 정해지는 셈이니까요. 결국 에딩턴 한계는 블랙홀의 식사 속도를 제한하고 그래서 블랙홀의 성장 속도를 제한합니다. 가령, 3배 정도 블랙홀의 몸무게가 늘어나려면 에딩턴 한계에 따라 가장 빠르게 식사한다고 해도 대략 5,000만 년의 시간이 걸립니다. 즉, 블랙홀이 최대의 속도로 가스를 먹으면 5,000만 년 후에 질량이 3배로 늘어납니다. 5,000만 년 동안 블랙홀 질량이 조금씩 커지면서 식사 속도도 점점 빨라집니다. 5,000만 년이 지난 시점에서 보면 질량이 3배 커진 블랙홀은 최대 식사 속도도 3배로 빨라집니다. 만일 최대 속도로 식사를 계속한다면, 5,000만 년 후에는 다시 질량이 3배가 됩니다.

몸무게가 3배 되는 데 5,000만 년이나 걸린다니 매우 느려 보입니다. 마구잡이로 가스를 삼킬 듯하지만 강착원반이라는 식탁을 사용하는 블랙홀의 식사 속도는 복사압에 의해 제한됩니다. 그래서 블랙홀의 성장도 생각만큼 빠르지 않습니다. 블랙홀의 성장 속도가 이렇게 느리다면 도대체 태양질량의 100만 배가 넘는 거대질량 블랙홀들은 어떻게 만들어진 걸까요? 별 블랙홀이 최고의 속도로 빠르게 식사를 한다면 거대질량 블랙홀이 될 수 있을까요?

거대한 가스 구름,
중간질량 블랙홀을 만들어라

에딩턴 한계를 따지면서 블랙홀의 식사 속도를 고려해보면 별 블랙홀이 거대질량 블랙홀로 성장하는 게 쉬운 일이 아니라는 걸 알게 됩니다. 왜냐하면 별 블랙홀이 거대질량 블랙홀이 되려면 엄청나게 긴 시간이 걸리기 때문입니다. 그렇다면 퀘이사를 만드는 거대질량 블랙홀들은 별 블랙홀이 성장해서 만들어진 게 아니란 말일까요?

퀘이사들을 추적하는 최근의 탐사연구들을 보면 우주의 나이가 10억 년이 되지 않은 초기 우주에서 퀘이사들이 발견됩니다. 예를 들어, 우주 나이 약 8억 년 시점에 발견된 어느 퀘이사의 블랙홀 질량을 측정해보니 태양질량의 10억 배가량이었습니다. 그렇다면 이 블랙홀은 우주가 존재하기 시작한 지 8억 년밖에 되지 않는 짧은 시간 동안 질량이 이만큼 커져야 합니다. 이 퀘이사 블랙홀의 씨앗이 무엇이었든 간에 매우 빠르게 성장해야 했다는 말입니다. 만약 이 블랙홀의 씨앗이 별 블랙홀이었다면, 처음 질량이 태양질량의 10배쯤이었다고 가정할 수 있습니다. 그렇다면 태양질량의 10억 배가 되기 위해서 질량이 1억 배나 더 커져야 한다는 말입니다. 블랙홀의 성장률에 제한이 있으니까 에딩턴 한계를 유지하면서 최대한 빠르게 질량이 커진다고 하면 1억 배 질량이 커지기 위해서 얼마나 시간이 걸릴까요? 질량이 3배 커지는 데 대략 5,000만 년이 걸리는데 1억 배가 커지기 위해서는 3배씩 커지는 단계가 대략 20번쯤 필요합니다. 즉, 10억 년가량의 시간이 걸립니다. 빅뱅이 시작되자마자 별 블랙홀이 생겨서 최대의 속도로 성장한다 하더라도 우주의 나이가 10억 년이 되어야 블랙홀 질량이 1억 배 커질 수 있습니다. 더군다나 10억 년 동안 블랙홀이 최대한의 속도로 계속 식사를 한다는 건 무리입니다. 에딩턴 한계를 지킬 수 있지만 누군가가 블랙홀의 식탁을 계속 차려주어야 하니까요. 블랙홀 주변에 그 정도의 식량, 즉 가스가 계속 공급된다고 보기는 매우 어렵습니다.

계산을 해보면 이 퀘이사가 별 블랙홀에서 시작된 것이 아닐 거라는 생각이 듭니다. 질량이 태양의 10배쯤 되는 별 블랙홀 대신에 다른 블랙홀 씨앗을 찾아야 하지 않을까요? 최근 연구는 현재 우주에서 발견되는 별들과 다르게 초기 우주에서 처음 탄생한 별들이 있을 것으로 예측하고 있습니다. 이 별들은 흔히 '첫 별들first stars'이라고 불립니다. 별들이 핵융합 반응을 통해 우주에 다양한 원소들을 만들어내기 전이라서 우주에는 수소와 헬륨밖에 없었던 상태입니다. 이 첫 별들도 수소와 헬륨으로만 구성된 독특한 별들이랍니다. 이런 조건이라면 현재 우주와는 다르게 질량이 매우 큰 별이 만들어질 수 있고, 이 별들이 핵융합 반응을 끝내고 중력수축을 해서 블랙홀이 된다면 태양질량의 100배쯤 되는 블랙홀들이 만들어질 수 있다는 연구 결과들이 제시되었습니다. 이 블랙홀들을 보통 '첫 블랙홀들first black holes'이라고 부르지요.

만일 퀘이사의 씨앗이 바로 이 첫 블랙홀이었다면 상황이 조금 나아집니다. 태양질량 100배에서 시작해서 10억 배로 커지면 되니까요. 그래도 여전히 1,000만 배나 커져야 됩니다. 쉽지 않은 일입니다. 별 블랙홀에서 거대질량 블랙홀로 성장하기에는 우주의 시간이 너무 짧은 것이지요.

거대질량 블랙홀인 퀘이사가 과연 어떤 씨앗에서 시작되었는지는 여전히 베일에 싸여 있습니다. 블랙홀 과학자들이 활발하게 연구하는 주제이지만 아직 정확하게 알아내지는 못했답니다. 흥미로운 점은 별 블랙홀과 다르게 새로운 아이디어가 나왔다는 것이지요. 바로 거대한 가스 구름이 수축해서 중간 정도 질량의 블랙홀이 되는 시나리오랍니다. 블랙홀 과학자들은 블랙홀 씨앗의 문제를 해결하기 위해 별 블랙홀보다 큰 중간질량 블랙홀이 존재할 수 있다는 가정을 세웠습니다. 그리고 그런 블랙홀들이 만들어지는 물리적 과정을 연구했지요. 다양한 조건들을 주면서 계산을 해보니 별 블랙홀보다는 훨씬 질량이 크고 거대질량 블랙홀보다는 질량이 작은 중간질량 블랙홀이 생성될 수 있다는 결과들이 나왔습니다.

중간질량이라면 태양의 1만 배에서 10만 배 정도입니다. 이런

거대질량 블랙홀의 기원

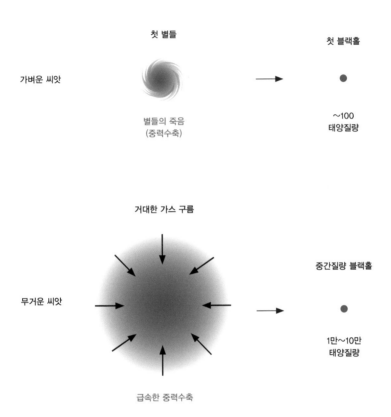

그림 7-8 거대질량 블랙홀은 우주 초기에 중간질량 블랙홀에서 성장하기 시작한 것으로 추정되고 있다. 두 가지 시나리오 중에서 첫 번째 가벼운 씨앗 모델에 따르면 우주에서 처음 태어난 첫 별들이 진화를 거쳐 죽음을 맞이하면서 약 100태양질량 정도의 블랙홀이 되고, 이 블랙홀들이 거대질량 블랙홀의 씨앗이 된다. 두 번째 시나리오는 거대한 가스 구름이 급격하게 중력수축을 하면서 중간질량 블랙홀이 되거나, 처음에는 여러 별들이 생성되고 이 별들이 합쳐져서 중간질량 블랙홀이 되는 것이다. 거대한 가스 구름에서 생성되는 중간질량 블랙홀의 질량은 대략 태양질량의 1만~10만 배가량으로 추정되고 있다.

중간질량 블랙홀이 되는 방법은 여러 가지 가능성이 있습니다. 예를 들면, 거대한 가스 구름이 중력적으로 수축하면서 바로 블랙홀이 되거나 혹은 가스 구름 안에서 많은 별들이 만들어지고 그 별들이 서로 충돌하고 합병하면서 중간질량 블랙홀이 되는 시나리오도 있습니다. 어쨌거나 몇 가지 가능한 방법들을 따르면 초기 우주에 중간질량을 갖는 블랙홀 씨앗들이 생겨날 수 있다는 것이 이론 연구자들의 생각입니다. 그 블랙홀 씨앗들이 은하 중심에서 가스를 먹으며 성장하여 거대질량 블랙홀이 되는 거라고 추정하는 것이지요.

과학자들이 이렇게 새로운 시나리오들을 만들어내는 것이 흥미롭지요. 과학자들은 항상 새로운 생각을 하는 사람들입니다. 상상력을 발휘해서 다양한 물리적 조건들을 추론하고, 가설을 세운 다음에 구체적으로 이론적 계산을 통해서 가능한지를 따져본답니다. 이런 연구 과정에서 자연현상을 설명하는 새로운 그림이 제시될 수 있는 것이지요. 중간질량 블랙홀 씨앗도 마찬가지의 과정을 거친 것입니다.

그렇다면 블랙홀 씨앗 문제는 중간질량 블랙홀로 해결된 것일까요? 아닙니다. 중간질량 블랙홀 시나리오들은 아직 엄밀하게 검증을 받지 못했습니다. 이론적 계산이나 연구도 더 필요하지만 가장 중요한 것은 이런 중간질량 블랙홀이 정말로 존재하는지 확인할 수 있는 관측적 증거를 찾는 것입니다. 미첼이 블랙홀의 개념을 생각해낸 뒤에 그 증거를 찾기 위해 아이디어를 낸 것처럼, 중간질량 블랙홀이 정말로 퀘이사의 씨앗이 되었다면 그 시나리오를 입증할 수 있는 증거를 찾아야 합니다.

가장 먼저 떠오르는 방법은 퀘이사가 되기 전 단계에 해당하는 중간질량을 갖는 블랙홀 씨앗을 직접 발견하는 것입니다. 하지만 쉽지 않습니다. 초기 우주에서 퀘이사들을 발견하는 것도 어려운 데, 그보다 더 먼 과거에서 중간질량 블랙홀을 직접 찾아내는 것은 너무나 어려운 일입니다.

초기 우주에서 중간질량 블랙홀들을 직접 관측할 수가 없다면, 블랙홀 씨앗이 과연 무엇이었는지 어떻게 알아낼 수 있을까요? 두 가지 시나리오가 예측하는 결과를 검증해보는 방법이 있습니다. 현재 블랙홀 과학자들은 블랙홀 씨앗에 관해서 두 가지 입장을 연구하고 있습니다. 하나는 별 블랙홀에서 시작되었다고 보는 것이 죠. 블랙홀의 식사 속도를 넘어서 에딩턴 한계에 제한되지 않는 방식으로 빠르게 성장하는 시나리오입니다. 두 번째는 중간질량 블랙홀이 씨앗이 되어 거대질량 블랙홀이 된다고 보는 시나리오입니다. 이 두 입장은 물론 블랙홀 씨앗이 태어나는 시점을 직접 관측할 수 있다면 가장 좋겠지만 상당히 어려운 일입니다.

하지만 각각의 시나리오가 예측하는 특징을 확인해보는 방법으로 두 시나리오 중 어느 것이 맞는지 검증해볼 수 있습니다. 그 방법 중 하나가 바로 현재 우주에서 은하들의 중심에 블랙홀이 존재하는 비율이 얼마나 되는지를 살펴보는 것입니다. 질량이 큰 은하들은 대부분 블랙홀을 가지고 있다고 알려진 반면에, 왜소은하라고 불리는 질량이 작은 은하들은 그 중심에 블랙홀이 있는지 없는지 명확하지 않습니다. 그런데 만일 블랙홀들이 별 블랙홀에서 시작되었다면 상당히 많은 은하들이 거대질량 블랙홀을 가지고 있을 거라고 예상됩니다. 반면에 중간질량 블랙홀에서 시작되는 경우는 사실 가스 구름에서 중간질량 블랙홀이 만들어지기 쉽지 않다는 것이 문제입니다. 그래서 상대적으로 작은 비율의 은하들이 중심에 거대질량 블랙홀을 갖고 있을 것으로 예측됩니다.

쉽게 말하면 왜소은하 100개를 살펴보고 그중 몇 개가 중심에 블랙홀을 갖고 있는지를 연구하여 둘 중 어느 시나리오와 더 맞는지 확인하는 방법입니다. 결국 블랙홀이 존재하는 은하의 비율을 측정해서 두 가지 시나리오를 변별하자는 아이디어이지요. 이런 연구들은 저도 시도하고 있지만 쉽지가 않습니다. 질량이 작은 은하들을 연구해서 블랙홀이 있는지 없는지 밝히는 것 자체가 상당히 힘든 일이기 때문입니다. 질량이 작은 블랙홀일수록 슈바르츠실트 반지름도 작고 블랙홀의 중력이 영향을 미치는 크기도 작기 때문에 블랙홀의 존재를 확인하기가 훨씬 어렵습니다.

결론적으로 말하자면, 블랙홀 씨앗 문제는 아직도 미궁 속에 남아 있습니다. 별 블랙홀과 중간질량 블랙홀 중에서 어느 것이 실제로 퀘이사의 씨앗이 되었는지는 아직 밝혀지지 않았습니다. 물론 두 가지 씨앗이 다 가능할 수도 있습니다. 어떤 블랙홀은 별 블랙홀에서 시작되고 다른 블랙홀은 중간질량 블랙홀에서 시작되었을 수도 있지요. 지금 존재하는 퀘이사들은 이렇게 두 가지 기원을 갖고 있을지도 모른다는 말입니다. 아직 관측적 증거를 토대로 엄밀하게 밝혀지지 않았으니까 블랙홀 과학자들은 모든 가능한 시나리오들을 염두에 둘 수밖에 없답니다. 그러나 그만큼 연구할 것이 많으니 신나는 일이지요. 많은 과학자들이 이 문제를 풀기 위해 다양한 아이디어들을 가지고 연구 중입니다.

우주나 은하나 별과 마찬가지로 블랙홀의 기원을 밝히는 일도 만만치 않습니다. 자, 그럼 블랙홀의 기원에 대해서 정리해볼까요? 별의 죽음에서 탄생한 블랙홀은 대략 태양질량의 10배 정도 되는 블랙홀들입니다. 그리고 초기 우주에서 만들어진 첫 별들에서 탄생하는 블랙홀은 태양질량의 100배 정도 됩니다. 반면에 은하 중심의 거대질량 블랙홀들은 태양질량의 100만 배에서 100억 배 정도 되지요. 이 거대질량 블랙홀들의 기원을 밝히는 일은 현재 블랙홀 연구의 커다란 숙제라고 했습니다. 두 가지 시나리오가 있는데, 하나는 우주 초기의 첫 블랙홀들이 빠르게 성장하면서 거대질량 블랙홀이 되는 길이고, 두 번째는 거대한 분자 구름이 중력수축을 해서 1만 태양질량 정도를 갖는 중간질량 블랙홀이 되는 길입니다. 이 중간질량 블랙홀들이 가스를 빨아들여 성장하면 거대질량 블랙홀이 된다고 보는 것입니다.

8

실험이 불가능한
우주를 탐구하는 법

우주동물원에서 실험은 불가능하다
빛의 도레미파솔라시도, 감마선에서 전파까지
광학망원경, 갈릴레오에서 21세기까지
천문학자들의 눈, 다파장 관측시설

천문학자들은 과연 어떻게 우주를 탐구하는 걸까요? 우주를 연구하는 학문을 '천문학'이라고 통칭하기도 하고 물리학의 한 분야임을 감안해 '천체물리학astrophysics'이라고 부르기도 합니다. 최근에는 '천문우주학'이라는 말이 등장하기도 했습니다. 천문학은 우주의 신비를 밝히는 학문입니다. 천문학자들의 탐험에 사용되는 관측 시설들을 살펴보면서 우주 탐구의 방법을 알아보기로 합시다.

우주동물원에서 실험은 불가능하다

거대한 미지의 세계, 우주를 다루는 천문학이 다른 과학들과 다른 점을 하나 꼽자면 실험이 불가능하다는 점입니다. 인간을 대상으로 하는 의학이나 사회과학의 경우에도 실험이 자유롭지 못하지만 자연과학 중에서 천문학만큼 수동적일 수밖에 없는 학문은 아마도 없을 것입니다. 우주를 대상으로 한 실험이 불가능한 이유는 무얼까요? 두 가지를 꼽을 수 있습니다. 첫째, 공간적 제약 때문입니다. 인류가 발을 디딘 우주는 기껏해야 달 표면이고, 무인탐사선을 보내어 탐사한 영역도 고작 태양과 8개의 행성이 주축을 이루는 태양계가 전부입니다. 태양계를 벗어나는 일도 쉽지 않습니다. 최근에 태양계를 벗어난 무인탐사선 보이저 1호가 지구에서 발사된 것은 1977년의 일이었습니다. 보이저 1호는 미국 동서부를 몇 분 만에 주파할 수 있는 매우 빠른 속도로 우주 공간을 날아가고 있습니다. 수십 년을 날아서 해왕성과 명왕성을 지나, 보다 더 먼 거리를 탐험하고 있지요. 태양계의 끝을 정확히 정의할 수 없지만, 태양계를 벗어난 최초의 그리고 유일한 탐사선이라고 볼 수 있습니다.

하지만 반세기 가까이 걸려야 벗어날 수 있는 태양계의 규모도 광대한 우주 공간의 크기 앞에서는 턱없이 조그맣습니다. 관측 가능한 우주 끝까지의 거리를 서울과 뉴욕 사이의 거리에 비유한다면, 지구에서 태양계 끝자락에 있는 명왕성까지의 거리는 1밀리미터만큼도 되지 않습니다. 인류가 무인우주선을 보내 탐사한 영역은 고작 움직이려고 멈칫한 정도의 거리만큼이라고나 할까요. 2030년이 되기 전에 사람을 태운 유인우주선을 화성으로 보내겠다는 계획이 기껏 나오고 있지만, 다음 세기가 되어도 지구에서 제일 가까운 별들인 프록시마 센타우리나 알파 센타우리에 무인우주선을 보내는 일이 가능할지는 아직 알 수가 없습니다. 그 이유는 물론 거리가 너무나 멀기 때문이지요. 심지어 태양에서 나오는 빛도 센타우루스 자리에 있는 별들에 도달하기까지는 4년이 넘는 세월이 걸립니다. 물론 기술이 급속도로 발전해서 빛의 속도에 가깝게 날아가는 우주선을 만들 수 있다면 우주탐사는 훨씬 용이해질 것입니다. 그렇게 바라지 않는 사람은 없겠지만 쉽지 않을 일이지요.

만일 인류가 빛의 속도로 날아가는 광속 우주선을 만들었다고 상상해봅시다(아인슈타인의 상대성이론에 위배되기 때문에 빛의 속도보다 빠른 우주선의 제작은 이론적으로 불가능합니다). 광속 우주선을 제작할 수 있다면 수십 년이 걸리는 편도여행을 통해 가까운 별 몇 개를 둘러

보는 것이 가능해집니다. 하지만 광속 우주선을 사용한다고 해도 한 사람의 일생에 해당하는 100년 동안 탐험할 수 있는 별은 그리 많지 않습니다. 우리은하에 존재하는 별들의 숫자가 2,000억 개가량 되지만, 우리은하의 크기는 수십만 광년에 해당합니다. 광속 우주선을 타고 어느 행성에도 들르지 않고 그저 날아가기만 한다고 해도 우리은하를 통과하는 데는 수십만 년이 걸린다는 말이지요. 우리은하만 생각하더라도 인간이 탐험할 수 있는 공간은 턱없이 작은 셈입니다. 1,000억 개가 넘는 은하들이 분포해 있는 우주 공간을 직접 탐험한다는 생각은 접어두는 것이 좋겠습니다. 물론 현재의 기술을 생각하면 그렇다는 것이지요.

광대한 우주에 비해 인류가 탐험할 수 있는 공간이 털끝만큼 작다는 사실은 우주실험이 실험이 불가능한 이유를 분명히 보여줍니다. 공간적 제약은 우주실험이 불가능한 첫 번째 이유입니다. 물론 우주비행사들이 지구 대기권을 벗어나 우주정거장 등에서 실험을 하기도 하지만 그런 실험은 단지 지구와는 조건이 다른 무중력 환경을 조성하는 실험으로, 여전히 지구적인 실험일 뿐입니다. 우리가 정말하고 싶은 실험이라면 태양에 엄청난 양의 탄소나 질소, 산소 등을 집어넣어서 태양이 어떻게 변하는지를 지켜본다거나, 별들을 서로 충돌시킨다거나, 혹은 블랙홀 두 개가 서로를 가까이 끌어당길 때 어떤 현상이 발생하는지를 살펴본다거나 하는, 우주 현상에 대규모의 조건 변화를 주는 실험들입니다. 그러나 별이나 블랙홀을 비롯한 우주의 대상들은 워낙 공간적 크기가 크기 때문에 우리가 정말 하고 싶은 대부분의 실험은 불가능합니다. 핵폭탄을 맞아도 별은 무심하지요. 마치 돌을 던져서 바다의 변화를 연구하려는 실험처럼, 인류가 할 수 있는 우주실험은 그다지 의미 없는 일이 되고 맙니다.

두 번째 이유는 시간적 제약 때문입니다. 우주에서 일어나는 대부분의 현상들은 인류의 시간 경험에 비해 훨씬 긴 시간 동안 발생합니다. 우주의 변화 과정을 지켜보려면 기나긴 세월이 필요하다는 뜻이지요. 짧은 인간의 역사에 비추어보면 우주는 거의 정지해 있는 듯 보입니다. 우리는 그저 역동적으로 변하는 우주의 한 순간의 모습을 관측할 수 있을 뿐입니다. 100일 동안 상영되는 다큐멘터리 영화가 있다면 우리는 그 긴 영화를 아주 잠깐, 0.1초 동안 본 셈입니다. 물론 인류가 100만 년, 1,000만 년, 혹은 1억 년 동안 생존해서 그동안 우주를 관측한 기록을 그대로 남길 수 있다면 아마도 어떤 우주실험이 가능해질지 모릅니다. 하지만 인류의 지성사는 1만 년을 넘지 못합니다. 우주의 시간 규모에 비하면 인류의 역사는 찰나에 불과합니다.

한 가지 예를 들어봅시다. 흔히 그러듯 우주를 집에 비유하면 우주를 구성하는 은하들은 벽돌에 비유할 수 있습니다. 두 개의 은하들이 충돌할 때 무슨 일이 생기는지 알아내기 위해 실험을 하고 싶다면 어떨까요? 수천억 개의 별을 포함하고 있는 거대한 규모의 은하 둘을 인위적으로 끌어모아 충돌시키는 실험은 물론 현실적으로 불가능합니다. 하지만 새롭게 발명한 고도의 기술을 사용하여 두 개의 은하를 서로 가까운 위치로 끌어와서 충돌시킬 수 있다고 가정해보지요. 정말로 대단한 실험이 될 것 같습니다. 하지만 문제는 이 실험의 결과를 얻기까지는 시간이 너무나 오래 걸린다는 점입니다. 두 은하가 충돌하여 각각의 구조가 부서지고 하나의 새로운 은하로 다시 태어나는 과정을 보려면 100년 뒤인 22세기는커녕 1,000년 뒤인 30세기가 되어도 모자랍니다. 두 은하가 충돌해서 하나의 은하로 병합되는 데 걸리는 시간은 대략 20~30억 년이지요.

또 다른 예를 들어볼까요? 태양과 같은 질량과 크기를 갖지만 화학적 조성이 조금 다른 별을 만들어서 그 별이 어떻게 진화하는지 실험을 한다면, 실험결과가 나오기 전에 인류문명사가 끝나버릴 것입니다. 태양과 같은 별은 수명이 100억 년가량 되고 화학적 조성의 차이가 별의 진화에 미치는 영향을 보려면 최소한 수천만 년에서 수억 년의 시간이 필요할 테니까요. 우주를 대상으로 실험하려는 시도는 하루살이가 10대 중학생의 사춘기 변화 과정을 지켜보려는 시도나 다름없습니다.

결국 인류가 가진 공간적·시간적 제약이 우주를 대상으로 하는 실험을 불가능하게 하는 셈입니다. 그렇다면 실험도 불가능한 우주를 대상으로 천문학자들은 과연 어떻게 우주의 신비를 벗겨내는 것일까요? 이들이 우주로부터 받을 수 있는 정보는 바로 빛입니다. 별을 연구하는 과학자는 별빛을 통하여 별의 질량, 크기, 구성 물질과 속도, 그리고 심지어 나이까지 알아낼 수 있습니다. 은하를 연구하는 과학자는 은하에서 오는 빛을 가지고 별과 가스, 그리고 우주먼지가 어떻게 은하를 구성하는지, 또 어떻게 운동하는지를 밝혀냅니다. 우주론을 연구하는 과학자들은 먼 우주에서 오는 배경복사를 가지고 우주가 어떻게 시작되었고 어떻게 변해왔는지, 그리고 앞으로 어떻게 변해갈 것인지를 연구합니다.

최근에는 중력파가 처음으로 검출되어 우주를 탐구하는 중요 수단으로 떠올랐습니다. 빛이라고 불리는 전자기파와 시공간의 떨림인 중력파, 이 두 가지가 우주의 신비를 벗겨낼 단서를 줍니다. 하지만 중력파 검출은 이제 겨우 시작된 새로운 기술이고 블랙홀의 충돌과 같은 매우 드문 현상에서 특별한 경우에만 발생하기 때문에 여전히 천문학자들은 빛에 의존할 수밖에 없습니다.

비유를 들자면 이렇습니다. 동물원에 한 번도 가본 적이 없는 어떤 대학생이 아프리카 무료 여행권이 당첨되어 여행을 떠났다고 합시다. 아프리카의 어느 사파리 공원 입구에 도착해서 안내 버스를 타고 드디어 광활한 동물보호구역에 들어갑니다. 그런데 너무나 실망스럽게도, 버스에서 내리는 것이 허락되지 않아요. 이 공원의 규정이기 때문에 버스 밖으로 한 발짝도 내디딜 수가 없습니다. 버스의 출입문과 창문은 모두 밖에서 잠겨 있습니다. 동물들을 만져보거나 먹이를 던져주는 건 고사하고, 완벽한 방음장치와 공기정화장치가 설치된 이 버스 안에서는 동물들의 소리를 듣거나 냄새를 맡는 일도 불가능합니다. 한술 더 떠서 이 버스는 넓은 동물보호구역을 구석구석 누비는 것이 아니라 입구 근처만을 빙빙 돌 뿐입니다. 신나는 사파리 여행을 기대했던 이 대학생은 얼마나 실망스러웠을까요. 하지만 유비무환! 다행히도 그는 성능 좋은 망원경 하나를 준비해 왔습니다. 망원경으로 멀리 떨어진 사자 무리를 관측해보니 한가히 하품하는 사자가 보입니다. 사자 갈기에 치근

대는 파리들도 볼 수 있습니다. (궁금하긴 하네요. 실제로 동물학자들이 이런 상황에 처한다면 그들은 어떻게 각 동물의 특성들을 연구할까요?)

다채로운 식구들로 구성된 우주동물원은 사실 이렇게 관람이 제한되어 있습니다. 우리는 별에 다가갈 수도, 블랙홀을 하나 잡아와

그림 8-1 코끼리를 탐구하는 시각장애인들. 불교의 일화를 소재로 한 하나부사 이초의 작품. 이 일화에 따르면 왕이 시각장애인들에게 코끼리에 대해 조사하여 보고하라는 명령을 내린다. 코끼리를 만져본 시각장애인들은 서로 다른 견해를 피력한다. 이 일화는 부분만 봐서는 전체를 파악할 수 없다는 교훈을 주기도 한다. 과학도 시각장애인들의 코끼리 연구와 비슷할 수 있다. 제한된 정보를 가지고 우주라는 거대한 코끼리의 모습을 재구성해야 하기 때문이다. 그러나 차이점이 있다면 과학자들은 서로 협력한다는 점이다. 시각장애인들이 서로 협력하여 정보를 공유했다면 코끼리의 모습을 어느 정도 파악해낼 수 있지 않았을까? 과학의 위대한 힘은 바로 여기에 있다. 그림 출처: http://www.loc.gov/exhibits/ukiyo-e/images.html.

서 실험을 해볼 수도 없습니다. 하지만 이런 제약에도 불구하고 우주동물원을 제법 샅샅이 구경할 수 있다는 건 참으로 놀랍습니다. 그 비밀은 바로 빛이지요. 우주의 다양한 천체들은 빛을 방출하고, 그 빛은 지구로 날아옵니다. 그 빛을 사용한 연구는 놀라울 만큼 정확하고 엄청난 정보를 제공해줍니다. 우주동물원에서 실험은 불가능하지만, 그래도 천문학자들은 여행을 떠납니다.

빛의 도레미파솔라시도, 감마선에서 전파까지

빛이라고 하면 흔히 동터오는 새벽에 하루를 여는 빛, 스위치를 켜면 환하게 비쳐오는 전등빛, 촛불이나 모닥불에 타오르는 빛 등이 연상됩니다. 물론 마주 볼 수 없을 만큼 밝은 태양 빛도 빠질 수 없지요. 태양처럼 스스로 빛을 내는 대상들은 고귀한 존재로 여겨졌습니다. 빛이 주는 묘한 신비로움은 지금도 여전하지요. 외계인이 등장하는 영화 장면에서는 어김없이 스크린 가득 눈부신 빛이 쏟아집니다.

우리가 흔히 일컫는 '빛'은 인간의 눈에 감지되는 가시광선visible light입니다. 가시광선은 물리학에서 정의하는 빛의 다양한 형태 중 하나라고 할 수 있습니다. 병원이나 공항에서 사용하는 엑스선 X-ray, 핵폭탄이 터질 때 방출되는 감마선γ-ray, 오존층의 파괴로 지표까지 뚫고 들어와 피부암을 일으키는 자외선, 그리고 깜깜한 밤에도 사람이나 자동차 등 열을 가진 물체를 볼 수 있게 해주는 열감지 카메라에 사용하는 적외선, 그리고 텔레비전이나 라디오의 신호를 보내거나 휴대폰의 신호를 주고받는 데 사용하는 전파는 파장만 다를 뿐 모두 일종의 빛입니다. 가시광선은 인간이 볼 수 있는 특별한 종류의 빛인 셈이지요.

20세기 초반, 과학계에는 과연 빛이 무엇인가에 대한 흥미진진한 논쟁과 연구들이 쏟아졌습니다. 물리학의 고수들은 빛이 파동이라고 혹은 입자라고 주장했지만, 이들의 진검승부 결과 내리게 된 결론에 따르면 빛의 정체는 입자인 동시에 파동입니다. 입자란 하나하나의 알갱이로 쪼개질 수 있는 개체를 일컫는 말이고, 파동이란 바다에서 파도가 퍼져나가거나 연못에 돌을 던지면 물결이 동그랗게 퍼져나가는 현상을 가리킵니다. 기타나 피아노를 칠 때는 현이 떨려서 공기를 진동하고 그 진동이 음파sound wave 형태로 바뀌어서 공기를 타고 우리 귀까지 전달되지요. 이 소리도 파동입니다. 파동은 파장(혹은 에너지)에 따라 다른 형태로 나타나는데, 기타나 피아노의 경우는 현이 얼마나 빨리 떨리는가에 따라 고음과 저음으로 표현됩니다. 빨리 떨릴수록 파장은 짧아지고 에너지는 높아지지요. 고음은 에너지가 높은 음파로, 저음은 에너지가 낮은 음파로 생각할 수 있습니다.

빛은 소리처럼 파동의 성질을 갖기도 하지만 돌멩이처럼 입자의 성질을 갖기도 합니다. 빛이 입자와 파동의 성질을 동시에 갖는 특징을 '빛의 이중성'이라고 부르기도 합니다. 조금 쉽게 표현하자면, 빛은 흔히 '광자'라고 불리는 알갱이(입자)로 구성되어 있는데, 이 알갱이들은 음역을 갖는 소리처럼 파동적 성질을 동시에 갖고 있다고 생각하면 이해하기 좋습니다. 소리를 전달하는 음파가 그 파동의 높낮이에 따라 도레미파솔라시도 다른 소리를 내듯이 빛을 전달하는 광자도 그 파동의 높고 낮음에 따라 빨주노초파남보 등 다른 색깔을 나타냅니다. 우리 눈이 어떤 물체를 식별할 수 있는 것은 그 물체에 반사된 빛 알갱이 광자가 우리 눈에 감지되기 때문인데, 이때 각 광자의 파동에 따라 빨간색도 되고 보라색도 되는 셈입니다. 파동이 높다면 같은 광자 하나라고 해도 더 높은 에너지를 갖고 짧은 파장을 만들어내기 때문에 보라색을 만들어냅니다. 반대로 파동이 낮다면 에너지가 낮고 파장이 긴 광자가 붉은색을 만들어내지요. 하지만 빛은 빨주노초파남보에 해당하는 가시광선의 에너지에 한정되지는 않습니다. 보라색보다 더 에너지가 높거나 빨간색보다 에너지가 낮은 형태의 빛도 존재합니다. 보라색보다 에너지가 강한 빛은 자외선UV: Ultra-Violet이라고 부르고 빨간색보다 더 에너지가 약한 빛은 적외선IR: Infra-Red이라고 부릅니다. 물론 자외선보다 더 에너지가 강한 빛도 있습니다. 에너지가 점점 커지면 차례로 엑스선, 감마선이 되고, 반대로 적외선보다 에너지가 약하면 마이크로파, 그리고 전파가 됩니다.

다양한 에너지의 빛 중에서 인간이 볼 수 있는 빛의 영역은 빨주노초파남보로 제한되어 있습니다. 그 이유는 무엇일까요? 태양이 가시광선 영역의 빛을 가장 세게 내기 때문입니다. 만일 태양이 지금보다 훨씬 온도가 낮아서 적외선을 가장 강하게 내는 별이었다면 그 빛을 받고 사는 인류의 눈은 가시광선보다는 적외선에 더 민

감하게 만들어졌을 것입니다. 즉, 인간을 비롯한 지구상의 동물들은 태양 빛에 최적화된 눈을 가지고 있는 셈이지요.

인류는 한 세기 전까지만 해도 가시광선 영역 이외의 빛은 탐지할 수 없었습니다. 가시광선이 아니라 엑스선이나 적외선을 방출하는 천체들에 대해서는 맹인이었다는 뜻입니다. 하지만 과학의 발전을 통해 이제는 감마선에서 전파까지 다양한 형태의 빛을 볼수 있는 새로운 눈을 갖게 되었습니다. 그동안 목격하지 못했던 우주의 새로운 풍경들을 만날 수 있게 된 셈입니다. 자, 그럼 가시광선을 다루는 광학망원경부터 차례로 살펴볼까요?

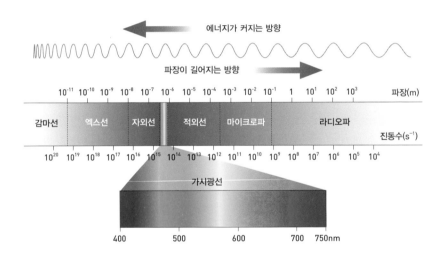

그림 8-2 파장 혹은 에너지에 따른 빛의 분류. 빛은 에너지의 세기에 따라 여러 형태로 방출되는데 핵폭탄이 터질 때 나오는 매우 강한 빛인 감마선부터 인간의 몸을 뚫고 지나가는 엑스선, 피부를 태우는 자외선, 그리고 우리 눈에 보이는 빨주노초파남보의 가시광선, 열을 가진 물체에서 나오는 적외선, 전자레인지에 쓰이는 마이크로파, 텔레비전이나 라디오에 사용하는 센티미터파, 미터파 등의 전파가 있다.

광학망원경, 갈릴레오에서 21세기까지

망원경은 말 그대로 인간의 제한된 시력을 도와 멀리 있는 대상을 보게 해주는 도구입니다. 흔히 네덜란드인 한스 리페르스헤이가 1608년에 처음으로 망원경을 발명했다고 하는데, 꼭 맞는 말은 아닙니다. 렌즈 두 개를 붙이면 멀리 있는 사물을 확대해서 볼 수 있다는 장점을 내세워 리페르스헤이는 네덜란드 정부에 많은 망원경을 판매했습니다. 해전에 강한 함대를 갖는 것이 국가의 안보와 번영에 열쇠였을 그 시절에 네덜란드 정부가 망원경에 관심을 보였던 것은 당연했습니다. 지금처럼 레이더나 무선통신이 없는 그 시절에 적의 함대를 먼저 발견하고 적의 동태에 따라 공격하고 방어하는 등 함대를 지휘하는 일에 망원경이 얼마나 유용했을지는 쉽게 상상할 수 있지요. 하지만 30년 동안 특허권을 보장해달라는 그의 요구를 네덜란드 정부는 거절했습니다. 이미 많은 사람들이 망원경을 만들 수 있는 지식을 갖고 있었기 때문입니다. 이미 11세기에 아랍의 과학자인 알하젠은 렌즈를 가지고 사물을 확대해서 볼 수 있다는 결과를 발표했고, 이 결과가 1572년에 라틴어로 번역되어 유럽에 소개되기도 했습니다. 아마도 15세기에 인쇄기가 발명되면서 글자를 확대해서 볼 수 있는 렌즈에 대한 관심과 요구가 커졌을 것입니다. 17세기가 되면 이미 많은 사람들이 독자적으로 망원경을 개발했을지도 모릅니다. 1609년 초에는 파리, 런던 및 독일과 이탈리아의 여러 도시에서 이미 망원경이 팔리기 시작했다고 전해집니다.

　망원경의 발명은 몇천 년 동안 흔들리지 않았던 과학의 패러다임을 깨고 지구가 태양 주위를 돈다는 새로운 패러다임을 세우는 데 눈부신 활약을 했습니다. 리페르스헤이의 망원경에 관한 소문을 들은 갈릴레오는 1609년 어느 날, 하루 만에 자신의 힘으로 망원경을 제작했습니다. 망원경의 놀라운 성능을 직접 확인한 그는 스스로 렌즈를 갈아서 본격적으로 망원경을 만들기 시작합니다. 지름 4.5센티미터의 렌즈를 장착해서 직접 만든 망원경으로 갈릴레오가 맨 먼저 했던 일은 당연히 우주를 관측하는 일이었지요. 망원경으로 바라본 밤하늘은 인간의 눈에는 보이지 않았던 새로운 풍경으로 가득했습니다. 목성을 살펴보았더니 목성 주위를 돌고 있는 4개의 조그만 위성들이 목격되었습니다. 목성도 지구처럼 달을 갖고 있다는 걸 갈릴레오가 처음으로 확인한 순간이었습니다. 그래서 이 달들은 '갈릴레오의 달'이라고 불립니다. 이번에는 금성을 관측해보았더니 금성의 모양이 늘 똑같은 게 아니라 변한다는 걸 확인할 수 있었습니다. 달이 초승달에서 보름달로 차츰 변하듯이 금성도 차고 기우는 위상을 갖는다는 사실을 알아낸 것이지요. 이 발견은 목성과 금성이 지구와 같은 행성이며 함께 태양 주위를 돌고 있다고 확신하게 되는 계기가 되었을 것입니다. 바로 그가 지지했던 지동설의 증거였던 셈입니다. 뿐만 아니라 갈릴레오는 은하수를 들여다보기 시작했습니다. 밤하늘에 은빛 강물이 흘러가는 것처럼 보였던 은하수가 사실은 강이나 구름 덩어리가 아니라 하나하나의 수많은 별들이 밀집해 이룬 것이라는 사실을 확인한 첫 번째 인물도 바로 갈릴레오였습니다.

인간의 눈으로 직접 볼 수 있는 가시광선을 대상으로 하는 광학 망원경은 갈릴레오 이후 점점 진보합니다. 렌즈 대신에 거울을 이용한 반사망원경이 18세기에 개발되면서 천문학자 윌리엄 허셜은 태양계의 7번째 행성인 천왕성을 발견했습니다. 허셜이 천왕성을 발견하기 전까지는 수성, 금성, 화성, 목성, 토성 등 5개의 행성만 알려져 있었고, 태양계는 여기에 지구를 포함해 6개의 행성이 태양 주위를 공전하는 것으로 이해하는 것이 일반적인 상식이었습니다. 20세기에 들어서면 주경primary mirror의 지름이 2미터가 되는 집채만 한 망원경들이 개발되어 인류의 시야를 넓혔습니다. 20세기 중반에는 구경이 5미터가 되는 거대한 망원경이 만들어졌고, 20세기 말이 되면서 드디어 구경이 8~10미터급인 대형망원경들이 선보입니다. 21세기에 들어선 지금, 세계 여러 곳에서는 주경의 지름이 30미터 정도 되는 초대형 망원경 시설이 여러 개 건설되고 있으며, 2020년대 중후반에는 천문학자들이 초대형 망원경을 사용하여 우주의 새로운 비밀을 밝혀내기 시작할 것으로 기대됩니다. 그중 하나가 거대마젤란망원경Giant Magellan Telescope 프로젝트입니다. 한국은 이미 2009년부터 이 프로젝트에 참여하기 시작했고 주요 파트너로서 망원경 건설에 함께하고 있습니다.

2019년 현재, 세계의 대형망원경의 숫자는 두 손에 꼽을 수 있습니다. 주경의 지름이 8미터에서 10미터에 이르는 커다란 망원경을 과연 제작할 수 있을까에 대한 논란이 계속되고 있던 1980년대에 캘리포니아 대학과 캘리포니아 공대(칼텍)의 천문학자들은 이미 대형망원경 프로젝트를 시작했습니다. 막대한 자금을 기부한 기부자의 이름을 따라 '켁Keck'이라는 이름이 붙여진 구경 10미터급 망원경 두 개로 구성된 켁 천문대는 하와이 빅아일랜드에 있는 해발 4,200미터의 마우나케아Mauna Kea산 정상에 건설되어 이미 1990년대 초에 첫 관측이 시작되었습니다. 미국과 경쟁하는 유럽의 국가들은 공기가 건조해서 관측에 매우 좋은 조건을 갖고 있는 칠레 북부 사막지대에 지름 8.2미터짜리 망원경을 4개나 건설했지요. '거대망원경VLT: Very Large Telescope'이라는 이름이 붙여진 이 망원경은 4개를 동시에 하나의 망원경처럼 사용할 수도 있는데, 이 경우에는 지름 16미터짜리 망원경의 성능을 갖게 되며 달 표면의 사람을 확인할 수 있을 정도의 놀라운 분해능을 갖는다는 유명한 얘기가 종종 회자되곤 했습니다. 일본도 뒤지지 않지요. 개발비와 건설비를 합해서 3억 달러 이상을 투자한 일본 국립천문대는 켁 망원경이 들어선 하와이 마우나케아산 정상에 8.2미터급의 수바루Subaru 망원경을 건설했습니다. 이 망원경은 켁 망원경이 처음에 갖추지 못한 광학기술을 도입해서 월등한 이미지의 질을 자랑합니다. 현재 스페인도 카나리아 제도에 10미터급 대형망원경Grande Telescope Canaria을 건설하여 사용하고 있습니다. 미국과 유럽 등이 연합으로 건설한 제미니Gemini 망원경은 8.1미터의 주경을 지닌 같은 급의 망원경 두 대로 구성된 쌍둥이 망원경으로, 하나는 북반구의 하와이 마우나케아산 정상에 다른 하나는 칠레 북부에 세워져서, 북반구와 남반구 하늘 전체를 섭렵합니다. 한국도 제미니 천문대의 공식적인 국제 파트너로서 지분을 갖고 있으며 한국 천문학자들은 두 대의 제미니 망원경을 사용하여 우주의 구석구석을 탐험하고 있습니다.

세계 각국이 이렇게 대형망원경 건설에 힘을 기울이는 이유는 무엇일까요? 결국 망원경이 커야 더 멀리 그리고 더 자세히 볼 수 있기 때문입니다. 망원경의 성능은 두 가지에 의해 결정됩니다. 첫째는 얼마나 빛을 모을 수 있느냐입니다. 보통 집광력이라고 표현하는데, 빛을 많이 모을 수 있어야 보다 멀리 있고 어두운 천체를 관측하여 연구할 수 있기 때문입니다. 망원경의 집광력은 주경의 면적에 비례합니다. 즉, 거울이 커야 그만큼 많은 빛을 모을 수 있고, 집광력이 좋아야 그동안 보지 못했던 우주의 새로운 얼굴을 볼 수 있습니다. 두 번째는 얼마나 작은 대상을 구별해낼 수 있는가입니다. 흔히 망원경은 멀리 있는 물체를 확대해서 보여주는 도구로 생각하는데, 바로 그 개념입니다. 분해능이 좋지 않다면 가깝게 맞닿아 있는 두 개의 별을 구별할 수 없습니다. 분해능이 좋으면 그만큼 더 작은 구조를 구별해낼 수 있으니 분해능은 집광력과 더불

그림 8-3 제미니 천문대는 세계에서 가장 큰 광학망원경 중 둘을 보유하고 있다. 사진은 미국 하와이 빅 아일랜드에 있는 해발 4,200미터 마우나케아산 정상에 위치한 제미니 천문대의 모습이다. 주경의 지름이 8.1미터인 똑같은 망원경이 남반구 칠레 북북에 있으며 남반구 하늘을 관측한다. 사진: mhoenig·CC BY-SA-3.0/wikimedia commons.

어 망원경의 성능을 나타내는 중요한 지표가 됩니다. 분해능도 망원경의 크기에 비례합니다. 주경이 클수록 그만큼 작은 구조들을 공간적으로 분해해낼 수 있기 때문입니다. 대형망원경이 없다면 먼 우주를 볼 수 없고 우주의 자세한 모습을 관측할 수도 없습니다.

대형망원경은 그 건설 자체가 첨단 과학입니다. 깨끗한 이미지를 얻을 수 있도록 정밀하면서도 커다란 거울을 제작하는 광학기술뿐만 아니라 기계, 전자, 제어, 컴퓨터공학 등 다방면의 첨단 기술이 요구됩니다. 지구 대기의 효과를 보정하여 흔들리는 이미지를 깨끗하게 보정하는 기술은 레이저 적응 광학laser adaptive optics 이라고 불립니다. 이 기술은 대기권 위에 있는 나트륨 층에 고출력 레이저를 발사해서 인공적으로 별을 만들어 사용합니다. 인공별을 관측해서 빛이 대기를 통과하는 동안 산란되고 흔들리는 효과를 면밀히 측정하고 거울의 표면을 조절하여 대기의 효과를 실시간으로 상쇄하는 기술이지요. 레이저 적응 광학을 사용하면 지구 대기 밖 우주에서 관측한 것처럼 뛰어난 영상을 얻을 수 있습니다. 이렇게 다양한 기술이 집약된 대형망원경은 그 자체로 망원경을 보유한 국가의 과학기술 능력을 입증하는 표지가 됩니다.

천문학자들의 눈, 다파장 관측시설

실험이 불가능한 우주의 정보를 캐내기 위해서 천문학자들은 광학망원경 시설뿐만 아니라 다양한 파장대의 빛을 관측하는 시설들을 사용합니다. 현대 천문학의 기술은 가시광선 영역에 멈추지 않고 감마선에서 전파에 이르기까지 모든 형태의 빛을 감지할 수 있는 기기들을 개발해왔습니다. 우주 공간에 위치한 우주망원경들을 포함한 다양한 관측시설은 천문학자들의 눈이 되어 우주의 곳곳을 탐사하는 데 중요한 역할을 하고 있습니다.

가시광선을 이용하는 광학망원경이나 전파를 이용하는 전파망원경이 지상에서 그 위용을 자랑하는 반면, 자외선이나 적외선, 그리고 엑스선과 감마선을 검출하는 관측시설의 경우는 지구를 벗어난 우주 공간에서 활약합니다. 가시광선이나 전파를 제외한 대부분의 빛은 지구 대기를 통과하지 못하므로 대기권 밖, 우주 공간으로 나가야 검출할 수 있기 때문입니다. 그래서 우주망원경과 관측 기기들을 실은 위성을 지구 밖으로 쏘아 올려 우주 공간에 설치하고 원격으로 조정하여 지구에서는 볼 수 없는 대상을 관측합니다. 지난 20세기 후반엔 다양한 형태의 빛을 감지할 수 있는 우주망원경들이 제작되어 발사되었고 이를 통해 베일에 싸여 있던 우주의 새로운 얼굴이 드러나기 시작하면서 천문학의 르네상스 시대가 열렸습니다. 핵개발을 감시하기 위해 쏘아 올린 군사위성을 통해 우연히 발견된 감마선 폭발체(죽음을 맞이하는 별은 폭발하면서 엄청난 에너지의 감마선을 분출하는 것으로 알려져 있습니다), 그리고 엑스선을 방출하는 블랙홀과 같은 대상들은 우주망원경을 통해 발견되었으며 천체물리학 연구의 새로운 장을 열어놓았지요.

파장에 따라 다양한 형태의 빛을 관측하여 종합적으로 분석하는 연구가 가능해지면서 다파장multi-wavelength 관측 시대가 열렸습니다. 다양한 파장대를 검출하는 시설들을 함께 이용해서 보다 체계적으로 연구하는 시대라는 의미입니다. 특히 블랙홀은 감마선에서 전파에 이르기까지 거의 모든 파장 영역의 빛을 뿜어내기 때문에 다파장 연구가 절실히 필요한 대상입니다. 엑스선으로 가장 중심 부분의 강착원반을 탐구하고, 가시광선으로는 블랙홀의 중력장에서 빠르게 운동하는 가스를 연구하고, 적외선으로 블랙홀 주변의 먼지들을 분석하고, 그리고 전파망원경으로 블랙홀에서 나오는 제트를 검출하는 등, 다파장 관측을 통해 블랙홀이 만들어내는 다양한 현상들을 체계적으로 분석하고 종합하는 일은 블랙홀 연구에 지대한 발전을 가져오기도 했습니다. 자, 그럼 대표적인 우주망원경 네 개와 전파망원경을 살펴봅시다.

허블 우주망원경

허블 우주망원경Hubble Space Telescope은 1990년 4월에 스페이스셔틀 디스커버리호에 실려서 대기권 밖 600킬로미터 상공에 설치된 버스만 한 크기의 우주망원경입니다. 우주가 팽창한다는 사실을 발견한 에드윈 허블의 이름을 따서 '허블 우주망원경'으로 명명된 이 우주망원경은 1시간 40분 만에 지구를 한 바퀴씩 공전합니다. 1970년대부터 미 항공우주국과 유럽 항공우주국ESA은 지구 대기의 영향을 받지 않는 우주 공간에 관측시설을 설치하려는 계획을 시작했는데, 결국 우주로 발사될 때까지 15억 달러가 소요된 허블 우주망원경의 탄생으로 이 계획이 실현됩니다. 허블 우주망원경은 지름 2.4미터의 거울을 주경으로 갖고 있는 광학망원경으로, 자외선과 적외선 관측도 가능합니다. 매주 120기가바이트의 데이터를 지상으로 전송하는데, 이 데이터는 미국 볼티모어에 있는 우주망원경과학연구소Space Telescope Science Institute에서 관리하고 있습니다.

지구 대기의 영향을 받지 않기 때문에 매우 선명한 이미지를 제공하지요. 예를 들어 지상의 망원경으로는 하나로 보이던 두 개의 별도 허블 우주망원경의 뛰어난 공간분해능력에 의해 확연히 두 개로 구별될 수 있습니다. 지상 망원경의 성능을 뛰어넘는 허블 우주망원경은 우주 끝에 있는 은하들의 모습을 사진으로 담아내어 과학자들과 대중의 감탄을 자아냈고 수많은 우주의 대상들을 세세히 관측하여 그 비밀들을 밝히는 데 큰 역할을 해왔습니다. 허블우주망원경은 우주왕복선을 타고 간 우주인들astronaut이 고장 난 부분을 수리하고 새로운 장비를 장착하는 서비스 미션service mission을 4번에 걸쳐 받았습니다.

그림 8-4 지구 위를 도는 허블 우주망원경의 모습. 왼쪽으로 빛을 받아들이는 망원경의 입구가 열려 있고 오른쪽 끝에는 지름 2.4미터의 거울이 장착되어 있다. 활짝 펼쳐진 태양전지판은 보통 100와트짜리 전구 28개를 밝힐 수 있는 전기를 공급한다. 먼 우주에 있는 천체의 사진을 찍기 위해서는 고도로 정확한 자세와 방향이 요구되는데 허블 우주망원경은 1킬로미터 밖에 있는 가느다란 머리카락을 정확히 지향하고 있을 정도의 정밀도를 갖는다. Credit: NASA.

찬드라 엑스선 망원경

미 항공우주국은 1999년 7월에 탁월한 성능을 가진 엑스선 망원경을 우주왕복선 컬럼비아호에 실어 지구 대기권 밖으로 발사했습니다. 발사 비용만 3억 5,000만 달러가 소요될 정도로 값비싼 우주망원경을 쏘아야 했던 이유는 지구 대기가 엑스선을 흡수하기 때문입니다. 가시광선과 달리 엑스선 탐사를 위해서는 우주망원경이 필수입니다. 엑스선은 고에너지를 가진 빛의 한 형태이며, 엑스선을 방출하는 대표적인 대상은 퀘이사입니다. 거대질량 블랙홀

그림 8-5 찬드라 엑스선 망원경. 엑스선을 검출할 수 있는 찬드라 망원경은 블랙홀 연구에 매우 중요한 정보를 제공한다. Credit: CXC/NGST.

을 엔진으로 갖는 퀘이사는 엑스선 망원경을 사용해서 심층적으로 연구할 수 있으며, 그래서 블랙홀 연구가 엑스선 망원경의 주요 임무에 속합니다. 더군다나 찬드라 엑스선 망원경Chandra X-ray Observatory은 그동안 우주 공간으로 발사되었던 여러 엑스선 망원경들과는 달리 뛰어난 분해능을 갖습니다. 지상의 광학망원경과 비슷한 수준의 분해능을 갖고 있는데, 대략 20킬로미터 떨어진 교통표지판을 읽을 수 있을 정도이지요. 그렇기 때문에 엑스선을 뿜어내는 대상들의 구조들을 자세하게 파악해낼 수 있습니다. 대략 17억 달러의 개발비가 투자된 이 망원경의 이름은 '찬드라'라고 붙여졌습니다. 별의 죽음에 관한 서사시 한 편을 기록한 인도 태생의 미국 과학자이자 노벨상 수상자인 찬드라세카르의 공헌을 기리는 의미에서 붙여진 이름이지요. 찬드라 망원경은 수명이 길지 않을 것으로 예상되었으나 발사된 지 20년이 지난 지금까지 큰 문제없이 좋은 기기상태를 유지하고 있으며 위성이 동작을 멈출 때까지 앞으로도 관측을 진행할 예정입니다.

스피처 적외선 우주망원경

칠흑 같은 밤에는 사람이 보이지 않지요. 조명을 켜지 않는 이상, 사람의 몸에 반사되어 우리 눈에 들어올 빛, 즉 가시광선이 없기 때문입니다. 그러나 흔히 액션영화에서 볼 수 있듯이 적외선 쌍안경을 쓰면 사람의 형태를 알아볼 수 있습니다. 어떻게 이런 일이 가능할까요? 그것은 열을 갖는 물체는 무엇이나 빛을 내기 때문입니다. 물론 그 빛은 물체의 온도에 따라 파장이 달라집니다. 예를 들어, 태양은 대기의 표면온도가 대략 6,000도가량이기 때문에 우리 눈에 감지되는 가시광선을 방출합니다. 하지만 사람은 체온이 37도 정도이기 때문에 가시광선의 빨간색보다 더 에너지가 낮은 적외선을 내보냅니다. 적외선 쌍안경은 바로 이렇게 적외선을 감지할 수 있도록 개발된 검출장치이지요. 그러니까 적외선 쌍안경이 있다면 어둠 속에서도 뜨거운 엔진을 가진 자동차나 탱크를 찾아낼 수 있습니다.

우주의 여러 대상들도 적외선을 뿜어냅니다. 그러나 적외선 중에서도 에너지 영역이 낮은 대부분의 중적외선mid-infra-red이나 원적외선far infra-red은 지상에서 관측이 불가능합니다. 지상에는 적외선을 내는 물체들이 너무나 많기 때문입니다. 그래서 적외선을 관측하기 위해서는 우주에 망원경을 설치해야 합니다. 미 항공우주국은 2003년 8월에 스피처 우주망원경을 델타 로켓에 실어 우주 공간에 발사했습니다. 지름이 1미터가 채 안 되는 작은 주경을 갖는 스피처 우주망원경에는 망원경 자체의 열 때문에 발생하는 적외선과 지구에서 방출되는 적외선을 막기 위해서 특수한 냉각장치가 달려 있습니다. 스피처 망원경은 먼지로 뒤덮여서 가시광선으로는 볼 수 없는 은하 중심부의 블랙홀 연구를 비롯하여 막 태어나는 외계 행성들의 연구에 중요한 데이터를 제공하는 등 중요한 임무를 수행해왔습니다. 그러나 2009년에는 냉각장치의 연료가 다 소모되면서 관측이 제한되었으며, 2020년에 모든 관측 임무를 마치고 운용이 중단되었습니다.

그림 8-6 스피처 적외선 우주망원경. 적외선으로 본 우주를 배경으로 한 상상도. 지상에서 관측할 수 없는 적외선으로 우주의 새로운 얼굴을 보여주고 있는 스피처 망원경은 망원경 자체와 지구에서 방출되는 적외선을 막기 위해 특별한 냉각 장치들이 달려 있다. Credit: NASA/JPL-Caltech.

제임스 웹 우주망원경

지금까지 발사된 우주망원경 중에서 가장 강력한 관측 성능을 갖는다고 평가되는 제임스 웹 우주망원경이 지난 2021년 12월 25일에 우주로 발사되었습니다. 미 항공우주국 국장이었던 제임스 웹의 이름을 따서 명명된 이 우주망원경은 약 반년의 정비 과정을 거쳐서 2022년 여름부터 본격적인 우주관측을 시작합니다. 총 비용은 약 100억 달러이며, 허블 우주망원경보다 약 5배 이상 많은 재원을 사용한 만큼 허블 우주망원경의 성능을 뛰어넘으며 최소 5년 혹은 약 10년 동안 우주의 비밀을 밝히는 일을 담당할 예정입니다.

허블 우주망원경이 발사되고 임무를 시작한 후 1990년 중반부터 미 항공주우주국과 천문학자들은 차세대 우주망원경에 대해 본격적으로 논의하기 시작했습니다. 주경의 크기가 2.5미터인 허블 망원경보다 훨씬 더 큰 주경을 갖는 망원경을 개발해야 한다는 데 이견이 없었지만 과연 얼마나 크게 만들 것인가가 논란이었습니다. 왜냐하면 주경의 크기가 클수록 비용이 지수적으로 증가하기 때문입니다. 결국 4미터급보다는 6.5미터 망원경으로 계획되었는데, 그만큼 다양한 도전을 받게 되었습니다. 허블 우주망원경을 우주공간으로 실어 올린 우주왕복선은 더 이상 운용하지 않기 때문에 로켓에 실어서 발사해야 하는데, 주경이 6.5미터라면 너무 커서 대형로켓에도 실을 수 없기 때문입니다. 결국, 주경을 접어서 발사한 뒤 우주에서 펼치도록 설계되었고, 이를 위해 상당한 위험을 감수해야 했지만 대성공을 거두었습니다.

허블 우주망원경이 주로 가시광선 영역을 관측한다면 제임스 웹 우주망원경은 주로 적외선 영역을 관측합니다. 물론 허블 망원경은 자외선과 근적외선을 관측할 수 있도록 카메라와 분광기 등의 기기를 갖추고 있습니다만 그래도 주 관측영역은 가시광선이라고 할 수 있습니다. 반면에 제임스 웹 우주망원경은 가시광선 관측도 가능하지만 근적외선과 중적외선 관측이 가능한 관측기기들을 장착하고 있으며 중요한 과학임무들은 적외선 관측에 집중되어 있습니다. 그렇기 때문에 궤도도 적외선 관측에 적합하게 계획되었습니다. 지구 주위를 빠르게 공전하는 허블 우주망원경과 달리 제임스 웹 우주망원경은 지구를 기준으로 태양 반대쪽 150만 킬로미터에 있는 라그랑주점에서 지구와 함께 태양 주위를 1년에 한번씩 공전합니다. 적외선 망원경이어서 태양의 빛을 차단해야 하기 때문에 테니스장 크기만 한 거대한 차단막도 갖추고 있습니다. 6.5미터 크기의 주경은 태양 반대쪽을 지향해서 우주관측을 하게 됩니다.

제임스 웹 우주망원경은 뛰어난 관측 성능으로 그동안 관측이 불가능했던 우주의 새로운 얼굴을 우리에게 보여줄 것입니다. 주경이 크기 때문에 그만큼 어두운 천체를 관측할 수 있고 분해능이

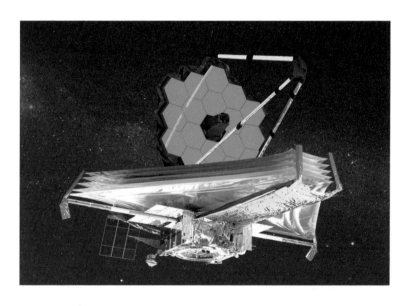

그림 8-7 돛단배를 닮은 제임스 웹 우주망원경의 모습을 담은 개념도. 다섯 겹의 차단막이 태양광을 막아주며 냉각 장치 역할을 한다. 길이가 각각 약 1.3미터인 6각형 거울 18개가 모여 주경을 이루는데, 금으로 코팅되어 노랗게 보인다. Credit: NASA GSFC/CIL/Adriana Manrique Gutierrez.

좋기 때문에 그동안 구별해낼 수 없었던 작은 구조들을 발견해낼 수 있습니다.

　제임스 웹 우주망원경은 크게 4가지 과학 임무를 갖고 있습니다. 첫째, 초기우주의 최초의 은하들을 찾고 은하의 생성 과정을 밝히는 일입니다. 아직 별이 생성되지 않아 암흑시대라고 불리는 시대는 별과 은하들이 처음으로 생성되면서 마감됩니다. 우주가 팽창하기 때문에 최초의 은하들이 내는 빛은 파장이 긴 쪽으로 적색이동하여 적외선의 빛을 내므로, 적외선 관측이 주요 임무인 제임스 웹 우주망원경의 역할이 기대됩니다. 두 번째 임무는 은하들이 어떻게 진화하는지 그 과정을 밝히는 것입니다. 허블 우주망원경의 가시광선 관측 자료 외에 적외선 관측자료가 함께 사용되면 은하 진화의 수많은 비밀들이 밝혀질 것으로 기대됩니다. 셋째, 별 생성 과정과 행성계의 형성을 밝히는 임무입니다. 가스들이 뭉쳐서 별이 만들어지는 과정에서 본격적으로 가시광선을 내기 전 단계를 적외선으로 관측하는 일이 중요합니다. 별과 함께 행성들이 만들어질 때 행성들의 재료가 되는 성간물질도 온도가 매우 낮기 때문에 이를 연구하기 위해서는 적외선 관측이 필수적입니다. 넷째, 외계행성과 생명의 기원에 대한 연구입니다. 태양계 밖 다른 별들도 행성들을 거느리고 있다는 사실은 잘 알려져 있습니다 외계행성이라고 불리는 수많은 행성들은 화성이나 목성과 마찬가지로 스스로 가시광선을 만들어내지 못합니다. 행성의 대기를 연구하거나 생명체의 흔적을 찾으려면 적외선 관측이 중요합니다. 제임스 웹 우주망원경은 우리 태양계를 포함하여 행성 연구에 크게 기여하고 생명체의 기원과 관련된 실마리를 찾을 것으로 기대됩니다.

전파망원경

외계인을 찾아 광활한 우주를 탐색하는 영화 〈콘택트〉에서 주인공 역할을 맡은 조디 포스터는 열정에 불타는 전파천문학자로 등장합니다. 외계인이 없다면 이 광활한 우주는 공간의 낭비라고 생각하는 그녀와 그녀의 동료들은 외계인이 발견될 가능성이 없다는 이유로 정부의 연구비가 끊기자 민간 연구자금을 얻어 뉴멕시코로 향합니다. 뉴멕시코의 사막 한복판에는 지름이 25미터나 되는 거대한 안테나 27개가 30~40킬로미터에 걸쳐 Y자 모양으로 길게 배열되어 있습니다(그림 8-8). 이름하여 '브이엘에이VLA: Very Large Array 전파망원경'이지요. 접시 모양을 한 엄청난 크기의 안테나들이 먼 우주의 한 영역에 귀를 기울이기 위해 동시에 돌아가는 장면을 배경으로 조디 포스터는 노트북을 두드리며 헤드폰에 쏟아지는 전파를 음미합니다. 칼 세이건의 소설을 원작으로 하는 이 영화가 드러내는 과학의 한계에 대한 성찰과 존재에 대한 철학적 고민에 견주어도 손색없을 만큼 멋진 화면입니다.

전파는 방송국의 기다란 송신탑에서 쏘아 보내는 라디오파 등을 포함한 우리 눈에 보이지 않는 빛의 일종입니다. 제2차 세계대전에서 중요한 역할을 했던 전파는 레이더 기술의 핵심이지요. 레이더는 전파를 쏘아서 전투기나 함정에 반사되어 돌아오는 전파를 수신함으로써 접근하는 물체들의 위치를 파악하는 기술입니다. 전쟁

을 통해 이렇게 레이더 기술이 발전하면서 1940년대부터 전파천
문학이 본격적으로 시작되었습니다. 전파망원경으로 보는 우주의
새로운 얼굴은 신선했습니다. 그동안 광학망원경을 통해서는 보이
지 않던 새로운 대상들이 속속 발견되었지요. 전파의 창이 새롭게
열린 것입니다.

우주에서 전파가 나오는 것을 처음 발견한 사람은 미국의 전화
회사 AT&T에 근무하던 카를 잰스키였습니다. 1930년대에 잰스
키는 우연히 밤하늘의 은하수에서 방출되는 전파를 발견했습니다.
잰스키의 발견 이후, 방송국뿐 아니라 우주의 대상들도 전파를 내

그림 8-8 미국의 뉴멕시코에 있는 대표적인 전파망원경 브이엘에이. 지름이 25미터나 되는 거대한 전
파 수신기 27개가 Y자 모양으로 배열되어 있는 브이엘에이는 하나하나의 수신기가 받는 전파들을 종합하
여 처리함으로써 하나의 거대한 망원경처럼 작동한다. 이 망원경의 공간 분해능력은 150킬로미터 밖의 골
프공을 확인할 수 있을 정도다. Credit: NRAO/AUI/NSF.

보낸다는 사실에 흥미를 갖게 된 그로트 레버는 라디오수신기 같은 전파망원경을 제작하여 밤하늘 구석구석의 전파사진을 찍었고 이 사진들을 모아서 우주의 전파지도를 만들어 출판했지요. 전파를 이용해 우주를 연구하는 전파천문학은 이렇게 시작되었습니다.

태양 빛이 강한 낮에는 사용할 수 없는 광학망원경과 달리 전파망원경은 밤낮 상관없이 사용 가능합니다. 심지어 살짝 구름이 낀 날에도 사용할 수 있습니다. 왜냐하면 우주에서 오는 전파가 지구 대기의 구름을 뚫고 들어올 수 있기 때문입니다. 대표적인 전파망원경은 27개의 안테나가 거대한 배열을 이루고 있는 브이엘에이를 꼽을 수 있고, 싱글디시single dish라 불리는 단일 안테나의 전파망원경으로는 호주에 있는 파크스Parkes 전파망원경, 미국 버지니아에 있는 그린뱅크 전파망원경Green Bank Telescope, 푸에르토리코에 있는 아레시보Arecibo 전파망원경 등이 있습니다.

최근에는 전파망원경 알마ALMA: Atacama Large Milimeter/submilimeter Array가 완성되어 관측천문학에 획기적인 결과들을 제공하고 있습니다. 알마는 미국과 유럽, 그리고 동아시아가 세 파트너로 함께 건설한 초대형 전파 관측시설이며, 칠레 북부의 안데스 산맥 서편 자락에 자리 잡은 해발 5,000미터의 아타카마 사막지대에 위치합니다. 대기 중의 수분은 밀리미터 전파를 흡수하는데, 이 지역은 세계에서 가장 건조한 환경을 갖고 있으니, 아주 유리한 입지입니다. 알마는 66개의 안테나로 구성되어 있습니다. 구경이 12미터인 안테나 50개가 하나의 안테나처럼 작동하며, 중심부에는 구경 7미터 안테나 12개와 구경 12미터 안테나 4개가 좁은

그림 8-9 칠레 북부 아타카마 사막에 건설된 전파망원경 알마. 66개의 안테나로 구성된 알마는 광학망원경인 허블 우주망원경을 능가하는 해상도를 전파 영역에서 구현할 수 있다. Credit: NRAO.

영역에 모여 있습니다. 각각의 안테나에는 바퀴가 달려 있어서 거대한 화물자동차처럼 이동할 수 있습니다. 안테나들이 가까이 모여 있을 때는 150미터의 거리 안에 집결할 수도 있고, 넓게 이동시키면 16킬로미터 거리까지 퍼질 수도 있습니다. 일반적으로 전파망원경은 광학망원경에 비해서 해상도가 떨어지지만, 알마의 경우는 거대한 전파안테나들이 하나처럼 작용하기 때문에 허블 우주망원경보다 더 좋은 이미지를 얻을 수 있습니다. 알마는 외계행성 연구와 블랙홀 연구 등 다양한 분야에서 획기적인 발견을 거듭해가고 있습니다.

이 책을 통해 블랙홀을 만나는 여정에 여러분을 초대했습니다. 존 미첼의 검은 별과 카를 슈바르츠실트의 반지름, 사건지평선과 아인슈타인, 퀘이사를 발견한 마르텐 슈미트, 블랙홀의 존재를 밝힌 노벨물리학상 수상자 등 블랙홀을 탐구해온 과학자들도 함께 만났습니다. 이 광대한 우주에 존재하는 미지의 블랙홀. 자, 이제 여러분의 우주에는 블랙홀이 담겼으리라 믿습니다. 우리가 일상을 보내는 지구라는 작은 우주를 넘어 이 광대한 우주의 다채로움이, 특히 블랙홀의 신비가 여러분의 지성의 폭 안에 어렴풋하게나마 담겼기를 바랍니다. 블랙홀이 여러분에게 작은 영감이라도 선사했다면 참 다행입니다.

청년 시절에 만난 블랙홀을 잊을 수가 없습니다. 한번 마주친 블랙홀이 부르는 소리가 인생의 긴 여정에서 끊임없이 들려옵니다.

과연 블랙홀은 무엇인지 아직도 풀리지 않은 수수께끼를 해결하기 위해 관측시설을 총동원하여 연구에 매진하고 있는 수많은 블랙홀 과학자들처럼 저도 그 길을 갑니다.

어쩌면 만나는 과정이 결과보다 더 중요한지도 모릅니다. 완벽한 답은 얻지 못하더라도 저기 존재하는 블랙홀을 마주하고 탐구하는 과정이 더 의미심장하다 하겠습니다. 또 언젠가 어느 미래에 그동안 블랙홀을 만난 새로운 이야기들을 생생하게 덧붙일 기회도 있을 것입니다. 그때까지 독자 여러분도 여러분의 우주에 블랙홀을 담고 종종 마주하는 기회를 가질 수 있기를 바랍니다.

3C 273(퀘이사) 144-149, 151, 155-164, 167, 170, 181, 182, 224
HE 0450-2958(퀘이사) 230
HE 1239-2426(퀘이사) 230
Hα선 158, 174, 175
M87 블랙홀 238-247, 251
M87은하 235, 238-240, 242
MCG-6-30-15(블랙홀) 100
NGC 3516(나선은하) 173
NGC 7052(타원은하) 183, 184
NTT 망원경 216
SO-1(별) 217, 218
SO-2(별) 217-220
SO-4(별) 217, 218
SS 433(블랙홀) 310

ㄱ

가벼운 씨앗 모델 255, 324
각크기 240, 243
간섭계 241
갈릴레오의 달 62, 344
갈릴레이, 갈릴레오 Galilei, Galileo 61, 62, 195, 344, 345
감마선 339, 341, 342, 350, 351
감마선 폭발체 42, 351
강착원반 171, 182-184, 186-188, 236, 239, 244, 245, 247, 249, 250, 314-320, 351
개자리 274

거대마젤란망원경 Giant Magellan Telescope 346
거대망원경 VLT: Very Large Telescope 346
거대질량 블랙홀 30, 101, 125-131, 136, 163, 181, 182, 185, 192, 199, 202, 208-222, 227-229, 231-234, 237-239, 242, 252, 254, 255, 306, 314, 320-328, 354
거리역제곱의 법칙 49, 50, 162
거성 275, 276, 307
검은 별 59-61, 65, 68-81, 86, 88, 91, 98, 99, 166, 215, 220
게성운 294, 295
게즈, 안드레아 Ghez, Andrea 216, 221
겐젤, 라인하르트 Genzel, Reinhard 216, 221
관측적 증거 73-76, 210, 300, 325, 327
광도가 낮은 활동성 블랙홀 244, 245
광자 28, 61, 236, 316, 340, 341
광자 고리 239, 250
광자 포획 반지름 236, 237, 245, 246, 250
광전 효과 86
국부 은하군 23, 25, 26
〈그래비티〉 47
그린뱅크 전파망원경 Green Bank Telescope 363

ㄴ · ㄷ · ㄹ

나선은하 24, 173, 200, 201
나선팔 24, 198-200, 203, 210, 230

뉴트리노(중성소립자) 219, 220
다크 원더러 33-35
대기 온도와 빛 147, 215
대마젤란은하 25
도플러 빔 효과 239, 247, 248, 250, 251
도플러 효과 156, 161, 162, 174, 176, 177,
179, 188, 247
라이고 LIGO 130
라플라스, 피에르 Pierre-Simon, marquis de
Laplace 59
레버, 그로트 Reber, Grote 360
레이저 적응 광학 349
뢰메르, 올라우스 Römer, Olaus 61-65
르메트르, 조르주 Lemaître, Georges 157,
160
리사 LISA 130
리스, 마틴 Rees, Martin 182, 185, 211, 213
리페르스헤이, 한스 Lippershey, Hans 343,
344
린덴-벨, 도널드 Lynden-Bell, Donald 182,
185, 211, 213

ㅁ

마이크로 퀘이사 307, 308
마이크로파 341, 342
마젤란 성운 26, 196
만유인력 48, 49
맨해튼 프로젝트 297
메시에 카탈로그 237
목성 16, 18, 62-65, 258, 265, 344, 345
미첼, 존 Michell, John 59-61, 68-73, 77-81,
86, 88, 91, 98, 99, 101, 215, 216, 220,
230, 231, 325

ㅂ

바데, 발터 Baade, Walter 292
반데르 마렐 van der Marel, Roeland 184
방출선 153-159, 161, 162, 165, 173, 174,
175, 177-179, 187, 188
백색왜성 273-279, 283-285, 288-293, 298-
300, 303, 305, 307, 317
백조자리 143, 181, 184, 308
밸릭, 브루스 Balick, Bruce 211, 213
벨, 조슬린 Bell, Jocelyn 301-305
변광 167, 178
변광성 167
별 블랙홀 122, 163, 255, 308, 311, 313, 314,
320-323, 326, 327
별에 의한 화학 진화 269
별의 수명 270, 271
보어, 닐스 Bohr, Niels 37, 42
보이저 1호 17, 331
복사압 316-320
복사효율 318, 319
볼코프, 조지 Volkoff, George 293, 296, 304
분광 관측 155, 179
분광기 153, 173
분자 구름 263, 264, 269, 328
분해능 142, 143, 240, 241, 346, 352, 354,
359
불규칙은하 201
브라운, 로버트 Brown, Robert 211, 213
브라헤, 티코 Brahe, Tycho 104
브이엘에이 VLA: Very Large Array 전파망원
경 361-362
블랙홀 그림자 9, 33, 234-251
블랙홀 씨앗 문제 254, 325, 327
블랙홀 중력장의 크기 110

블랜드퍼드, 로저 Blandford, Roger 185
빅뱅(대폭발) 27, 28, 29, 322
빅뱅이론 75, 76

ㅅ

사건지평선 33, 96, 98, 110-114, 116, 119,
  166, 171, 172, 181, 184, 186, 234-247,
  251, 314, 315
사건지평선 망원경 프로젝트 240, 241, 243,
  244, 251
사건지평선 반지름 236-238, 245-247
사고실험 54, 56, 69, 81, 110, 113
사수자리 209, 211, 212
사지타리우스 A 211, 218
살피터, 에드윈 Salpeter, Edwin 181
성운 26, 140, 141, 148, 152, 196, 198, 279,
  295
세로톨롤로 천문대 Cerro Tololo Inter-
  American Observatory 196
세이건, 칼 Sagan, Carl 17, 18, 358
센타우루스 자리 257, 332
소마젤란은하 25, 296
수바루 망원경 Subaru Telescope 346
슈미트, 마르텐 Schmidt, Maarten 140-142,
  146, 150, 151, 155-167, 181
슈바르츠실트 반지름 95-99, 110, 113, 119,
  120, 125, 126, 171, 182, 236, 242, 245,
  246, 327
슈바르츠실트 블랙홀(슈바르츠실트의 특이점)
  92, 97-103, 285, 289
슈바르츠실트, 카를 Schwarzschild, Karl 84,
  91-95, 98, 99-102
스나이더, 하틀랜드 Snyder, Hartland 293

스펙트럼 151-158, 161-165, 173, 175, 179,
  188
스피처 적외선 우주망원경 356-358
시간 여행 132-136
《시간의 역사》 43
시간지연 효과 116, 117
시그너스 A 184, 185
시그너스 엑스-1 181, 182, 308-311
시리우스 274-276
시리우스B 275-278, 284, 300, 305
시상 225
시퍼트, 칼 Seyfert, Carl 173, 174, 177, 178
시퍼트은하 172-180, 192, 193, 202, 208,
  209, 211, 227, 231, 233
신성 280
실험적 결과 73
쌍성계 275, 306, 311

ㅇ

아레시보Arecibo 전파망원경 363
아인슈타인, 알베르트 Einstein, Albert 38,
  40, 74, 75, 84-88, 91, 93, 94, 102, 104,
  127, 273, 289, 297, 304
안드로메다은하 23, 25, 26, 198-200, 202,
  203, 205, 206, 210, 228, 232
알마 ALMA: Atacama Large Milimeter/
  submilimeter Array 241, 363-364
알하젠 Alhazen 344
암흑물질 29, 192, 202, 205
양자역학 37, 89, 127, 225, 226, 256, 278,
  286, 287, 303, 305
얼어붙은 별 182, 296
에딩턴 한계 316-319, 321, 322, 326

에딩턴, 아서 Eddington, Arthur Stanley 74, 75, 273, 286-290, 304, 317
엑스선 100, 146, 148, 178, 181, 186, 188, 202, 213-215, 218, 219, 231, 307-309, 311, 339, 341, 342, 350, 351, 354, 355
영, 토머스 Young, Thomas 80, 81
《오주연문장전산고》 70
오펜하이머, 로버트 Oppenheimer, Robert 273, 290, 293, 296, 297, 304
왕립학회 Royal Society(영국) 59, 60
왜소은하 25, 326, 327
외계행성 22, 42, 257, 362
우리은하 21-26, 80, 122, 146, 161, 195, 197-200, 203, 208-220, 228, 229, 232, 237, 241-244, 333
우주 먼지 214
우주망원경과학연구소 Space Telescope Science Institute 352
우주배경복사 29, 76, 335
우주팽창 158, 159
우후루 탐사선 Uhuru 308
원시별 264, 265
월식 62, 63, 65, 144-146
웜홀 132-136
윌슨산 천문대 292
은하수 21, 22, 26, 194-196, 200, 203, 209, 212, 345, 360
음파 80, 156, 340, 341
이규경 70
이오 62-65
이초, 하나부사 Itcho, Hanabusa 337
인터스텔라 19, 35, 42, 112, 121, 140, 148, 192, 201, 263, 269, 279, 284
일반상대성이론 69, 74, 86, 88, 91-103, 130, 237, 246, 251, 280, 286, 303-305

입자이론(빛) 61, 80, 81

ㅈ

자외선 148, 188, 216, 311, 339, 341, 342, 350, 352
잰스키, 카를 Jansky, Karl 360
적색이동 26, 155-159, 161, 162, 165, 174
적외선 213-220, 340-342, 350-352, 356-358
전파 로브(전파귀) 184, 185
전파천문학 140, 141, 241, 301, 361-364
제미니 천문대 Gemini Observatory 347, 348
제임스웹 우주망원경 James Webb Space Telescope 357-361
제트 30, 142, 146, 184-189, 236, 239, 244, 245, 249, 250, 252, 307, 310, 351
젤도비치, 야코브 Zelovich, Yakov 181, 182
주전원 104
중간질량 블랙홀 9, 321-328
중력렌즈 77, 78, 114
중력수축 264, 268, 271, 274, 276, 278, 280, 284, 289, 292, 293, 299, 304, 311, 313, 323, 324
중력파 129-131, 305, 306, 336
중성자별 273, 280, 285, 291-306, 309, 312, 313
중앙팽대부 199, 200, 232
질량보존의 법칙 260

ㅊ

차원 89-91, 134, 158, 246

찬드라 엑스선 망원경 Chandra X-ray Observatory 146, 354, 355

찬드라세카르 한계 281, 285, 286, 288, 289, 298, 299, 309

찬드라세카르, 수브라마니안 Chandrasekhar, Subrahmanyan 97, 273, 280-292, 297, 317, 355

〈천체물리학 저널〉 174, 282

첫 별 322, 324, 328

첫 블랙홀 254, 323, 324, 328

청색이동 161, 174

초거성 308, 309, 311

초기 우주 27, 28, 254, 321, 322, 325, 326, 328

초신성 148, 177, 178, 280, 291-299

축퇴압 278, 279, 284, 292, 298, 299, 309

츠비키, 프리츠 Zwicky, Fritz 292, 293, 297

측광 152, 155

ㅋ

캐번디시, 헨리 Cavendish, Henry 60, 69

캘리포니아 공대(칼텍) 140, 151, 164, 292, 346

커 블랙홀 100, 101

커, 로이 Kerr, Roy 100

케임브리지 대학 카탈로그 제3판 144, 145

케플러, 요하네스 Kepler, Johannes 104

켁 Keck 망원경 216, 346

코로나그래프 224, 226

코비 COBE: Cosmic Microwave Background Explorer 76

코스모스 103

코페르니쿠스 Copernicus, Nicolaus 104

〈콘택트〉 358

쿼크 28, 262

쿼크별 298

퀘이사 101, 128, 138-188, 192, 193, 209, 211, 213, 218, 222-232, 244, 247, 306, 307, 308, 310, 311, 313, 315, 321-323, 325-327, 354

ㅌ

타원은하 142, 184, 201, 237

탄소 262, 266, 269, 270, 333

탈출속도 55, 56, 58, 69, 79, 94, 95, 110, 111

태양질량 274

〈토탈리콜〉 66

특수상대성이론 86, 88, 99, 111, 117, 283

특이점 98

ㅍ

파동이론(빛) 80, 81

파크스 천문대 Parkes Observatory 144, 145, 363

팔로마 천문대 Palomar Observatory 139, 151, 159

펄사 302-305

펜로즈, 로저 220

프록시마 센타우리 18, 112, 257, 332

ㅎ

항성풍 311

해저드, 시릴 Hazard, Cyril 143-146, 148-
    151, 181
핵분열 반응 261
핵융합 반응 28, 97, 147, 170, 171, 180, 219,
    256-276, 278, 280, 283-285, 295, 298,
    309, 322, 323
행성상 성운 279
허블 딥필드(1996) 204
허블 상수 223
허블 우주망원경Hubble Space Telescope 146,
    179, 189, 204, 206, 223-227, 240, 276,
    295, 352-354, 361, 362
허블 익스트림 딥필드(2012) 204, 206, 207
허블, 에드윈 Hubble, Edwin 157, 160, 352
허블-르메트르 법칙 158, 159, 162
허셜, 윌리엄 Hershel, William 345
헤일 망원경 Hale Telescope 139, 140, 151,
    155, 161, 164
헬릭스 성운 279
호킹 복사 127, 128
호킹, 스티븐 Hawking, Stephen 43, 127
화성 18, 112, 135, 258, 332, 345
화이트홀 124, 125
활동성 블랙홀 127, 138, 229
활동성 은하핵 AGN 178, 193, 227, 233
휠러, 존 Wheeler, John 303-305